U0920388

广东省教育厅 2018 年青年创新人才类项目“习近平总书记关于政德建设的重要论述研究”（2018WQNCX029）阶段性成果

广州市社科规划办羊城青年学人项目“中国共产党百年奋斗历史经验的内在逻辑和当代价值研究：基于情感视角”（2022GZQN22）阶段性成果

广东省教育科学规划领导小组高校哲学社会科学专项研究项目“新时代高校思政课教学规律研究”（2019GXJK008）阶段性成果

创新驱动与社会发展动力系统研究

CHUANGXIN QUDONG YU SHEHUI FAZHAN DONGLI XITONG YANJIU

金光磊 著

人民出版社

目　　录

前　言

人类社会是不断发展变化的,那么是什么力量促使人类不断从低级社会向高级社会发展?又是什么力量推动着传统农业社会向现代社会的进步?人类社会这一庞大的复杂系统,是怎样成为一个按其自身规律运动发展的有机体系呢?面对竞争激烈的当今社会以及转型期的矛盾,中国如何冲出重围实现经济社会全面发展,基于此,探寻社会发展动力就显得尤为重要。马克思、恩格斯在汲取人类关于社会发展动力认识史上一切优秀成果的基础上,创立了科学的社会发展动力论。要解决好中国的发展问题必须全面阐述中国社会发展的动力理论,但社会发展动力理论在经过研究者的解读后,由于对马克思主义文本的研究不够深入,或者由于研究者所站立的视角不同,所取得的研究成果或多或少地存在某些局限,出现了"零碎化""片面化""不灵活化"等倾向,使社会发展动力理论本身所具有的真精神并没有得到应有的显现,为了更好地理解与运用社会发展动力理论,必须回到马克思主义经典作家的著作文本,再根据当代社会发展变化的现实条件,还原社会发展动力理论的本来面貌。

社会发展动力是维持社会系统正常运行并推动社会不断向前发展的持续的力量,包括社会基本矛盾、人民群众、阶级斗争、改革、科技创新等,这些基本动力要素并非孤立存在,而是一个相互联系、相互渗透和相互作用的有机整体，虽亦有主次之分，但各动力因素在社会发展过程中共同发挥作用，共同构成了社会发展的动力系统。用系统论来研究一个既有联系又相互区别的社会发展动力，从而克服了孤立的、机械的局部思维局限，能够强调对事物整体性的认识。随着时代变化发展，社会发展动力要素也随之发生变化，某些动力要素作用逐渐弱化甚至消失，而有些动力要素作用日渐凸显甚至产生新的动力要素。中国共产党在马克思主义的指导下对这一问题不断进行着新探索、新解答，尤其是在新的历史阶段，结合时代特征和中国特色社会主义的伟大实践，提出了“创新驱动”，包括理论创新、科技创新、制度创新、观念创新和其他创新是社会发展动力的新论断。

随着创新驱动时代的到来，创新驱动对社会发展动力产生巨大影响，在其深度、广度、强度已经让我们感受到未来变革的震撼，创新驱动与社会发展动力之间互动关系的日趋频繁，创新驱动又影响着社会发展动力系统的内容，给社会发展动力系统增添了富有时代特征的新内涵。创新驱动的理念和过程涉及社会发展动力系统方方面面，上层建筑与经济基础、生产关系与生产力的全要素、全系统、全方位变革。比如，科技创新属“主动力”创新，是全面创新的重中之重，具有自身发展和带动其他方面创新的作用。制度创新属“保障动力”创新，促进科技创新、制度创新、理论创新、观念创新全面融合，打通创新和经济社会发展之间的通道，是持续创新的保障，能够激发各类创新主体生机和活力，开发本民族的创造力。理论创新本质上是“原动力”创新，为各类创新活动提供不竭的精神动力，把其他创新潜力释放出来。观念创新属“脑动力”创新，是社会发展和变革的先导，也是各类创新活动的思想灵魂和方法来源。创新驱动对解决社会基本矛盾发挥着更大的作用，阶级斗争、革命、改革这些动力，离开创新驱动均不能更好地发挥自身的作用，在其影响下社会发展动力系统发生了一系列的变化，譬如改变了生产力的要素、结构以及生产力的格局和分布；生产关系亦发生了深刻的变化，所有制的结构方面愈加社会化、分配方式上日趋多元化与知识化、企业组织形式上日益倾向民主化。创新型人才将越来越多，现代社会发展正在表现出一种走向创新化的社会趋势，创新驱动为当代社会转型指明了方向。

社会发展动力是一个具有特定的结构、功能、发展规律的开放系统，社会发展动力的结构与功能既相互依存，又相互制约，相互转化。结构决定功能，结构的变化，制约着整体的发展变化。社会发展动力系统是一个自我组织、自我适应、自我协调的有机系统，具有创新变革、协调和满足维护功能，它能够调节社会系统内部诸要素之间以及社会系统与环境之间的关系。社会发展动力系统在创新驱动的作用下有相应的运行机制，这种运行是指在一定区域范围内，创新驱动参与到社会发展动力要素之中所构成的有机组合，这种有机组合使它们之间相互影响、相互作用，融汇成一股强大的动力推动着社会不断向前发展。

当前中国处于转型期，社会正经历着深刻的变化，新情况、新问题层出不穷，比如社会发展动力功能存在一定失调、社会发展动力优化机制不完善、社会发展创新动力不足等，这些都会影响社会全面发展。针对现今中国社会发展所处的阶段，马克思恩格斯的社会发展动力思想为构建“新常态”下中国社会发展的动力机制提供了理论支撑。为使社会发展动力系统得以良性运行，要健全社会发展动力的主体动力机制，依靠创新主体间的互动协同，形成以企业为主体，高校、科研院所为依托，市场导向、政府推动、社会参与的广泛的区域创新合作机制。协调社会发展动力运行的各个系统，调节它们之间的关系，理顺它们的运行轨道，控制它们的运行方向，使之功能耦合、结构协调、相互配套，尽量使各社会运行系统同步运行，消减社会发展的阻力，以求合力的最大化。

创新是中华民族最鲜明的民族禀赋。无论是理论层面还是实践层面，创新驱动对经济社会发展的重要意义已毋庸置疑，在面对新冠疫情的跌宕反复，百年变局与世纪疫情交织叠加，人类社会进入新的历史关口，不少国家也纷纷出台政策积极推进创新。但是，将创新驱动的地位提高到“创新是引领发展的第一动力"这样的高度,则是独树一帜的。习近平总书记指出,"抓住了创新,就抓住了牵动经济社会发展全局的'牛鼻子'","谁在创新上先行一步,谁就能拥有引领发展的主动权"。①

① 习近平:《论把握新发展阶段、贯彻新发展理念、构建新发展格局》,中央文献出版社 2021 年版,第 80—82 页。

绪　论

社会发展动力是社会发展进程中发挥推动作用的现实社会力量，不论何种类型的国家都需要动力。社会一直处在永恒发展中，那么推动社会发展的动力是什么？动力来自哪里？如果有，何者更为根本？这一"历史之谜"历来为哲学家、科学家、经济学家、神学家们所关注。人类自从有了理性思维之后，对社会发展动力问题的研究形成了众多学说，诸如自然动力说、神灵动力说、人性动力说、竞争动力说等形形色色的社会发展动力理论。在马克思主义产生以前，唯心主义者从精神领域寻找社会发展的动力根源，这不能科学地揭示社会发展的动力机制。马克思主义的产生特别是唯物史观的发现，可谓揭示社会发展动力问题的"引航员"，引领至正确的方位，发现了隐藏在"历史动力背后的动力"，揭示了社会发展的动力和一般规律，即生产力和生产关系的矛盾、经济基础和上层建筑的矛盾是社会的基本矛盾，是推动社会发展的根本动力；阶级斗争是阶级社会发展的直接动力；改革是社会发展的重要力量；科学技术是第一生产力；人民群众是历史的创造者；等等。随着时代变迁、社会进步，社会发展动力要素亦发生了变化，某些要素逐渐弱化，而有些要素持续上升甚至衍生出新的动力要素。当某一动力要素满足不了社会发展的需要时就需要新的动力要素，例如创新驱动，在以后的社会发展中会越来越重要，社会改革、社会革命这些动力，离开创新驱动都不能更好地发挥自身的作用。依靠创新驱动,人类社会不断发展进步,由愚昧时代迈进了文明时代。可以说,创新驱动是人类文明进步的重要推动力和独有品格。

一、研究的缘起与意义

人类社会是一个在人们自己实践活动基础上所形成的众多矛盾运动构成的复杂体系,因而它的发展也是由这些矛盾及其相互作用所推动的。唯物史观基本原理告诉我们,推动社会发展的基本动力要素有生产力、生产关系(经济基础)、上层建筑、物质需要、物质利益、阶级斗争、社会革命、社会改革、人民群众、领袖人物以及科学技术革命等。在这些复杂的动力系统中,人们在社会实践中形成的生产力与生产关系、经济基础与上层建筑之间的矛盾是社会发展的基本矛盾,其中生产力是社会发展的最终决定力量。社会基本矛盾构成社会发展的根本动力,推动着人类社会不断由低级向高级阶段发展。发展的实质就是新事物的产生和旧事物的灭亡,是事物由低级阶段向高级阶段的进化,以创新精神对待新事物,要打破思想僵化,不断开创新局面。创新也就成为社会发展的动力之一。2012 年 7 月,全国科技创新大会提出要实施创新驱动发展战略,随后党的十八大明确提出实施创新驱动发展战略,到十八届五中全会提出“创新、协调、绿色、开放、共享”的新发展理念,习近平总书记指出:“我们必须把创新作为引领发展的第一动力……把创新摆在国家发展全局的核心位置,不断推进理论创新、制度创新、科技创新、文化创新等各方面创新,让创新贯穿党和国家一切工作,让创新在全社会蔚然成风。”①这一论述阐明了创新是社会发展的重要动力,党的十九大报告进一步强调:“创新是引领发展的第一动力,是建设现代化经济体系的战略支撑。”②

① 《习近平谈治国理政》第二卷,外文出版社 2017 年版,第 198 页。

② 《习近平谈治国理政》第三卷,外文出版社 2020 年版,第 24 页。

（一）研究缘起

马克思指出："哲学家们只是用不同的方式解释世界，问题在于改变世界。"[①]认识世界的目的是更好地改变世界，理论的研究源于对问题的关注。机器没有动力就不能运转，飞机没有动力就不能飞行，火车没有动力就不能前进，同样，人类社会如果没有动力，也就不能向前发展。那人类社会的发展是由什么力量推动的？这些动力在社会历史发展中各占什么样的地位？起着什么样的作用？它的变化是杂乱无章的还是有规律可循的？人类在不同背景、不同环境下对于发展动力有着怎样的认识？形成了哪些动力理论？社会发展的动力有些什么新特点？创新驱动成为社会发展动力一部分之后，社会发生了哪些变革？研究社会发展不仅要认识人类物质生活资料的生产是社会存在和发展的基础，而且必须进一步揭示社会发展的动力和根源。许多哲学家、思想家、历史学家都会对这些问题进行追问，并给出自己的解答。关于社会发展动力的研究历来受到社会的重视，究其原因，一方面，是由于社会发展动力的研究担负着迎接社会现实所提出的各种挑战、矛盾，规划社会未来发展的重要使命；另一方面，进入 21 世纪由于人类正在步入一个崭新的时代，社会矛盾、社会结构和社会意识都在发生着深刻的变化，这种变化不仅向社会发展提出了新的课题，同时也使社会发展动力研究进入了一个新的境界。

在现在的中国，社会发展研究面对着更加复杂的新课题、新任务。一方面，中国像其他发展中国家一样经受着先发展国家新变化的影响；另一方面，中国自身的发展环境、发展模式也发生了深刻变化，或者说中国社会也正在经历一场社会转型。当前我国面临着发展不平衡、不协调、不可持续等瓶颈，面对这些突出的矛盾，我们要实现什么样的发展？怎样发展？与此相应，中国需要什么样的社会发展动力？如何利用社会发展动力来推动当代中国的发展？

① 《马克思恩格斯选集》第 1 卷，人民出版社 2012 年版，第 136 页。

党的十八大以来,以习近平同志为核心的党中央高度重视创新驱动发展。创新驱动发展回答了在当代中国实现什么样的发展、怎样发展的问题,确立一个全新的社会发展观。随着创新驱动在社会发展中的作用日趋凸显,创新驱动已成为社会发展动力系统中重要的一部分,是历史进步的强大杠杆,成为当今世界经济增长的主要动力和源泉,且社会越向前发展其发挥的作用越强大,将对社会产生了全方位的影响。

(二)研究意义

社会发展动力系统是历史唯物主义关于社会发展理论的核心,研究社会主义发展动力论,对丰富和完善中国特色社会主义动力体系,准确把握当下纷繁复杂的国内国际形势,明晰我国社会发展的阶段性特征,整合社会发展动力诸要素力量,促进社会全面发展与进步等方面具有重要的理论意义和现实意义。

1.现实意义

社会发展动力问题是党和人民正确认识和把握社会发展规律,自觉推进我国社会转型期进程的一个重大的实践问题。进入新世纪新阶段,在党的领导下,我国已进入了黄金发展阶段,现代化建设取得了举世瞩目的成就,经济持续增长、社会不断进步、体制逐渐完善、人民生活水平逐步提高。然而现在中国正处于体制改革、社会结构变动和社会转型时期,同时亦是矛盾凸显期,改革开放以来所集聚的社会矛盾和社会问题前所未有的突出,中国出现了区域城乡发展不平衡问题、产业结构不合理问题、能源短缺问题、道德问题等。社会转型的关键在于正确把握社会动力。社会动力论如何在实践中指导社会转型,由时代变革而日益凸显出来的社会发展动力问题,已经成为关系我们社会和谐、国家强盛、民族振兴,关系我国在国际竞争中的地位和前途的重大问题。

如上所述,我国现处于社会转型期,社会转型的关键在于正确把握社会动力。我们只有清晰地认识、分析并正确地运用它,才能对症下药,才能认识更全面、更科学的社会主义发展动力,才能更有效地进行各要素的整合,进而解放和发展生产力,促进社会实现全面发展。但是,人类的认识能力和实践活动受主观条件、客观因素等的限制,因此,未必所有的动力都能发挥推动功能。只有真正弄清楚究竟什么是社会发展的动力,通过对中国现代化进程中动力问题的分析,试图揭示中国现代化发展的规律,才能判断人们的哪些认识活动是符合历史发展趋势的,总结经验教训,为未来中国现代化的发展提供理论帮助,以推动社会的发展。

我国现在处在转型期,因而引发了一些不协调,比如,城乡发展不协调、区域发展不协调、收入分配不协调、经济和社会发展不协调等。要实现国民经济持续、快速、健康发展,必须解决好产业结构不合理、技术水平落后、劳动生产率低等问题,而这些问题的解决需要创新驱动作为经济社会发展的重要推动力。当今世界,科技一路高歌猛进,知识的积累、科技的创新和应用、创新要素的优化配置,已经成为社会发展的永续动力,创新驱动成为经济社会发展的核心驱动力。为迎接新技术革命,世界各国纷纷出台创新战略及行动计划,并将其提升至国家战略层面核心档位。可以说,创新驱动已成为参与国际竞争的核心战略。实施创新驱动,既可以改变过度消耗资源、污染环境的发展模式,又可以提升产业竞争力,对我国提高经济增长的质量和效益、加快转变经济发展方式具有现实意义。

2. 理论意义

首先,在马克思看来,社会是一个复杂的有机体,其中构成社会的各个领域、各个部分是“同时存在而又相互依存的”,社会发展是各种因素、各种力量综合作用的结果。但从现有的研究情况来看,研究者大多数把革命、改革、科技对社会的作用定位于“重要或直接动力”“有力杠杆”等,基本处于抽象层面,这些诸要素之间处于怎样的关系、各要素发挥怎样的作用等方面尚未有详细的论述。其实社会发展的动力是一个多层次、多因素的综合动力系统,既要看到社会发展的一般动因,又要看到社会发展的特殊动因。要注意社会的一切动力因素,它们的地位有主次之分,作用有大小之分,不能简单地把某种动力理解成社会主义发展的唯一动力。在此基础之上,对社会发展诸要素进行再认识,分析其间关系及其具体作用机制,对于从总体上把握社会发展以及诸动力要素之间的相互关系,明确它们之间的影响和相互作用,深化人们的认识,推动社会向全面、和谐的方向发展具有积极的作用和长远的意义。社会发展动力论是一个时代社会发展的理论总结,也是对现时代社会挑战的有力应答。

其次,创新驱动进一步丰富了唯物史观关于社会发展动力的理论。马克思主义唯物史观认为,生产力与生产关系、经济基础与上层建筑的矛盾运动是社会发展的根本动力。创新驱动可以将其概括为人们在生产力、生产关系和上层建筑全部领域进行的创新性活动,创新驱动是对传统的理论、制度、技术、文化进行创新,根据时代的发展变化进行多方面的创新。无论是生产力自身的发展,还是这两对矛盾的解决都离不开创新驱动对其推动。依靠创新,人类摆脱了史前的愚昧时代,迈进文明的门槛;人类社会不断由低级形态向高级形态发展。此外,创新驱动主要由科技创新、制度创新、理论创新和文化创新构成,这分别与社会基本矛盾中的生产力层次、生产关系层次和上层建筑层次相对应。

二、国内外研究现状及述评

社会发展动力理论,是古今中外积极探讨且在社会实践中不断创新的永恒主题。在马克思主义产生以前,唯心主义者在精神领域寻找社会发展的动力根源。旧唯物主义者虽然力图在物质领域寻找社会发展的动力,但是他们往往把地理环境、经济因素作为社会发展的决定性力量,仍然不能科学地揭示社会发展的动力。马克思和恩格斯批判吸收了前人的社会发展动力的思想,创立了历史唯物主义,科学地解决了社会发展的动力问题。但是随着社会的发展进步，有些动力的作用会削弱，有些动力要素的作用会增强，同时也会出现新的动力要素，“因为在人类社会发展的不同历史阶段、不同国家以及在同一国家的不同历史时期，社会基本矛盾的表现是不同的，解决这一矛盾的途径和方法也就不同”①。所以还必须掌握特定历史阶段社会发展的其他动力。社会发展动力随着时代进步得到了丰富和发展，我国的创新驱动在党的十八大报告中被明确提出，在加快转变经济发展方式中，创新驱动发展战略作为全面深化经济体制改革的攻坚战略出现。这表明党和国家依靠创新实现社会经济更好更快发展的决心和对创新驱动发展的重视。

（一）社会发展动力系统研究现状

关于社会发展动力理论的研究很多，马克思、恩格斯在汲取人类社会关于社会动力认识史上一切优秀成果的基础上，创立了科学的社会动力理论。国外对马克思社会发展动力理论的研究，主要集中在西方马克思主义。他们立足马克思经典著作，围绕马克思社会发展动力的总体性范畴进行研究。中国共产党人以马克思主义基本理论为指导，结合中国的具体实际和社会主义的伟大实践，不断创新、发展和完善着马克思主义的社会发展动力理论，尤其是中共历代领导集体对这一问题进行了集中的新概括，围绕马克思社会发展动力诸要素的地位和作用、马克思社会发展动力理论的文本、历史发展和变革等问题对马克思社会发展动力理论进行了研究。

1. 国内研究现状

学术界对社会发展动力系统这一问题进行了深入的研究，社会发展的动力在于社会内部的矛盾性，其中社会基本矛盾是社会发展的根本动力；阶级斗争是阶级社会发展的直接动力，社会改革是社会发展的直接动力；人民群众是创造历史的决定力量，而革命和科学则都是为解放和发展生产力则成为推动

① 孙谦：《创新：21 世纪中国社会发展的直接动力》，《江淮论坛》2004 年第 3 期。

社会发展的有力的杠杆,等等。理论界从不同视角、不同层面上对此进行了多方面的研究探讨,取得了一些新成果,概括起来可归纳为三种。

第一,关于"继承发展说"。以社会基本矛盾动力论为理论依据,对社会发展动力问题进行历史与逻辑进程的考察,分析马克思主义经典作家的社会主义发展动力观,形成了各具特色的社会发展动力观,形成"继承发展说"。

列宁"存在非对抗矛盾"。列宁认为矛盾是社会主义社会发展的动力。列宁把辩证法的核心——对立统一学说运用于分析从资本主义到社会主义的过渡时期无产阶级和资产阶级的矛盾,指出了在工人阶级内部、工人和农民之间以及苏维埃政权和人民群众之间,都还存在着各种不同的矛盾。特别是1920年列宁在尼·布哈林《过渡时期的经济学》一书上作的批注和评论中,对社会主义社会的矛盾问题曾作过总体性的科学论述,他曾说过,在社会主义条件下,"对抗将会消失,矛盾仍将存在"①。在社会主义下,对抗将会消失,矛盾仍将存在。这一思想从社会基本矛盾的角度去理解,可以说列宁已经预见到,在社会主义社会矛盾还将存在。列宁不愧为辩证法大师,他的关于矛盾的理论构成了列宁主义的重要哲学基础。在马克思主义发展史上,列宁明确提出对立统一规律是辩证法的实质与核心的思想,阐述了事物的发展在于对立面的统一和斗争的推动,论证了同一性相对、斗争性绝对的关系,极大地丰富和发展了马克思主义唯物辩证法。黄红发认为列宁成功地运用马克思恩格斯的阶级斗争动力学说,明确提出社会主义"存在非对抗矛盾"②并由此强调了改革的必要性。

斯大林"完全适合动力论"。斯大林关于社会主义社会发展动力的基本观点是社会团结、统一和一致的动力说。李永成认为斯大林的社会主义发展动力观集中表现为"政治上道义上的一致"观,即"完全适合动力论",认为社会主义社会的发展动力是生产关系与生产力、上层建筑与经济基础完全适合,

---

① 《列宁全集》第16卷,人民出版社1990年版,第282页。

② 黄红发:《关于社会主义发展动力观的历史考察》,《理论与改革》2001年第4期。

这是不能正确认识社会主义发展动力问题。[①] 这种认识上的片面性源于斯大林的辩证法理论，在于他对矛盾学说的不正确理解。他放弃了列宁把对抗和矛盾相区别的科学观点，把矛盾与对立和斗争相等同，在看到统一的地方忽视了对立和斗争，在看到对立和斗争的地方忽视了统一，否认了矛盾就是对立统一、就是斗争性和同一性的有机结合这一本质规定性。他把社会主义模式看成是没有缺点的，这种形而上学观点，既不符合事物发展的规律，也不符合苏联的实际情况，结果严重阻碍了社会主义的发展。

毛泽东的"矛盾动力论"。新中国成立后，随着我国社会主义改造任务的完成，如何科学地分析和揭示社会发展的动力问题，就成为一个亟待解决的问题。毛泽东提出了社会主义社会发展的"基本矛盾动力论"。毛泽东《矛盾论》中指出："社会的变化，主要地是由于社会内部矛盾的发展，即生产力和生产关系的矛盾，阶级之间的矛盾，新旧之间的矛盾，由于这些矛盾的发展，推动了社会的前进，推动了新旧社会的代谢。"[②]特别是毛泽东在《关于正确处理人民内部矛盾的问题》的讲话中，构建了社会主义社会矛盾理论的科学体系，"在社会主义社会中，基本的矛盾仍然是生产关系和生产力之间的矛盾，上层建筑和经济基础之间的矛盾"[③]。基本矛盾贯穿于社会主义社会始终，表现在社会生活的各个方面。

邓小平的社会改革动力论。邓小平坚持毛泽东关于社会主义社会矛盾理论的基本精神，但纠正毛泽东晚年在社会发展动力机制方面的错误和偏颇，将党和国家工作的重点从"以阶级斗争为纲"转移到以经济建设为中心。"文革"后社会主义发展动力问题得到重新探讨，是在粉碎"四人帮"后，由于"两个凡是"的错误指导方针造成工作徘徊不前的情况下启动的。邓小平一方面肯定毛泽东关于社会主义社会基本矛盾的理论，另一方面提出了社会主义改

① 李永成：《斯大林社会主义发展动力观析论》，《中共成都市委党校学报》2002 年第 1 期。
② 《毛泽东选集》第一卷，人民出版社 1991 年版，第 302 页。
③ 《毛泽东文集》第七卷，人民出版社 1999 年版，第 214 页。

革,也就是说在不改变社会主义根本制度的前提下,进行体制改革,以此来解决社会主义社会的基本矛盾。“要发展生产力,经济体制改革是必由之路”①。邓小平强调只有通过改革,才能逐步解决社会主义社会的种种矛盾,解放和发展生产力。邓小平的社会主义社会改革论则是在承认这一前提的基础上,进一步提出改革是社会主义社会发展的直接动力。

邓小平提出了“改革是中国的第二次革命”的命题。邓小平认为改革是中国的第二次革命,只有通过改革才能解决社会主义社会的基本矛盾,才能把生产力从僵化的体制下解放出来。中国第一次革命的对象是旧的社会制度,其胜利成果是社会主义社会在我国的建立;第二次革命的对象则是旧的或不合时宜的体制,其目的就是通过变革僵化的经济体制、政治体制等,来解决发展社会主义生产力中存在的诸多方面的问题,使潜在的生产力释放出巨大的能量,邓小平的改革动力论也是对传统社会主义生产关系作用理论的补充和发展。邓小平还从社会主义中国生存和发展的前途命运的高度论证了改革的紧迫性。他多次强调,改革也是一场革命,也是解放生产力,是中国现代化的必由之路。“如果现在再不实行改革,我们的现代化事业和社会主义事业就会被葬送。”②邓小平社会主义改革动力论,实际上是坚持“以经济建设为中心”的新的理论范式,把发展生产力看作是整个社会主义历史时期的根本任务。王丽芹认为毛泽东、邓小平关于社会发展动力既具有一致性,又具有差异性。都认为社会基本矛盾是社会发展的根本动力,最大不同就是毛泽东没有解决社会发展的直接动力问题,而邓小平找到了“改革”这一解决社会基本矛盾的正确途径与方法,解决了社会发展的直接动力问题。③ 从“矛盾动力论”到“改革动力论”,是对社会主义社会发展动力的具体把握,标志着对社会主义社会基本矛盾运动规律认识的深化。

---

① 《邓小平文选》第三卷,人民出版社 1993 年版,第 138 页。

② 《邓小平文选》第二卷,人民出版社 1994 年版,第 150 页。

③ 王丽芹:《社会主义社会发展动力理论比较研究》,《理论导刊》2009 年第 8 期。

江泽民的创新动力论。江泽民在深化改革开放和社会主义现代化建设的进程中,继承并发展了邓小平的改革动力思想,提出了创新是社会主义发展的动力的思想。创新是一个国家兴旺发达的不竭动力,创造性地提出了社会主义全面发展的创新动力论,孙艺兵认为把创新看作为不竭的动力,这就使创新成为全方位、整体化的概念。社会生活的各项事业,各个方面的发展,都有一个创新的问题。[①] 江泽民的"创新动力论",形成了一个极为全面、丰富、深刻的创新体系,并构建了国家创新体系,涉及经济、政治、科技、教育、文化、党建等诸多领域。创新主要是在改革的基础上进行政治、经济、文化教育、科技等各种体制的创新。

第二,关于"系统动力说"。以唯物史观历史合力论为理论依据,从系统论的角度来探讨社会主义发展动力问题,形成"系统动力说"。郑忆石认为社会是一个复杂的自我发展系统,在社会发展动力问题上,可以分为一般系统与特殊系统、层次系统与结构系统、自然因素系统与社会因素系统、客体要素系统与主体要素系统等不同系统,揭示出社会发展动力是多重要素构成的系统整体。[②] 林娅认为关于社会历史发展的动力问题,对于社会生活中的精神因素和历史"合力"思想的重视不够。要重视社会发展中精神因素的作用问题。[③] 宋成一认为,社会发展动力系统包含三个要素系统:动力因子系统、动力激发系统和动力载体系统。[④] 杨信礼认为社会发展的动力系统可以分为经济力、政治力、文化力三个层面,社会发展就表现为这三个动力子系统的内部矛盾及其相互作用。[⑤] 龚培河认为社会动力系统归结为三个方面:人的方面、物的方面和环境方面,其中,人的方面主要指主体性动力,包括现实的人、人的

① 孙艺兵:《关于社会主义发展动力问题的思考》,《毛泽东邓小平理论研究》1999 年第 1 期。

② 郑忆石:《马克思社会发展动力论的系统视域》,《广东社会科学》2010 年第 3 期。

③ 林娅:《关于社会发展动力问题的思考》,《北京教育(高教版)》2004 年第 6 期。

④ 宋成一:《社会主义社会发展动力系统》,《学习与探索》2001 年第 5 期。

⑤ 杨信礼:《社会发展的动力机制》,《广东社会科学》2002 年第 6 期。

需要等。①

第三,关于"各种动力说"。根据时代发展与我国现代化建设实践的需要,从不同角度研究社会主义发展中某些新的具体动力因素,形成"各种动力说"。郑忆石认为,"知识分子"作为现代劳动力的构成要素是社会发展的直接或潜在的动力。② 科学技术是第一生产力,是实现现代化的关键。知识分子作为先进生产力的开拓者,在社会主义建设中承担着重大社会责任。隽鸿飞认为"现实的人"始终是历史发展的动力,③马克思从人的本质及其生存方式出发,对历史发展动力问题从不同的层次做了全面的阐释,现实的人始终是马克思立论的核心,正是现实的人及其活动构成了历史发展的动力。于晓雷认为"人的现实利益需要"是和谐社会发展的原动力,主体需要借助劳动、社会分工、利益及利益主体等系列中介,才能转化为推动社会前进的力量,所以主体需要是中国社会发展动力系统中的动因。④ 王淼认为"自由而全面发展的人"的价值共识是人与社会发展的动力源泉。⑤ 也有学者提出"对外开放动力""精神动力论""利益驱动"等不同的解释。

总之,理论界从不同视角、不同层面对社会发展动力问题进行了多方面研究,主要是以马克思恩格斯社会发展理论中的动力思想为基础展开的,大都以经典著作为依据,进行不同方面的阐述,提出了不同的观点。他们从不同角度揭示了推动当代中国社会发展的诸多动因,取得了丰富的成果,这对于继续研究社会发展动力问题有重要的理论借鉴意义。但对社会主义发展动力系统的结构、功能和运行机制的整体性研究不够,缺乏对动力系统的结构、功能与运

① 龚培河、万丽华:《社会发展"动力丛林"问题辨析》,《探索》2006 年第 4 期。

② 郑忆石:《科学、知识、知识分子:分析的马克思主义社会发展动力论域》,《浙江学刊》2011 年第 4 期。

③ 隽鸿飞:《现实的人:历史发展的动力:对马克思历史动力理论的新阐释》,《学术交流》2005 年第 7 期。

④ 于晓雷:《社会主义和谐社会发展动力新探》,《天府新论》2008 年第 2 期。

⑤ 王淼:《马克思主义动力论及其当代启示》,《当代世界与社会主义》2014 年第 1 期。

行机制的整体性研究。

2. 国外研究现状

康德认为"私欲"(恶)是人类社会发展的动力。康德是德国古典哲学的创始人,他提出了人类社会是在矛盾、对抗中发展的思想。他认为人性是恶,恶是"大自然使人类的全部禀赋得以发展所采用的手段"①。世界是由懒惰、虚荣、贪婪、怨恨、破坏等恶的情欲编织而成的,这种恶所激起的对抗是社会发展的必要条件,是文明的前提,是历史前进的动力。在康德看来,正是恶的本性驱使人们为自己的私利而奋斗,恶必然表现为社会的冲突和对抗,由恶而产生的竞争,即是人类一切灾难之源,一部人类历史,就是由愚蠢、幼稚、虚荣心、权力欲、贪婪心、怨恨、破坏的情欲,编织而成的历史,人与人、民族与民族、国与国之间存在着的,只是斗争与对抗而非和平与安宁。人类如果没有恶与之对抗并遭受与之相关的苦难和不幸,人的才能和力量就不能受激发挥出来,就会堕落,没有价值。

黑格尔的"绝对理性(又称绝对精神)"动力思想。黑格尔认为在自然界和人类社会出现之前就存在着一种精神或理性,黑格尔把这种精神称为"绝对精神",绝对精神是黑格尔哲学的核心概念,他认为整个世界都是绝对精神外化或异化的形式,是全部世界的灵魂。"绝对理性"是一切社会制度、政治制度、宗教观点、伦理观点、道德观点和智力状况等的决定者,是历史发展的最后动力。他从本体论的角度把全部人类社会的发展看作是自我意识的异化及其发展过程,"意识所知道和理解的,不外乎是它的经验里的东西;因为意识经验里的东西只是精神的实体,即只是作为经验的自为的对象"②。黑格尔就是力求通过展示自然、人类社会和人的精神现象(思维)体现出来的绝对精神,从而揭示其发展过程和规律性。

---

① [德]康德:《历史理性批判文集》,何兆武译,商务印书馆 1996 年版,第 8 页。

② 黑格尔:《精神现象学》(上卷),贺麟、王玖兴译,商务印书馆 1979 年版,第 23 页。

马克斯·韦伯(Max Weber)的"新教精神动力论"。韦伯在《新教伦理》一书中指出,资本主义精神是资本主义产生和发展的前提,如果没有新教伦理的影响,就不会有发展资本主义的动力,从而也就不会产生资本主义制度。"资本主义精神"被看作一支推动早期资本主义社会发展的重要力量。"资本主义精神"极大地推动了早期资本主义社会的发展。"各种神秘的和宗教的力量,以及以它们为基础的关于责任的伦理观念,在以往一直都对行为发生着至关重要的和决定性的影响。"①

哈耶克的"自由竞争动力论"。哈耶克是国际上影响深远的新自由主义思想家,自由是哈耶克永恒的理想。他认为自由是社会发展的原动力,又是社会的最高目标。自由首先是思想与行动的自由,然后是以此为基础的竞争的自由和创新的自由,要在自由竞争中保持不败的地位,创新是唯一出路。自由是创新的基础,又是创新的归宿,人有了思想自由,才能生成新思想。

哈贝马斯的"社会进化动力论"。哈贝马斯(Jürgen Habermas)是"批判理论"的主要代表,在其众多理论中,重建理论中关于社会进化的动力问题是哈贝马斯论述的重点和核心。他从否定历史唯物主义社会发展的动力理论出发,重新构建区别于马克思社会发展动力理论的理论。他在社会进化论的基础上提出:社会知识的学习机制是社会进化的动力的理论观点。在哈贝马斯看来,知识的学习机制是生产力发展的动力,能够为社会组织的原则形成和革新提供动力支持。哈贝马斯认为人类知识增长及其学习机制是社会根本动力,社会进化得以发生的基本力量来源于人类的进化式学习。人类的学习潜能是巨大的,当一个人的学习能够在集体世界观中获得传播能力和制度化能力时,那么它的力量就会汇入社会力量,成为社会一体化的更高级的推动力量。哈贝马斯认为"把社会运动理解成为学习过程——借助于学习过程,潜在的合理结

① [德]马克斯·韦伯:《新教伦理与资本主义精神》,于晓等译,生活·读书·新知三联书店1987年版,第15—16页。

构可以转化为社会实践,以至于这些合理结构最终在制度上体现出来”[①]。社会进化动力理论的重构的基础是“学习机制”理论。所谓“学习机制”,就是等同于言语能力,学习机制不仅是语言的负载体,而且是社会进化的动力。他指出:“恰恰是个体系统,才是个体发生学意义上的学习过程的承担者,而且在相当程度上,只有社会性主体才能从事学习。但是,社会系统借助于社会性主体的学习能力,能够形成新的结构,以解决威胁自己连续存在的转向问题(steering problems)。”[②]哈贝马斯的社会进化动力论存在一定局限性,是一种从观念史的角度来解释社会历史发展的观点,他认为道德、实践知识的增长是社会进化的根本动力,但由于他的交往是局限于精神交往的范畴,因而他所说的在交往中形成的道德是一种精神性交往知识,不符合历史发展的实际进程。

(二)创新驱动研究现状

党的十八大明确提出“坚持走中国特色自主创新道路”“实施创新驱动发展战略”[③],再到党的十八届五中全会提出创新驱动发展的七个着力点(培育发展新动力、拓展发展新空间、深入实施创新驱动发展战略、大力推进农业现代化、构建产业新体系、构建发展新体制、创新和完善宏观调控方式)。[④] 创新驱动发展思想进一步丰富和发展了马克思主义关于社会发展动力的理论,对社会发展动力的认识提高到了一个全新的高度。随着要素驱动型的经济增长方式带来的全球资源、环境、全球气候变化问题的愈演愈烈,实现创新驱动发展、建设创新型国家成为国家社会共同关注的发展焦点。在这样的背景下,世

---

① [德]尤尔根·哈贝马斯:《重建历史唯物主义》,郭官义译,社会科学文献出版社 2000 年版,第 38 页。

② [德]尤尔根·哈贝马斯:《交往与社会进化》,张博树译,重庆出版社 1989 年版,第 59 页。

③ 胡锦涛:《坚定不移沿着中国特色社会主义道路前进 为全面建成小康社会而奋斗——在中国共产党第十八次全国代表大会上的报告》,《人民日报》2012 年 11 月 18 日。

④ 《中国共产党第十八届中央委员会第五次全体会议公报》,《人民日报》2015 年 10 月 30 日。

界各国,尤其是发达国家均着力追寻实现社会创新发展的动力和战略,试图从生活到生产、从政策到技术促进新发展的实现。所以,在我国进入新发展阶段,实施创新驱动发展,既是形势所迫,又是面向未来的一项重大举措,给出了以后实施创新驱动的路线图,创新驱动亦就成为现在社会各界研究的热点。分别从不同视角切入,从“科学内涵”“价值意义”“现实路径”“评价指标”等方面对创新驱动进行广泛探讨和深入研究,取得了丰硕的成果。对这些研究进行梳理归纳,并结合本书研究的内容进行分析,有助于对创新驱动发展的实际推进和理论深化。

1. 国内研究现状

第一,关于创新驱动概念提出渊源。刘红玉认为熊彼特创新理论的相当一部分内容,其实早在19世纪就已经被马克思论及过,马克思就详细阐述了创新的本质、形式、价值,与熊彼特的创新理论只强调创新对经济发展的推动作用相比,马克思的创新思想更全面、丰富,充满了人文关怀。① 马克思系统论述了作为创新主体的资本是怎样能动地不断变革生产力与生产关系,生产创新是资本的本性。刘红玉认为马克思的创新思想不只是局限于经济视野,而是把经济发展与社会进步结合起来。② 创新的外延和内涵不断丰富和拓展。

庞元正认为,创新思想源于马克思,创新不单纯是一个经济学范畴,而是一个渗透到科学研究和社会实践各个领域中的普适性概念,需要从哲学高度对创新概念加以界定。③ 创新概念最早由熊彼特提出,他在其著名的《经济发展理论》一书中明确指出,现代经济发展的根本动力不是资本和劳动力,而是创新。熊彼特是最先使用“创新”一词并赋予其经济学意义,他所理解的创新实际上是企业创新,是企业家依靠个人素质主导的创新,最有代表性的是经济

① 刘红玉、彭福扬:《创新理论的拓荒者》,人民出版社2013年版,第1—2页。

② 刘红玉、彭福扬:《马克思关于创新的思想》,《自然辩证法研究》2009年第7期。

③ 庞元正:《从创新理论到创新实践唯物主义》,《中共中央党校学报》2006年第6期。

合作与发展组织(OECD,简称经合组织),对创新的界定,“创新需要使不同行为者之间进行交流,并且在科学研究、产品开发、生产与销售之间进行反馈。把这些看成一个整体就称作国家创新体系……从本质上看,创新体系是由存在于企业、政府和学术界的关于科技发展方面的相互关系和交流所构成的”①。本书在借鉴众多学者的观点基础上,是把它作为一个具有更高层次和更大普遍性的哲学范畴来理解的,从创新推动社会发展的视角来定义创新概念。所谓创新是创新主体为解决社会实践中提出的问题,通过实践活动发现了关于自然、社会和人本身及其它们之间的相互作用的新过程、新本质和新规律,从而创造或增加其经济价值或社会价值,推动人类社会的进步和发展的精神性或物质性活动过程。

第二,关于创新驱动思想的基本内容。随着世界范围内科学技术的迅猛发展和我国改革开放的深入推进,创新对我国经济社会发展的深刻影响日益凸显,并逐渐被提升为国家发展战略的重要地位。创新驱动可分为科技创新驱动、制度创新驱动、观念创新驱动、知识创新驱动等。洪银兴从经济发展方式转变的角度对创新驱动进行了研究,“创新驱动包括科技创新制度创新和商业模式的创新,其中科技创新是关乎发展全局的核心”②。陈曦认为:“中国传统的经济发展模式不可持续,因而迫切需要转变经济发展模式,即用创新驱动代替要素驱动。”③

科技创新驱动社会变革。科技创新推动着人类社会的发展,在马克思看来,科学技术通过转变为现实的社会生产力在社会进步中起着重要作用,他敏锐地看到科学、技术、生产和社会相互促进、协调发展的关系,特别是注意到科技创新对生产的推动作用和生产对科技的根源作用。马克思特别强调科技的

---

① 经济合作与发展组织:《以知识为基础的经济》,杨宏进等译,机械工业出版社 1997 年版,第 11 页。

② 洪银兴:《论创新驱动经济发展战略》,《经济学家》2013 年第 1 期。

③ 陈曦:《创新驱动发展战略的路径选择》,《经济问题》2013 年第 3 期。

发明和运用,绝不仅仅带来生产过程的改革,而且会带来整个社会的变革。恩格斯曾指出:“17 世纪和 18 世纪从事制造蒸汽机的人们也没有料到,他们所制作的工具,比其他任何东西都更能使全世界的社会状态发生革命。”①这就深刻揭示了科技创新在社会发展进程中的地位和作用。

制度创新驱动交往实践。制度创新是指在人们现有的生产和生活环境条件下,通过创设新的更能有效激励人们行为的制度、规范体系来实现社会的持续发展和变革的创新,为实现新的价值目标而自主地进行的创造性活动。制度创新的动力来源于新制度实行可能带来的预期收益。一旦预期收益大于制度创新所引起的阻力和支出增加等创新成本,即是说,当制度创新存在正的净收益时,制度创新的受益人或行为人就会努力推动创新的发生和成功实施;反之,就采取维护旧制度的做法。张蕾认为“制度创新驱动交往实践,通过交往实践,才使得先进的生产方式得以传播,才使得劳动技能和科学文化得以传承,也才使得各种生产要素通过社会合作发挥出最佳功能”②。制度创新驱动创造出推动生产实践和交往实践发展的新的社会关系规范,推动了社会关系的进化,从而推动社会的发展。

观念创新驱动思想革命。观念创新的实质是思想革命,一切的创新源于人的思想观念的创新,不同的观念产生不同的想法。观念不创新,就很难实现技术的创新、制度的创新以及其他创新。人的行为总是受其思想支配的,只有具有强烈的创新观念,明确的创新目标,才会产生强大的创新动力,才会有很强的创新能力,创新过程中才会有百折不挠的毅力,才可能真正做到有所发现、有所发明、有所突破、有所前进。一个人是这样,一个民族、一个国家也是这样。从这个意义上讲,创新意识,是一个国家,一个民族生机勃勃、事业兴旺发达的前提和基础。观念创新的过程是一个自我否定,自我超越的过程。要

① 《马克思恩格斯文集》第 9 卷,人民出版社 2009 年版,第 561 页。

② 张蕾:《创新驱动:马克思主义社会发展动力理论的新阶段》,《东北大学学报(社会科学版)》2014 年第 4 期。

改变人们的旧观念、旧思想是比较难的事情,因为任何一种持续时间较长的思想观念都曾在历史上起到这样或那样的作用,有的甚至深入生活各个领域,扎根在人们的头脑中。林娅认为:“观念创新是一切创新的先导,能够促进政治体制改革;传统经济与封建专制主义都会影响到观念创新。”①思想僵化、死守陈腐的观念就只能越来越落后,只有树立起强烈的创新意识,不断开拓进取,才能不断进步。过去讲,“不怕做不到,就怕想不到”。这句话夸大了人的实践能力,有主观主义、唯意识论倾向的问题。但其中也包含一定的真理性。这就是:要想做到,首先必须想到,有了创新意识和观念,才会有真正的创新。

知识创新驱动科学实践。知识创新是指人类在认识和改造客观世界和主观世界的实践过程中获得新知识、新方法的过程与结果,主要包括科学发现和创造、技术发明和商业价值实现等一系列活动。创新的目的是追求新发现、探索新规律、创立新学说、创造新方法、积累新知识,它是促进科技进步和经济增长的革命性力量,费利群认为:创新驱动的动力结构系统包括目标布局创新、“问题域”定位创新、价值驱动创新,以及改革、开放、发展的整合创新等。② 陈波从市场作用角度出发,“探讨了创新驱动与中国梦之间的内在关联,创新驱动是实现中国梦的恒久源泉,市场经济促进创新驱动的功能强点与弱点,并强调在面临市场残缺与市场失灵时政府的积极作用,政府的创新政策对于弥补‘市场失灵’具有重要作用”③。

第三,关于创新驱动的价值意义。实施创新驱动可以跨越“中等收入陷阱”。尚勇(2015)认为保持经济中高速增长,“避免落入中等收入陷阱,关键在于实现创新驱动发展,促进经济发展方式从规模速度型粗放增长向质量效

---

① 林娅:《自主创新与社会发展》,中国政法大学出版社 2009 年版,第 237—279 页。

② 费利群:《论以创新驱动战略思想为导向的学习型政党和创新型国家建设》,《山东社会科学》2011 年第 5 期。

③ 陈波:《论创新驱动的内涵特征与实现条件以中国梦的实现为视角》,《复旦学报(社会科学版)》2014 年第 4 期。

益型集约增长转变”①。一些国家之所以落入中等收入陷阱，主要依赖于土地、劳动和资本投资人的经济发展称为粗放式经济发展，其主要特征是规模的扩张，以自主创新为主的内生动力不强。刘志彪认为“创新驱动是跨越中等收入陷阱的主要武器，是越过拉美陷阱的关键”②。我国转型发展虽然面临巨大挑战，但已具备较好基础和独特优势。能否乘势而上把发展动力及时切换到创新引擎上来。马克认为在经济发展方式的过程中，创新驱动发展处于枢纽环节，既是增强创新驱动发展新动力的重要目的，又是激发市场主体发展新活力重要影响因素。③

实施创新驱动可以提高国际竞争新优势。胡长生认为创新驱动发展战略体现了世界经济社会发展的规律性，是顺应世界经济社会发展趋势的必然选择。世界公认的20个创新型国家的创新驱动实践呈现出三个90%的格局："其研发投入总和占世界总量的90%，其发明专利的总和占世界总量的90%，其科技创新对于经济社会发展的贡献率高达90%。"④试看当今的美国、德国、日本、意大利以及韩国、新加坡等国家，之所以经济发达、国力强大，其根本原因就是重视创新、并善于创新。世界经济的发展进入到一个新的历史时期，人类社会进入以科技创新占主导地位的时代，各个国家都清楚地认识到创新是国家发展的动力，是社会进步的标志；没有创新能力的国家就不会迅速地发展，并会逐渐落后。张晓强认为创新驱动是提高国家综合国力的战略支撑，国际金融危机后，依靠创新形成能够带动产业结构升级的新的经济增长点，将是本轮复苏的重要特征。⑤

---

① 尚勇：《让创新成为驱动发展新引擎》，《科协论坛》2015年第3期。

② 刘志彪：《从后发到先发：关于实施创新驱动战略的理论思考》，《产业经济研究》2011年第4期。

③ 马克：《创新驱动发展：加快形成新的经济发展方式的必然选择》，《社会科学战线》2013年第3期。

④ 胡长生：《创新驱动发展战略的历史选择与实现路径》，《中国井冈山干部学院学报》2015年第2期。

⑤ 张晓强：《走中国特色创新驱动道路，实现发展方式根本转变》，《求是》2012年第13期。

实施创新驱动可以引领实现中国梦。习近平同志在2014年国际工程科技大会上的主旨演讲中指出,"实现梦想、应对挑战、创造未来,动力只能从发展中来、从改革中来、从创新中来"①。陈波从市场作用角度出发,探讨了创新驱动与中国梦之间的内在关联,创新驱动是实现中国梦的恒久源泉。② 因此实施创新驱动,是当今国际经济政治条件下后发现代化国家实现跨越式发展的根本途径。科学技术的迅猛发展,科技成果产业化周期缩短的趋势,会给发展中国家提供新的追赶和超越的机会,形成后发优势。在一些新兴高科技领域,后发国家有可能在这些领域实现突破,带动整体科技竞争力的跃升,如果能把握和利用好科技发展的战略机遇期,深入实施创新驱动发展战略,就能为实现中华民族伟大复兴提供强大的支撑力量与引领作用。建设创新型国家,有学者还围绕创新驱动对于提升"中国城市内涵"③、推进农业现代化、产业集群升级、产业结构调整的积极意义进行了阐述,凸显了创新驱动发展战略的深刻影响和全面性意义。

第四,关于实施创新驱动的现实路径。实施创新驱动发展没有捷径可走,而且在现实中还存在诸多问题,诸如全社会创新氛围不浓、体制不完善等。辜胜阻更是鲜明提出创新有四大瓶颈:动力不足、不想创新,风险太大、不敢创新,能力有限、不会创新,融资太难、不能创新。④ 实施创新驱动,要靠运行机制来完成和发展,创新驱动机制是推动发展的最重要的驱动力。王海兵对创新驱动及其影响因素进行了实证分析,创新驱动的测量方法有多种,包括指数法、增长核算法、数据包络分析法和随机前沿法等,得出结论是不同地区间创新驱动水平差异有缩小趋势,创新驱动水平较低地区有向创新驱动发展水平

---

① 《习近平出席2014年国际工程科技大会并发表主旨演讲》,《人民日报》2014年6月4日。

② 陈波:《论创新驱动的内涵特征与实现条件——以"中国梦"的实现为视角》,《复旦学报(社会科学版)》2014年第4期。

③ 赵峥:《科技创新驱动中国城市发展研究》,《学习与探索》2013年第3期。

④ 辜胜阻:《创新驱动战略与经济转型》,人民出版社2013年版,第3—6页。

较高地区追赶现象。① 此外，与创新活动关系密切的知识产权保护制度、标准体系等还很不完善；政府、大学和企业等主体间没有形成有机互动的协作关系，鼓励创新的产学研协同创新机制不足。鉴于上述境况，学术界纷纷献言献计，主要表现为以下几点。

保障机制——创新政策。任保平认为在政策导向上实现一系列的转型：在政策激励方面实现从“投资激励”向“创新激励”的转变，在政策内容方面实现从“科技政策”向“创新政策”的转变，在创新人才培育方面实现从单一到多元的转变。② 李东兴认为：“必须加强体制创新、明确创新主体、推动金融创新、优化创新环境，才能真正推动创新驱动发展的实现。”③创新成为驱动发展新引擎，核心是形成创新驱动的体制机制。建立有利于科技创新的制度安排是推进科技创新的最强大动力。深化改革，破除制约科技创新和成果转化的体制机制弊端，如改革技术创新项目的形成机制和支持方式，改革科技成果处置权管理制度，改革科研项目审批制度、科研资金管理制度、科技评价制度等，建立科技与经济有机结合的宏观管理体制。推进科技创新、发展高新技术产业，除了需要一般产业发展所需的制度环境，如市场环境、产业配套环境、人文环境和生活环境外，还需要一些特殊的制度安排，政府要加大对产学研协同创新的政策扶持，这至少包括科技经济新体制、便利的融资体系、宽松的人才流动体制和以知识产权为基本特征的产权制度等。

动力机制——创新人才。在实施创新驱动中，创新人才是第一推动力，而在现实当中，创新人才恰恰成为实现创新的“短板”。陈曦认为：“创新驱动发展战略的路径选择是，在创新驱动基本格局中，确立以政府为主导、企业为主体，中介机构积极参与、研发机构和科研人员为创新源的创新主体系统。建立

① 王海兵、杨蕙馨：《创新驱动及其影响因素的实证分析：1979—2012》，《山东大学学报（哲学社会科学版）》2015 年第 1 期。

② 任保平、郭晗：《经济发展方式转变的创新驱动机制》，《学术研究》2013 年第 2 期。

③ 李东兴：《创新驱动发展战略研究》，《中央社会主义学院学报》2013 年第 2 期。

创新育人和用人机制。育人机制可以做到人尽是才,用人机制可以做到人尽其才。"①人才资源开发程度是衡量社会进步的重要标志。人才资源开发不仅可以直接促进社会生产力的进步,而且有助于从根本上提高其他生产要素的利用与配置效率,带动整个社会的文明进步。一部人类社会发展的历史,就是一部人才不断涌现、不断作出新的贡献的历史,社会的文明程度越高,对人才资源的开发和利用就越是合理和有效。刘志彪认为,"创新驱动应由物质资本转向人力资本,千方百计推进全球创新型和创业型人才向中国移动和流动,让他们的创新创业活力在国内形成社会氛围,激发国内全民创新创业热潮"②。要着力营造有利于优秀人才大量涌现、健康成长的良好氛围,形成鼓励人才干事业、支持人才干成事业、帮助人才干好事业的社会环境。对作出重大发明和科技贡献的人,给予更多的物质和精神的回报和肯定,提高他们的社会地位,对他们及其科技成果给予特殊保护,采取特殊政策,让他们成为令人羡慕的群体,并被视为成功的标志,以最大限度地激发科技人员的创新激情和活力。

运行机制——科技创新。要实现创新驱动,其根本在于自主创新,由技术引进和使用阶段、吸收再创新阶段向自主创新阶段演进。辜胜阻认为:"科技创新是创新驱动发展的核心,技术创新与金融创新双轮并驱发展,技术创新为金融创新提供利润空间和技术支持;金融创新为技术创新提供资金支持,推动技术创新的产业化。"③陈剑锋认为:"深化科技体制改革,促进科技与经济社会紧密结合完善科技创新的体制机制,使企业尽快成为技术创新决策、研发投入、研发组织和成果应用的主体。"④科技创新驱动推动生产力发展的意义在

① 陈曦:《创新驱动发展战略的路径选择》,《经济问题》2013 年第 3 期。

② 刘志彪:《在新一轮高水平对外开放中实施创新驱动战略》,《南京大学学报(哲学·人文科学·社会科学)》2015 年第 2 期。

③ 辜胜阻:《经济转型亟需创新驱动》,《北大商业评论》2013 年第 10 期。

④ 陈剑锋:《创新驱动:经济转型发展的路径探索》,《江西行政学院学报》2013 年第 2 期。

于生产力对社会发展的决定性作用。因为技术创新实践直接推动生产力发展,所以,技术创新实践对社会发展具有源动力性的作用。

提升机制——创新文化。创新文化孕育创新事业,创新事业激励创新文化。一个国家的文化,同科技创新有着相互促进、相互激荡的密切关系。"创新文化"强调的是一种氛围、一种环境、一种精神状态。比如,对于敢于冒险的创新行为是支持还是反对,对于敢于冒尖的创新活动是鼓励还是批评,对于在创新实践中暂时的失败是宽容还是嘲讽等,将直接影响着创新实践的发展。要实现各个方面的创新,就要形成一种创新文化。张蕾指出:"要实现创新驱动发展战略,应积极培育有利于创新的文化,培育和营造鼓励创新、宽容失败,兼收并蓄、海纳百川的文化氛围。"①张晓强认为:"构建有利于创新人才脱颖而出的用人机制,将培育创新文化与培养创新人才紧密结合,使创新思想得到鼓励,创新成果得到褒奖,创新价值得到尊重和实现。"②一个地方、一个民族或国家形成浓厚的创新文化氛围,也就能形成崇尚创新的氛围,对敢于做前人没有做过的事情、具有开拓性和创新性的冒险行为就会给予支持,对勇于在实践中做得比别人更多更好、具有前瞻性和引导性的冒尖行为就会给予赞赏,对在创新中遇到挫折甚至暂时失败行为就会给予鼓励,从而必将大大激发创新者的积极性。

综上所述,创新驱动研究确实是一个非常重要的热点问题,尤其是对正在实施创新驱动发展战略的中国更为重要,但创新驱动是一项系统工程,内容十分庞大涉及经济学、哲学、社会学、管理学等,因此对创新驱动展开研究并不容易,国外学者起步很早,但是国外学者的研究绝大多数都是针对发达国家的研究,对发展中国家研究的较少,需要指出的是,中国特色社会主义具有中国风格、中国气派,研究中国创新驱动发展要充分考虑中国的国情,这些国外的研究成果为中国创新驱动发展提供了参考。

① 张蕾:《中国创新驱动发展路径探析》,《重庆大学学报(社会科学版)》2013 年第 4 期。

② 张晓强:《走中国特色创新驱动道路,实现发展方式根本转变》,《求是》2012 年第 13 期。

要丰富创新驱动的内涵，不能单单将创新驱动等同于技术创新或科技创新，而是将各要素之间有机联系。马克思是最早提出创新思想的，尽管马克思并没有单独对创新思想进行完整阐述，但是在经典著作中到处闪烁着创新的智慧光芒，通过创造工具、变更方法进行实践，创新是分析矛盾、解决问题、化解矛盾冲突的关键因素，马克思的创新思想不只是局限于经济视野，而是把经济发展与社会进步结合起来，最终实现人的全面发展，这就有待进一步挖掘和厘定创新驱动和马克思的创新思想、马克思人的全面发展的互动关系，以达成基本的共识和搭建学术对话平台形成创新驱动的合力。

总之，拓展创新驱动的研究应该重视概念内涵的把握、找准困境，实施正确的路径，结合社会发展动力系统，以国内外经济发展新形势为现实依据，未来研究应着力加强创新驱动的政策支持、创新驱动各环节之间的有效关联，创新驱动与社会发展动力系统的实证研究等，构建系统的创新驱动发展动力体系，为创新驱动战略的现实推进提供坚实的学理支撑。

2. 国外研究现状

关于创新驱动的理论以创新思想的萌芽为起点。“创新”是一个非常古老的概念，英文中与之相对应的词汇是 Innovation，意指“更新”“改变”“制造新东西”。在《辞海》中，把“创新”解释为“抛开旧的，创造新的”。创新有革新、发明创造和开发设计等含义。在现代社会发展过程中，创新活动可以发生在多种领域，诸如政治领域、经济领域、文化领域等，它可以提出一种新的思想，做出一项新的科学发现，构想出一种新的组织形式、政策体系、决策机制、制度框架，或者产生一个新的发明创造，等等。马克思较早就提出了创新思想，而且这些创新思想内容很丰富，具有很重要的价值和意义，马克思创新思想可追溯到马克思在《资本论》一书中所提到的自然科学在技术进步中的作用，虽没明确提出创新理论也没有给创新下定义，但已表达了现代意义上的“创新”概念，比如“发明”“技术变革”等，以创新驱动提出为起点。最早将创新驱动作为一个发展阶段提出来的是迈克尔·波特，他把创新驱动分为四个依次渐进的阶段:"生产要素驱动(factor-driven)阶段、投资驱动(investment-driven)阶段、创新驱动(innovation-driven)阶段和财富驱动(wealth-driven)阶段。"①前三个阶段是国家竞争优势的主要来源,一般伴随着经济上的繁荣,而第四个阶段则是个转折点,可能由此开始衰退。党的十八大报告指出:"要适应国内外经济形势新变化,加快形成新的经济发展方式……着力增强创新驱动发展新动力。"②创新驱动战略思想不仅与创新概念演化轨迹相契合,而且赋予创新以新的时代精神。今天的创新驱动与马克思的创新思想可谓一脉相承又与时俱进。

一些国外学者认为,马克思的创新思想主要体现在技术创新和制度创新两个方面。一是以曼斯菲尔德、弗里曼等为代表的技术创新学派,侧重产品、工艺创新研究,从技术的创新进行深入的研究,形成技术创新理论。曼斯菲尔德对创新理论的一个重要发展是对模仿和守成的研究。模仿是指某个企业首先采用一种新技术后,其他企业也相继采用这种新技术。守成是指某个企业首先采用一种新技术后,其他企业并不模仿它,依然使用原来的技术。弗里曼以熊彼特的技术创新理论为基础,在把技术创新看作经济增长主要动力的同时,更强调技术创新对劳工就业的影响,强调科学技术政策对技术创新的刺激作用。

二是以兰斯·戴维斯(Lance E.Davis)和道格拉斯·诺尔斯(Douglass C. North)为代表的制度创新学派,主要以组织变革和制度创新为研究对象,把创新与制度结合起来,强调制度安排和制度环境对经济发展的重要性。诺尔斯与戴维斯合作出版了《制度变迁与美国经济增长》一书,构建了一个关于制度变迁的理论框架,阐述了有关制度的原则和构成等若干基本问题,第一次运用

① [美]迈克尔·波特:《国家竞争优势》,李明轩等译,华夏出版社 2002 年版,第 533—547 页。

② 胡锦涛:《坚定不移沿着中国特色社会主义道路前进 为全面建成小康社会而奋斗——在中国共产党第十八次全国代表大会上的报告》,《人民日报》2012 年 11 月 18 日。

产权理论去研究经济史,提出了制度创新理论,他们认为制度创新是指经济的组织形式或者经营管理方式的革新。所谓制度创新,就是指人们为了获得在现存制度结构内无法实现的潜在收益,寻求、设计并建构一种新的制度安排的过程。实质是创新者获得追加利益对现存制度的变革,通过这种变革建立起某种新的组织形式或经营管理形式。制度创新与技术创新一样,都是以获得追加利益(潜在利益)为目的,因而都必须是在预期纯收益大于预期成本的条件下才可能实现。诺尔斯认为,历史上的经济增长并不是由技术进步决定的,制度变革决定性地影响技术创新,制度之所以会被创新,是因为创新的预期净收益大于预期的成本,制度上的创新是一个复杂而艰难的过程,一种制度创新并不是一蹴而就的,而需要有一个相当长的时间过程。诺思认为,马克思关于经济过程的研究主要是对制度变迁的研究,他指出:"在详细描述长期变迁的各种现存理论中,马克思的分析框架是最有说服力的,这恰恰是因为它包括了新古典分析框架所遗漏的所有因素:制度、产权、国家和意识形态。"①

在现代社会中创新概念的普适性较强,创新渗透于社会的各个领域,日益成为包括技术、知识、制度、组织、管理、观念、文化等各个方面在内的全方位的创新,创新的目的是满足人类自身的需要,主体是人类,客体是客观世界(包括人类自身),核心是创新思维,关键是改变,最后形成新的价值观念、新的制度体制等。创新活动必须产生有益于人类文明和进步的效果和作用,创新成果必须能带来一定的经济效益或社会效益。那些损害他人利益和社会利益的活动,那些违背社会公德和法律的活动,绝不是创新。如制造新的毒品,搞新的迷信活动,发明新的计算机病毒,都不是创新。这里创新的"新",不仅仅是过去从来没有之意,而是含有新事物的意义,即符合社会发展的规律,有益于人类社会的进步与文明。创新的价值标准是社会性的,是以不损害他人利益

---

① [美]道格拉斯·C.诺思:《经济史中的结构与变迁》,陈郁等译,上海三联书店1991年版,第68页。

和社会利益为前提的。这里的人类利益是指整个人类的利益,是人类的根本利益。

(三)对现有研究现状的评析与展望

本书对国内外关于创新驱动与社会发展动力较有代表性的研究相关文献分别进行理论综述,对社会发展动力系统的要素、主体和价值等方面进行了系统的整理和探索,对创新驱动的内涵、重要性实施内容及路径等角度展开分析,并综合这些研究现状,挖掘现有理论研究的不足和缺陷,来作为本书研究的主攻方向。

本书认为,社会发展动力研究方面都取得了相当多的理论成果。但也有需要进一步研究的地方,如对社会发展动力的作用机制,社会发展动力系统的构成、分类,现阶段新的社会发展的动力因素出现,创新驱动作为社会发展的重要的驱动力,已经凸显重要性,而把创新驱动作为社会发展动力系统重要组成部分研究的较少,或者将创新驱动作为社会发展动力的重要组成部分,从创新驱动角度研究社会发展动力的理论成果还非常少,从研究成果上来看,论文多专著少。这些都是本文要着力要研究与丰富的,主要存在以下几个问题。

1. 对社会发展动力理论诸要素分别研究的成果多,而将社会发展动力理论作为一个整体进行研究的成果少

在社会发展动力系统中包括社会基本矛盾是社会发展的根本动力;阶级斗争是阶级社会发展的直接动力;科学技术是第一生产力;人民群众作为社会物质生产活动的主体等等,学术界有相当多的成果分别对这些进行论述,这些成果既有"概论"性的,也有专题性的,几乎涉及社会发展动力系统的方方面面,其研究的价值不容置疑。然而,学术界尽管认识到社会发展动力是一个系统,但对从整体上进行把握和研究的成果偏少。现在对社会发展的动力认识具有多种不同的观点,有"阶级斗争动力论""人民群众动力论""生产力动力论"等,不管哪一种观点,在一定程度上是正确的,但也有一定片面性,这些都有一个共同的缺陷,即它们都是把社会发展的动力归结为某一孤立的因素,即使考察到两个或两个以上的因素,也不能从系统和全面的观点来阐述问题。"阶级斗争动力论"显然只适应于阶级社会。"人民群众动力论",从一定意义上讲是对的,但又忽视了杰出人物、领袖人物的作用以及精英人才的重要性。"生产力动力论"日益为人们接受,但也有较大的片面性,主要在于没有把生产力看作是多要素存在的系统,也没有看到其他社会因素对生产力发展的影响。对于社会发展动力系统的研究,不能把它还原或归结为其构成要素,而必须从整体的统一性、有机性出发,致力于从总体上把握其性能,认识其内在规律,以便在实践中求得系统整体性能的最优化。离开了系统整体,其独立机能和作用也将失去意义,在这个有机统一体中,社会发展动力的诸要素相互联系、相互渗透、相互贯通,各个部分都以其他部分为存在前提,系统的各个部分是相互依赖的,如果某部分发生变化,那么,它将直接或间接地影响系统的其余部分。

例如,国民经济可分为农、工、商、运输、建筑等许多部门,每一部门都各有自己的功能,但它们只有协调于整体之中时,才能发挥作用。离开了整体,其他部门不能孤立地存在。所以,我们不能只见树木,不见森林,就事论事地孤立研究问题,而应从系统整体出发,全面考察要素间的相互作用和影响,强调总体协调、总体设计和综合。因此,若把任何一个部分、方面从整体中或与其他部分的联系中割裂出来,就会使整体丧失原有性质,丧失其全部价值。社会发展动力系统应当被视为一个整体,系统内各部分的变化以及各要素运行功能的变化应当从整个系统的总的运行的立场上去把握。总之,用系统的方法,从多方面、多角度去研究社会发展动力,学术界从整体上探讨社会发展动力系统的成果不多。

2. 对社会发展动力系统诸要素功能研究的多,而对社会发展动力系统作用机制研究的少

大多数研究者对科学技术是第一生产力,阶级斗争是阶级社会发展的直接动力,改革是社会发展的强大动力等等,对这些动力要素的功能研究的颇多,而对社会发展动力在实践中的运行机制是什么?研究还比较欠缺。事实上,社会发展动力从理论到实践,要经过一系列中间环节,即它们通过什么机制发挥作用?这一转化过程的关键是什么,应注意哪些问题?类似的问题,都应当成为当前学术界关注的对象和研究的问题。动力系统不通过运行,它的作用就难以有效地作用于社会。

社会发展动力系统作为一种复杂的社会系统,不仅具有各种组成要素,而且这些要素之间必须形成一定的结构,在实际运行过程中,社会发展动力系统的各要素相互联系、相互作用,形成一定结构。"社会发展动力系统作用机制是以社会基本矛盾为基础,以人民群众为动力主体来运行的。"①社会基本矛盾运动是通过人民群众的实践活动来实现的,首先生产力发生变化,然后引起生产关系变革,进而上层建筑也发生了变化,从而使整个社会形态向前发展。如果系统中的各个要素相互适应、彼此协调,就会促进社会快速发展。相反,如果各个要素彼此之间相互冲突,就会阻滞了社会前进。社会发展的动力是一种合力,社会发展的方向是社会诸多矛盾相互作用的结果,当诸多矛盾作用的结果是一种推动力,社会就向前发展,当诸多矛盾作用的结果是一种阻碍力,社会的发展就缓慢、停滞,甚至后退。

3. 对社会发展动力理论研究的多,对创新驱动是社会发展动力的一部分研究的少

对于社会发展动力理论本身,学术界已从不同视野、多向角度进行了探讨和研究,但在现有研究中,把创新驱动作为社会发展动力一部分去研究的很少,这些都是本书要着力要研究与丰富的。创新驱动丰富和发展了马克思主义关于社会发展动力的理论,对社会发展动力的认识提高到了一个全新的高度。当前,我国要建成真正意义上的创新型国家,就不能走以前发展的老路,

---

① 喻辉:《社会发展动力系统研究》,硕士学位论文,华南理工大学思想政治学院,2013 年,第 31 页。

更不能贪婪地追求物欲而导致社会不可持续发展,就必须实现创新驱动发展,这是建设创新型国家的根本所在。

4. 对研究领导人关于社会发展动力的思想言论多,而对马克思经典著作中关于社会发展动力的思想研究少

研究领导人关于社会发展动力的思想言论固然重要,但是领导人的思想言论是根据执政时期所面临社会发展问题而提出的社会发展动力论,比如,毛泽东的“矛盾动力论”、邓小平的“改革动力论”等,这些涵盖了社会发展动力理论的一部分内容,而对社会发展动力理论的研究要依托马克思主义的经典著作,以马克思主义的立场为价值立场,来揭示马克思恩格斯视野中人类历史发展的奥秘。而有些研究者仅仅局限于以马克思某几个文本为基础,而不能突进马克思整个理论体系内部,从文本与文本的关系出发,尽可能避免对社会发展动力思想的曲解。总之,学术界对于创新驱动与社会发展动力理论的研究已积累了相当基础,而其存在的薄弱环节或不足之处,则为深化社会发展动力理论的研究留下了空间。

三、本书的逻辑结构与研究方法

本书以辩证唯物主义和历史唯物主义为指导,立足于马克思主义原著,从社会发展动力视角出发,按照全面、系统和整体的思维方式来看问题。同时,还应做到研究视角的多元化和研究方法的多样化,对社会发展动力问题的研究才能得出科学的结论。

(一)本书的逻辑结构

本书以马克思、恩格斯文本为着力点,挖掘其社会发展动力相关思想及逻辑演变过程,并沿其逻辑思路,具体分析了社会发展动力思想的来源、发展、内容以及现实意义。在此为基础,进一步分析了社会发展各动力要素自身及各要素之间的辩证关系。以此逻辑顺序为整体架构(如图 0-1 所示),本书共分

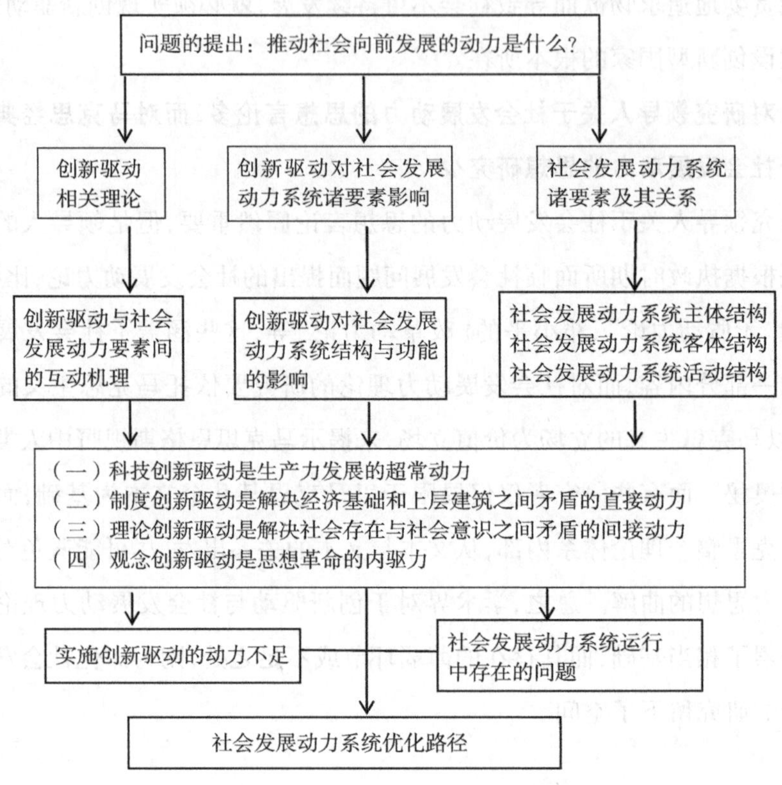

图 0–1　本文的逻辑结构示意图

为六章内容。其中，绪论是本书的开篇章节，该部分主要以选题意义、国内外研究现状及评析、研究方法、创新点等为主要内容。

第一章对现有社会发展动力理论的重新思考，是本书主体的正式出场，主要是对目前学术界关于社会发展动力理论研究的情况进行述评，并找出需要继续加深研究的地方。关于马克思恩格斯社会发展动力思想的相关研究，学术界早已着手，并取得了大量的成果。就目前研究情况来看，虽有不少积极成果，但亦存在不少薄弱环节，譬如如何深化研究、拓展空间谈自己的观点。本书坚持在相关概念的定义域范围展开相关研究与论述。基于此，本书首先整理出有关于社会发展动力的各方观点，从中梳理出何为根本动力、主体动力以及功能动力，亦同时对社会发展动力要素、结构层次、作用机制等方面进行分析与探讨。进而从中探寻出当前研究者对于创新驱动在社会发展动力系统中的研究不足。基于此,本书借鉴有关研究成果,对创新驱动理论进行较为全面的梳理。立足当下人类社会发展趋势以及当代中国发展需求,分析了创新驱动时代背景以及对社会发展的战略意义,揭示了创新驱动是当代人类社会历史发展的本质要求。在此基础上,探讨了社会发展动力与创新驱动两者之间的内在辩证关系,创新驱动是社会发展的重要动力,而社会发展又必须以创新驱动为主要手段。要实现中国由传统的要素驱动向创新驱动的顺利转变,必须要坚持创新驱动理念,创新驱动是转变经济发展方式的根本途径。

第二章主要阐述了创新驱动对社会发展动力系统要素的影响。不同时代造就不同的时代特色,随着创新驱动时代的到来,创新成为发展的引领性动力,与此相对应,生产方式的内涵和外延也发生变化。从生产力的角度来看,传统生产力要素得到了扩大,创新改变了生产力的内在结构与某些重要性质,创新成为生产力中独立的、起决定作用的要素,劳动者由原来的"体力型"改变为"知识型";生产工具由原来的"简单型"升级为"智能型";劳动对象由原来的"原材料型"转变为"合成型"。创新驱动也促使生产关系发生重大变化,创新使生产资料所有制"多元化"。同时创新驱动上层建筑进一步完善,创新促使政治呈现民主化、科学化、法制化。创新改变社会阶层结构,创新群体成为社会阶层中一个新的存在。

第三章主要论述了创新驱动对社会发展动力系统的结构与功能的影响。社会发展动力系统作为一个系统,跟其他系统一样,由相互联系、相互影响的诸多要素构成一个整体,有其专属的结构与功能,按照一定的规律不断变化发展。但系统并不像杂乱无章组合的一个整体,只是部分的简单总和,而是相互联系、相互作用着的各个组成部分的有机统一体。结构是功能的内在根据,功能是结构的外在表现,结构决定功能,功能也能改变结构,从而使系统更加完善。一个结构合理互相协调的系统,其总功能会大于局部功能之和。反之,一个不相协调的系统,由于各组成部分的摩擦而造成能量的空耗,其总功能会小于局部功能之和。可见,系统的结构是否合理,直接影响着系统整体功能的强弱。创新驱动下社会创新变革功能更加迅速、社会协调功能更为有效、社会满足维护的功能更加完善。

第四章研究了创新驱动与社会发展动力系统的运行机制。书中首先系统梳理了创新驱动与社会发展动力系统之间的关系,进一步剖析了两者的内在联系及互动机理。其中,科技创新驱动是解决生产力发展中的内在矛盾的超常动力;制度创新驱动是解决经济基础和上层建筑之间矛盾的直接动力;理论创新驱动是解决社会存在与社会意识之间矛盾的间接动力;观念创新驱动是解决思想革命的内驱力。

第五章着重分析了中国发展动力系统的现状与对策。社会发展动力系统机制在中国运行基本是良好的,使中国在改革开放40多年里取得了一系列成就,但是也存在一些问题,比如社会发展动力功能失调、社会发展动力优化机制不完善、社会发展创新动力不足等,这些使中国的发展受到限制。依据社会发展动力思想,并结合时代发展的要求,首先,要不断调整、改革生产关系和生产力之间,上层建筑和经济基础之间不相适应的环节和方面,保持相适应的协调发展状态,充分发挥人民群众作为主体动力的作用;其次,要把创新驱动发展放在经济、社会发展的重要位置,特别是通过科技创新促进生产力快速发展和社会的全面进步,从产学研合作、协同创新等维度,分析创新主体间的互动协同关系,发挥创新驱动的强大动力作用;最后,要使改革发展的成果惠及全体人民,要采取切实措施不断满足人们需要,保障人民群众各个方面的权益,充分调动各个阶层、各个行业的人员参与大众创业、万众创新,让一切创造社会财富的源泉充分涌流,从而给社会发展提供更多的动力。

第六章阐述了在面对世界百年未有之大变局和世纪罕见之大疫情交织叠加下,大国关系面临新的调整,要想实现梦想、创造未来,动力要从发展中来、从创新驱动中来。把创新驱动发展战略作为引领未来的一项重大战略实施好,用于服务国家、造福人民,把创新成果应用在实现国家现代化的伟大事业中，创新驱动无一不深刻地影响和改变着世界格局，每一次的重大创新和技术进步都给人类带来翻天覆地的变化，中国正走向创新驱动新时代。

（二）本书的研究方法

1. 系统分析的方法

在马克思、恩格斯看来，社会是一个活的发展着的机体，是一个复杂的系统。系统方法把所考察的复杂事物当作一个系统整体，在整体的运动变化中来研究整体与要素之间的关系和联系，研究要素与要素之间的关系和联系，研究整体与外界环境之间的关系和联系。系统分析的方法能够更好地反映客观事物的发展规律，是科学研究中使用较多的理论工具，其目的在于使系统运动的结构和功能达到最佳的要求。通过对社会发展动力系统内部和外部的相互作用关系和规律性进行综合考察，来研究社会发展动力系统的要素、结构、功能与运行机制，阐明社会发展动力系统是一个由社会主体性动力、矛盾动力、功能动力等子系统交互作用、协调发展构成的复杂的多层次的合力系统，最后找出符合社会发展的最优方案，提出健全和完善社会发展的动力机制。

2. 多学科综合研究法

本书研究内容涉及多学科领域的知识，包括哲学、经济学、社会学、政治学等多学科，这就使得研究内容需要综合多个学科的知识。社会是一个完整的系统，而不是单个人的机械集合。任何一种社会现象都不是孤立存在的，而是处于复杂的相互联系之中。对社会发展动力系统的研究，不仅研究社会中某一方面或某一领域的社会现象的产生、变化和发展，以及这一变化发展的内在规律性，更应该在吸收各门社会科学对某一方面、某一领域的具体社会现象研究成果的基础上，从整体上研究各种社会发展动力系统的产生、变化和发展的内在统一性，为社会发展提供合乎规律性的客观理论依据和科学方案。

3. 文本分析法

本书通过阅读马克思、恩格斯的大量经典著作以及相关文献，并结合社会发展动力理论、创新驱动理论等相关理论分析，利用科学的方法对文献进行分类、概括和总结，从中提炼社会发展动力与创新驱动之间的相互关系，找到这些文献论据是论点得以成立的基础，同时也搜集大量跟本书的有关的文献资料，来自学术专著、报纸杂志、学位论文等，根据自己的研究重点，借鉴已有的研究成果，对这些已有的成果进行整理、提炼和挖掘，总结出了目前研究的现状，为本书的写作提供了充实而有力的论据，从而增强了论点的说服力。

4. 运用历史与逻辑相统一的方法

历史的东西是逻辑的东西的基础，逻辑的东西是历史的东西在理论思维中的再现，是由历史的东西派生出来的。本书将对社会发展动力系统进行一个比较系统的研究，就有必要对社会发展动力在不同历史阶段不同的含义，通过深入挖掘唯物史观中蕴含的社会发展动力思想，对已有的成果进行思考、分析、验证、发展，将有助于本研究的深入。人类的认识具有积累性、渐进性和继承性，本书在尊重历史的前提下坚持了逻辑的方法。例如创新驱动是一种全面的系统的动力观，它有着丰富的内涵，包括理论创新驱动、制度创新驱动、科技创新驱动、文化创新驱动以及其他各方面的创新驱动，这些都构成了人类社会发展的动力。

四、本书的创新之处

目前，学术界关于社会主义发展动力问题的研究已不少，从不同的视角与层次论述和发展了马克思主义社会发展动力理论，取得了丰硕的成果。对于如何构建创新体系，如何建设创新型国家、创新型企业之类的研究成果相对来讲已经不少，但把“创新驱动”作为社会发展动力范畴进行研究尚很薄弱，需要对此问题进行较全面、深入的研究。本书的研究力图从以下几个方面有所创新。

（一）研究视角上新颖

本书将社会发展动力系统与创新驱动两个研究领域有机结合起来。把创新驱动作为社会发展动力系统的一部分，并从创新驱动的角度深化对社会发展动力的理性认识，不仅拓展了社会发展动力系统的研究领域，也丰富了创新驱动研究成果，而且贯通了两者之间的内在联系，实现了研究视角的创新。在创新驱动的影响下，社会发展动力诸要素发生了变化，并且以其强大的渗透力和整合力优化着社会发展动力诸要素。把这两个结合一起研究不仅能够对创新驱动进行科学系统的解释，还弥补了社会再发展过程中的缺陷。社会发展动力系统是动态的发展过程，其构成要素也在发展变化，我们只有正确认识这些变化，才能找到我国社会发展的正确战略，实现中国经济社会全面发展，从根本上改变我国社会发展动力的不利地位。

（二）理论建构上独特

本书用系统理论将社会发展动力看作一个完整的系统，社会发展动力系统是有要素、结构、功能等方面，相互联系、相互作用来形成一个有机的整体。并把社会发展动力系统分为主体结构、客体结构、活动结构，从而揭示系统内部的发展规律，以及社会发展动力系统的整体性、动态性、优化性等特征。本书对创新驱动与社会发展动力系统之间的互动机理进行了较系统和较深入的阐述。通过社会发展动力主体的互动协同、资源要素的组合配置、创新机制联合驱动、实现创新驱动对社会动力系统的各项效能优化组合。

（三）研究成果上实用性

面对中国经济社会发展的"新常态"，马克思恩格斯社会发展动力理论为构建中国社会发展的动力机制提供了理论支撑，本书不仅阐述了社会发展动力与创新驱动的一般理论（内涵、基本框架和作用机理），丰富现有创新研究的理论成果，创新驱动不仅包括科技创新，而且包括知识创新、制度创新、文化创新、观念创新等非技术因素创新，而且解析了各构成要素的基本特征和运行机制。通过将创新驱动理论具体应用于社会发展中，为中国发展提供全新的社会发展动力，加快从要素驱动、投资驱动发展为主向以创新驱动发展为主转变，为赶超发达国家提供了一条新的思路。

第一章 关于社会发展动力理论的重新思考

人类社会发展有没有动力？如果有，那动力是什么？其中何者更为根本动力？这些动力要素各自起什么作用？又是怎样起作用的？关于社会发展动力问题，是人类认知过去，创造未来的一个重大实践问题。能不能在理论上全面理解、在实践上正确把握社会的发展动力问题，从根本上关系到社会的全面发展，关于社会发展动力一般都认为：社会基本矛盾是社会发展的根本动力，阶级斗争是阶级社会发展的直接动力，人民群众是历史的创造者，改革是社会发展的重要力量，科技是第一生产力，等等。从这些论断中，不难吸取肯定性的答案或者找到着力点，但仔细考量，脑中又会充满疑问，所谓“直接动力”是否说明其他动力是“间接动力”，革命、改革、科技是“重要动力”，是否意味它们之间地位平等，无实质区别？答案显然不是，那这些动力之间是一种什么关系？它们是通过什么机制发挥作用的？社会是一个不断变化和变革的社会，这也就说明社会发展动力不是一成不变的，有哪些新动力产生了？又有哪些动力失去了作用等等，这是需要正确回答的迫切问题。这些问题有需继续深入研究的地方，科学地理解社会发展动力问题，有助于我们更好地认识和把握社会发展规律，进而推进社会主义发展进程。

第一节　关于社会发展动力中各个要素的性质及关系的思考

查阅现有的专著以及其他文献资料,一般认为"阶级斗争是社会发展的直接动力,科技是第一生产力,社会改革和社会革命是强大动力"等论断,面对这些论断,通过进一步思考,这些动力之间是否存在联系?它们之间是怎样一种关系?其实社会发展动力诸要素是要通过社会基本矛盾才能发挥作用,且各要素都有其自身的属性,因此发挥的作用不尽相同,但它们并非互不干涉、彼此孤立的存在,社会发展系统的运作离不开各要素的"贡献",它们是处于不同层次又相互影响、相互作用的复合的动力系统,共同发挥作用,推动了社会的进步与发展。

一、关于社会发展动力分类的思考

学术界关于社会发展动力分类的研究不多,但是这种分类还是很有必要的,因为社会发展动力是一个完整的系统,社会发展动力系统是指由相互联系和相互作用的各个要素有机结合而形成的统一整体。马克思恩格斯在吸取前人优秀成果的基础上提出了关于社会发展动力是一个多层次、立体式的系统结构的理论。运用系统方法来研究社会发展动力可以综合地、精确地考察社会及其动力体系。在研究社会发展动力系统中,对社会发展动力系统分类研究,更有利于我们深刻探索各个要素之间的关系,可以将动力分为主体动力、根本动力、功能动力。

(一)社会发展的主体动力

主体是有头脑能思维的、从事社会实践活动的人民群众,主体具有实践性,即有意识有目的地进行创造性的活动。人民群众之所以成为历史主体,是因为一切社会历史上的革命变革，以一种社会制度代替另一种社会制度，社会基本矛盾的解决等等，其主力军都是人民群众，在这个过程中，人民群众构成历史发展的主体动力。人民群众既是社会认识与实践的主体，也是解决社会矛盾的主体，社会的发展是人民群众创造性活动的过程和结果。在封建社会的革命变革中，主体不是地主而是农民，在资本主义社会的革命变革中，主体不是资本家而是工人，因为农民、工人代表着整个人民群众，他们是人类社会历史各个变革时期的主体力量。因此，人民群众是社会发展的主体动力。马克思指出："历史什么事情也没有做……创造这一切，拥有这一切并且进行战斗。并不是'历史'把人当做手段来达到自己……历史不过是追求着自己目的的人的活动而已。"①社会生活在本质上是实践的，人民群众在社会历史中既是实践的主体，又是认识的主体。人民群众这一范畴是随着社会历史条件的变化而变化的，包括不同的阶级、阶层和社会集团。不管在什么样的历史条件下，劳动人民及知识分子（体力劳动者和脑力劳动者），都是人民群众的主体和稳定部分。

（二）社会发展的根本动力

唯物辩证法认为，事物的发展主要是由事物内部矛盾运动推动的，同样，人类社会的发展也是由社会内部矛盾运动推动的，社会发展与进步的客观必然性根源就在于社会的内部矛盾，社会发展进步的动力在于社会基本矛盾的推动，特别是生产力和生产关系的矛盾，社会基本矛盾是其他社会动力的源泉。人类社会是一个内容丰富、结构复杂的社会有机体，是由诸多矛盾构成的，在诸多矛盾中，社会基本矛盾是社会发展动力系统的核心力量，就像地心把整个地球凝聚在一起一样，其他动力只有通过这个动力才能起作用，基本矛盾贯穿于每一个社会形态的始终，并伴随着人类社会的存在而存在，它决定着

① 《马克思恩格斯文集》第1卷，人民出版社2009年版，第295页。

社会形态的基本性质和变革方向,支配着其他社会矛盾的存在和发展。当然人类社会还有其他矛盾,其他矛盾都是根本矛盾派生出来的,根本矛盾不解决其他矛盾就很难解决。总之,整个社会的发展与变化,人类社会不断地由低级向高级发展,社会从一种社会形态转化为另一种社会形态,归根到底是社会基本矛盾内在的必然运动的结果。

(三)社会发展的功能动力

所谓功能主要是指某一事物或者某一方法所发挥出来的有利作用,延伸至功能动力,它主要是某些因素在解决社会问题时所发挥出来的有利作用。在人类发展的历史长河中,诸如阶级斗争、革命、改革、科技等在社会发展进程中发挥了重要推动作用,这些就构成功能动力的一部分。其中阶级斗争是指以根本利益对立为基础,表现在各个领域,敌对阶级间的对抗和冲突,其根源在于生产资料私有制所产生的物质利益上的根本对立,当然阶级斗争是阶级社会发展的直接动力,就其对社会的发展的作用而言,不能夸大,也不能绝对化,而应把它放到人类历史发展的总的过程中去全面地考察。同时,它的作用并非固化,而是随社会历史的发展而发展,并受限于一定的社会历史条件。当阶级斗争发展到一定阶段,必然引起以国家政权的更替为标志的社会革命,社会革命乃是社会基本矛盾发展的必然结果。

而在社会主义社会里,虽然阶级斗争在一定范围内还存在,但阶级矛盾已经不是社会的主要矛盾,阶级矛盾总的发展趋势是逐步缩小、减弱和缓和,改革也就成为社会发展的重要动力之一,因为社会的生产关系和上层建筑中,时有与生产力发展不适应或不匹配的环节或方面,不解决,将阻碍生产力的发展,而改革不断解决社会主义基本矛盾的客观要求,是利益调节的基本方式,是克服障碍机制的根本途径。通过改革,更好地找到解决社会主义社会矛盾的正确方式,有效地促进社会生产力的发展,推动社会主义现代化建设。

改革,它是在维护社会根本制度的前提下,依靠现存社会制度本身的力量所进行的自我调整和自我完善。即以不改变社会性质为前提，通过调整、变革的方式去除不合时宜的某些部分或环节，进而促进社会实现更好的发展。社会进行改革，是解决社会矛盾的重要途径之一，正是因为这些，改革在社会发展中就会经常出现，当一种新的社会形态建立起来以后，一般地说，它的内部结构是基本合理的，生产关系基本适合生产力的状况和要求，上层建筑也基本适合经济基础的性质和需要。随着生产力进一步发展，社会又出现各种问题，这就需要继续进行改革，经过改革，旧矛盾解决了，又会出现新的矛盾，社会就是这样不断产生矛盾、不断解决矛盾中前进发展的。一个社会要想快速地发展，一般都要有各种各样的改革。社会改革并不是社会细枝末节的修补，而是不同程度的社会变革，与之建立起与社会相适应的新体制，以适应社会快速发展。

科技是社会进步的决定性因素，尤其是科技创新不但影响着新知识的发明创造，也影响着科学技术的成果及时转化为社会生产力，可以说，它是整个人类社会活动中最富有创造性的。科技创新，它是将创新的知识注入经济社会发展的过程中，极大地提高社会生产力水平。科技一旦应用到生产中，同生产力中的各要素结合，它就能成为现实的直接的生产力，人类每一次的重大科技创新，都会促使生产力实现飞跃式的前进，以及社会的巨大进步。纵观人类发展史，科技创新一直是社会发展的重要推动力，尤其表现在经济落后的国家，国家的崛起很大一部分是依靠科技创新的充分发挥。随着科技创新的作用日益凸显，世界各国纷纷加入“科技创新”的行列来，并将其提升至国家战略层面，在一定程度上来说，当今世界的竞争就是科技创新力的竞争。我们正生活在一个创新驱动的时代，面对新事物、新问题、新情况带来的新矛盾，唯一的选择就是把握机遇、及时创新、与时俱进。回眸历史，中国曾错失多次科技革命的机遇，但在今天，中国的发展紧紧抓住科技创新这个驱动力，以全面创新改革驱动转型发展，加快建成国家创新驱动发展先行。这样才能增强核心技术的优势，才能在关键领域不受制于人。非如此则不能适应时代、顺应历史。当今世界正经历百年未有之大变局,我国现阶段正处于关键的转型期,要想在这样的境遇下谋求机遇和发展,我们必须集中各方力量,发挥自身优势进行科技创新,力求在关键领域有大作为,掌握制高点,实现突破性的发展。

二、关于社会发展动力要素间的内在关系思考

整个世界是相互联系的一个整体,社会发展动力系统也一样。社会发展动力系统是由要素之间相互交错,构成的一张普遍相互作用的网。社会发展动力系统是一个宏大的整体,诸要素都是这个系统中不可分割的部分。比如,生产工具是生产力系统中一个因素,分配方式是生产关系系统中的一个因素,思维方式是社会意识形态系统中的一个因素等等,而这些又是社会发展动力系统中的一部分。社会历史发展动力系统的部分与整体、分力与合力,经历着产生、发展、成熟和完善的过程,处于辩证的运动发展中,正是诸分力因素在不断变化中逐步完善,在发展中相互联系、互相融合、互相制约,共同作用构成了这一动力系统。当然,这些动力诸要素均有自身特点,因此对社会发展以及社会全面进步发挥的作用不尽相同,总有一些发挥着最基本的或主要的作用,而有些发挥次要的作用,由此决定社会全面进步的基本格局及其发展方向,并在相互作用中形成推动社会发展的“合力”。

(一)作用与反作用的关系

在社会发展动力系统中,每一种因素均不是孤立地发挥作用,而是在与其他因素的相互作用、影响下发挥着作用,且各要素发挥的作用不尽相同,有主有次。诸如社会基本矛盾在整个动力系统中处于统领地位,不论是动力系统的自然方面,还是社会方面,或者是科技革命、阶段斗争等动力,社会基本矛盾都贯穿在动力系统的各个方面,并推动这些社会因素不断前进,社会基本矛盾运动的机制在于,以生产力为起点,生产力的变化发展使生产关系得以相应的变革;生产关系(经济基础)变革又导致上层建筑领域的变革,新的上层建筑

的建立,又导致新的生产关系的形成和发展,也就可归结为生产力——生产关系(经济基础)——上层建筑的层层决定和层层反作用的关系,这种相互作用不断推动物质资料生产方式的变迁和社会形态的更替,因此在一定程度上,可以说社会基本矛盾是动力的动力,当然,肯定其为根本动力并非对其他社会矛盾的否决。诸如,在以私有制为所有制的阶级社会里,社会基本矛盾的表现形式即为阶级矛盾或阶级斗争,此时解决社会矛盾阶级斗争是关键点,因为没有斗争,旧的、不符合社会发展的制度就不会被推翻,新的社会制度也不会出现,最终难以从根本上解决社会基本矛盾,因此,阶级矛盾发挥着至关重要的作用。反顺序而论,阶级矛盾或阶级斗争的出现归结于生产力与生产关系的不相适应,即阶级矛盾及斗争的产生的根源和归宿来自社会基本矛盾。由此,我们可以讲,阶级斗争的动力作用实际上是社会基本矛盾的动力作用的具体表现。二者之间,不能分开而论,它们是在相互作用、相互影响下发挥着各自的作用或功能,因此,我们要用联系的眼光看待各个动力因素。

(二)相互联系相互转化的关系

在社会发展动力系统中,各动力要素是相互联系、相互影响的。社会发展动力系统的各个分力既互为联系,相互制约,又互相提供对方生存、发展的条件,这种相互联系可以带来相互转化。“无论是生产力、生产关系、科学技术,还是政治上层建筑、社会意识,阶级斗争或社会变革,任何一方的变化都在其他方面中产生反响,在其他分力中映现自己。它们既为对方制造新的矛盾,又各自成为对方解决矛盾的依据和手段之一。”①比如,生产力水平的提高,不仅仅需要生产工具的改善,更需要劳动者素质的提高,同时还依赖于它所处的动力体系中的其他动力的相互作用,也受到科技水平的限制,以及受制于该社会的生产关系和上层建筑等。

① 田启波:《马克思主义发展哲学与中国现代化》,中国社会科学出版社 2003 年版,第 88 页。

社会发展动力系统有着不同的层次,各动力要素之间相互联系、相互制约,发挥着不同的作用,它们通过相互之间的联系进行相互促进,汇集成推动历史前进的强大洪流。恩格斯说:“我们所面对着的整个自然界形成一个体系,即各种物体相互联系的总体”,“这些物体是互相联系的,这就是说,它们是相互作用着的,并且正是这种相互作用构成了运动”。[①] 恩格斯这里所讲的是自然界的物体,但也适用于人类社会,当然,不同层次的动力在不同的历史时期,发挥的作用程度也是不相同的,就是在同一历史时期,由于各个国家地区的特殊性,它的作用的发挥也不会完全相同。

(三)各个分力有机结合形成合力

社会发展动力系统是由若干要素组成的一个有机联系的整体,与整体相连的部分均可被视为动力系统的一部分,每一个要素都有自己的特定功能,更具有其他要素不可替代的功能和作用,不能以一个要素代替另一个要素,各要素之间相互作用,均有一定的“纽带”将它们维系起来,使他们按一定规律运转,社会发展动力系统的作用发挥,是靠各个要素的综合作用构成的合力,推动社会前进。一旦这个动力系统中缺少某一要素,或有些动力因素之间配合的不协调,均会妨碍社会的协调发展。正如马克思所说:“一个骑兵连的进攻力量或一个步兵团的抵抗力量,与每个骑兵分散展开的进攻力量的总和或每个步兵分散展开的抵抗力量的总和有本质的差别”[②]。这是任何一个系统都具有的“整体大于各孤立部分的总和”的整体性特征。正是这些无数互相交错的力量,汇合成一个“合力”,推动着人类历史前进的。在符合社会历史发展规律的前提下,如果社会发展动力各分力方向相同,合力则愈大,社会发展愈快;反之,彼此的作用则会互相抵消,合力随之减弱,社会发展相应减慢。社会发展系统由不同分力组成,各分力都有自身专属的系统或者整体,借鉴上述

① 《马克思恩格斯全集》第 20 卷,人民出版社 1971 年版,第 409 页。
② 《马克思恩格斯文集》第 5 卷,人民出版社 2009 年版,第 378 页。

内容,研究这些分力作用的发挥,应从各自系统的整体效应着手。

“历史是这样创造的:最终的结果总是从许多单个的意志的相互冲突中产生出来的,而其中每一个意志,又是由于许多特殊的生活条件,才成为它所成为的那样。这样就有无数互相交错的力量,有无数个力的平行四边形,由此就产生出一个合力,即历史结果”①。不同的人通过不同的实践活动,从各个角度与方向对社会发挥着不同的作用力,最终形成了相互交替、相互冲突的总体合力。但社会发展动力系统的各分力并非简单叠加,而是诸分力的辩证结合的整体效应,且整体效应大于各分力的机械总和。恩格斯的“合力论”揭示了人的活动与历史事变之间的辩证因果关系,它既肯定了各种因素的积极作用,又否定了把各种因素作用等量齐观的“因素论”,恩格斯的“合力论”认为合力是各种作用力的有机构成,每个人的力量对合力有贡献,但又不能归结为某一种意志的作用,最后在各种不同力量和意志的相互作用下构成一种合力推动历史的发展。它的整体性、不自觉性、不自主性特征就决定了作为合力作用的结果,每个人都在历史的“合力”上打下自己意志的印记,不同的是有的贡献大些,推动了社会发展,而有的则阻碍了社会的发展,因此,历史唯物主义的任务,就是使人们认识社会发展规律,发挥正能量,才能获得社会历史发展的最大合力。

第二节　关于社会基本矛盾是社会发展根本动力的思考

马克思在《〈政治经济学批判〉序言》作了关于社会基本矛盾的精辟阐述和经典概括:“社会的物质生产力发展到一定阶段,便同它们一直在其中运动的现存生产关系或财产关系发生矛盾。于是这些关系便由生产力的发展形式

① 《马克思恩格斯选集》第4卷,人民出版社2012年版,第605页。

变成生产力的桎梏。那时社会革命的时代就到来了。随着经济基础的变更，全部庞大的上层建筑也或慢或快地发生变革。”①这就是说人类社会的发展是由社会基本矛盾，即生产力和生产关系、经济基础和上层建筑之间的矛盾运动所推动的一个由低级向高级发展的过程。但仔细查阅现有文献资料以及研究成果，针对“社会基本矛盾为什么是根本动力”这一问题的探讨的相关论述不是太多，然而探讨这一问题又有着重要的理论意义和实践意义，基于此，下面将以此为着力点进行探讨。

一、社会基本矛盾决定着社会中其他矛盾的存在和发展

社会基本矛盾存在于一切社会之中，并贯穿于社会的始终，它们既涉及社会的物质方面，又涉及思想、意识方面，包含社会生活的一切基本领域，共同地决定社会的性质。社会领域中的其他一切矛盾，都由此派生出来并受其制约，并有赖于基本矛盾的解决。社会基本矛盾特别是生产力与生产关系的矛盾，是“一切历史冲突的根源”，决定着社会中其他矛盾的存在和发展。马克思指出：“一切历史冲突都根源于生产力和交往形式之间的矛盾”②，社会基本矛盾是规定事物发展全过程的本质的矛盾，是事物存在和发展的基础，是事物发展的根本源泉，事物中的其他矛盾都是基本矛盾的基本表现，社会基本矛盾的特点、性质决定其他矛盾的特点、性质，是一切社会矛盾的总根源。社会基本矛盾指明了社会发展的原因不在社会外部而在社会内部，但社会矛盾类型多种多样、纷繁复杂，同一社会形态在发展的不同阶段还存在的主要矛盾与次要矛盾，等等。在各种社会矛盾中既有社会发展的动力，又有社会发展的阻力，也就是说不是社会矛盾中的任何因素都可以推动着社会发展，只有那些有利于社会发展的积极因素才是社会发展的真正动力。

社会基本矛盾决定着其他社会矛盾的根本性质和形态，决定着人类社会

① 《马克思恩格斯选集》第 2 卷，人民出版社 2012 年版，第 2—3 页。

② 《马克思恩格斯选集》第 1 卷，人民出版社 2012 年版，第 196 页。

每一阶段发展过程的本质和规律。在基本矛盾中，一般来说，生产力和生产关系的矛盾更为根本，它决定和制约着经济基础和上层建筑的矛盾，因为生产力是社会发展的最终决定力量，生产力发展到一定程度，要求经济基础进行根本变革，最终导致上层建筑也发生变革。当然，社会基本矛盾这种决定作用，需要在其他社会发展动力系统的诸要素的交互作用下才能实现，这种交互作用指的就是相互之间的协调关系，只有社会发展动力系统诸因素发生作用时结构越合理，所形成的总体功能也就越大，要结构合理，就要遵循社会基本矛盾运动规律。

二、社会基本矛盾运动规律是社会发展规律中最基本的规律

规律是客观的不以人的主观意志为转移的，虽然人们不能创造规律，但可以通过社会实践等活动去认识、运用、把握规律。社会发展的基本规律就是生产关系、上层建筑要适合生产力、经济基础的状况，社会基本矛盾规律的存在，决定了社会运动和变化的客观性，社会基本矛盾的特性，又决定了社会运动变化的主要形式是改革还是革命。如果人们的选择符合社会发展的规律，顺应历史潮流，就会加速社会发展与进步，社会基本矛盾运动规律是认识和把握某一社会形态主要矛盾的根本方法和理论基础，只有以社会基本矛盾运动规律为指导，才能更好地去研究某一社会的主要矛盾、次要矛盾以及其他矛盾，而且社会基本矛盾运动规律在其运行过程中各方面是否协调一致，直接影响着社会生活的内容和方式。一种生产关系为什么能够代替另一种生产关系？为什么有的生产关系能够促进生产力的发展，有的则阻碍生产力的发展？这些问题，在这一规律中可以寻求答案。

生产力与生产关系相互作用构成了的矛盾运动过程是:生产力决定生产关系，生产关系对生产力具有反作用，这种“决定”和“反作用”的矛盾运动，形成了生产关系适合生产力状况的规律性运动。从人类社会历史发展的宏观进程来看，生产力在总体上表现出趋于前进的态势。因此，我们必须自觉认识和

把握这一规律,这条规律是马克思主义政党制定战略、策略、方针、政策的重要客观依据,是判断我们的路线、方针、政策正确与否,工作是非得失,社会制度是否优越和进步的重要标准,也是作为制定路线、政策的出发点和归宿。纵观历史发展,社会主义之所以能够取代、战胜资本主义,主要取决于它既继承资本主义生产力,避免其各种社会弊端,又能创造出更高的生产力。社会主义相较于资本主义,具有更强的创造新生产力的能力以及提高人民生活水平的能力,这也正是社会主义本身所具有的优越性。而创造新生产力、提高人民生活水平都需要通过大力发展生产力来实现。

经济基础与上层建筑的相互作用,构成了经济基础与上层建筑的矛盾运动,一方面,经济基础决定上层建筑发展的方向;另一方面,上层建筑反映并服务于经济基础,从上层建筑为经济基础服务的效果来看,它对经济基础有双重影响,既有发挥促进作用也有发挥阻碍作用。二者相适应时,则在同一方向上运动,上层建筑满足经济基础需求时,则发挥促进作用;反之,发挥阻碍作用。党的十八大以来,党不断推动全面深化改革向广度和深度进军,改革是由问题倒逼而产生,又在不断解决问题中而深化,其本身反映了上层建筑适合经济基础状况规律的客观要求,如从严治党、反腐倡廉、反对不正之风、行政审批改革、科技体制改革、户籍制度改革、公立医院改革、城乡养老并轨、加强社会主义法治建设等,不断解决社会主义社会上层建筑中的某些部分环节不适合经济基础状况的矛盾,不断推动我国社会主义上层建筑与经济基础相适应,从而更加有利于促进社会主义事业快速发展。

三、社会发展动力系统的诸要素通过社会基本矛盾起作用

人类社会是一个由众多矛盾所构成的复杂体系,因而它的发展亦是由这些矛盾及其相互作用推动的。在社会发展动力系统中,社会基本矛盾处于支配地位,决定并制约其他动力发挥作用,社会基本矛盾运动,是一个永无止境的过程,只要人类社会存在,它就不会完结。比如,在阶级社会,阶级斗争的最

高表现形式为社会革命，而社会革命产生的根源来自社会基本矛盾的尖锐化，代表旧生产力的反动统治阶级是不会自动退出历史舞台，他们总是想尽办法来维护旧的生产关系和为它服务的上层建筑。只有通过革命来推翻反动阶级的统治，才能改变现状，摒除旧的生产关系，促进新的生产方式的建立和发展，才能使一种已经过时的社会形态为一种新的更高级的社会形态所代替。

社会基本矛盾的双方并非一直持续在相对和平的、稳定的状态，它们总会受到不断变化发展的社会环境以及自身因素的影响，二者总会出现缝隙或者错位，譬如当生产力提升至一定程度，生产关系的发展并未随之变化，这样就出现了脱节、不匹配的现象，从而只有变革生产关系，才更适应生产力发展的需要，再如，社会改革亦是社会发展中经常出现的，也是社会基本矛盾运动的必然产物。生产力不断向前发展，等生产力发展到一定程度，多多少少会与之前的生产关系发生一定的摩擦，上层建筑和经济基础也会有不相适应的地方，但这种摩擦或不相适应尚未激化到难以持续下去的境地或者引起社会革命的程度，因此，这就需要依靠改革的方式，调整、改变与生产力、经济基础不相适应的生产关系与上层建筑，使矛盾双方再次走向良性互动，有力促进社会持续发展，改革的目的是兴利除弊、解放生产力，从而使新的生产关系或者上层建筑的优越性更加充分地发挥出来，改革也就成了社会发展的动力和源泉，总之，诸如阶级斗争、社会革命、改革等社会发展动力系统的要素均要通过推进社会基本矛盾运动来推动社会发展的。

四、社会基本矛盾推动社会发展与进步

生产力是社会基本矛盾运动中最基本的动力因素，是整个社会基本矛盾运动的“发动机”，是推动社会历史发展诸因素中最活跃、最革命的因素，它总是要为自己的发展开辟道路，冲破一切外来阻力顽强地不断地向前发展，生产力的变化从而引起了生产关系的变化，最后导致整个社会形态的变化。生产力成为社会发展的最终决定力，决定着一切社会关系和社会历史的变迁。马

克思最终所设想的人类社会是共产主义社会，马克思和恩格斯在《德意志意识形态》一书中认为，作为共产主义社会的第一阶段，社会主义必须以生产力巨大增长和高度发展为前提。社会历史的发展，无论是生产关系和上层建筑的发展，还是阶级斗争的产生、发展和消灭，以及其他社会发展变化，归根到底取决于生产力的发展。在社会基本矛盾的诸多因素中，生产力是一个核心的因素，社会的发展总是从生产力的发展开始的，生产力的快速发展使劳动生产率不断得到提高，最终推动整个社会不断前进，就这样，生产力处于永不停息地发展变化中，而整个社会基本矛盾的运动，就是一个以生产力为起点、又以生产力为终点的往复循环、不断提高的螺旋式上升的过程。在历史发展的各个阶段上，人们结成什么样的生产关系，不是取决于人们的主观愿望，而是取决于生产力的性质和水平以及进一步发展的要求。在以石头为工具的极低生产力条件下与以机器大生产化的条件下所产生的生产关系自然不同。

社会发展进步是指社会的前进发展，包括社会形态的更替，社会物质生活、政治生活以及其他生活进化和变革，而生产力就是衡量社会进步的重要尺度。生产力是社会存在和发展的物质基础，生产力的发展，致使人类的活动范围不断扩大，国家交往日益频繁，整个世界如同在一个"地球村"。一个社会处于什么样的历史时代，它的经济形态、政治形态、观念形态以及整个社会形态具有何种性质，最终都是由生产力状况决定的。马克思指出："无论哪一个社会形态，在它所能容纳的全部生产力发挥出来以前，是决不会灭亡的；而新的更高的生产关系，在它的物质存在条件在旧社会的胎胞里成熟以前，是决不会出现的。"①一种社会制度是否进步，是否优于以往的社会制度，主要看它是否有利于生产力的发展。能够推动生产力发展的，就是进步的，反之，就是落后的、反动的。生产力是一个综合性的系统，用生产力来衡量社会进步也应当具有系统性、综合性，它包括生产力各要素功能发挥的程度，生产力发展的水

① 《马克思恩格斯选集》第2卷，人民出版社2012年版，第3页。

平、速度、效益等综合指标。生产力的发展不仅是经济上的增长，还包含着人的因素发展，把生产力与人的本质力量结合起来，可以更好地理解生产力的发展，随着生产力的发展，人类也趋向全面发展，同时意味着人的逐步解放。当然，生产力是衡量社会进步的重要尺度，这就需要灵活地运用这一尺度，不应当把生产力庸俗化，对生产力本身要完整理解。

第三节　关于人民群众作为主体动力的特殊作用的思考

关于社会发展主体动力，学术界进行了大量研究，但没有明确指出人民群众作为主体动力的特殊作用，只是认为人民群众是物质与精神财富的创造者，又是社会变革的最主要推动力量，而对特殊性作用没有强调出来，人民群众的特殊作用就是所有的动力都是由人民群众来完成的，比如，科技要想成为动力，人民群众只有掌握科技，才能发挥科技应有的作用。人类社会之所以不同于自然界，是因为人类社会是人民群众有目的、有意识活动的结果，社会发展进程处处显现着人民群众的活动与利益，跃动着人民群众的自由与激情，历史规律归根到底是人民群众活动的规律。人民群众是一切社会历史活动的承担者，是社会要素中的能动者，人民群众的活动创造了社会历史，并且改造和超越着历史。社会历史规律实际上是人民群众生产生活的规律，各个社会发展动力要素，都是在人民群众的作用下才能发挥出作用。

一、主体动力是一切动力的发出者

人民群众及其历史活动是社会历史存在、发展的主体依据，离开人民群众的活动和人民群众的作用，就不可能有社会历史。不仅仅社会基本矛盾运动，还有阶级斗争、科技革命等发挥或实现推动社会前进的功能，都是因为人民群众处于主体地位、操作者的地位，也就是一切动力的发出者，人民群众的活动贯穿于社会的各个方面,经济的、政治的、科学的、军事的等一切活动,这些活动都打上人民群众的活动的印记。人民群众作为一切动力的发出者,体现了在社会变革时期表现得更明显。当某种生产关系成为生产力发展桎梏的时候,人民群众就会起来推翻维护旧的生产关系的上层建筑,为生产力的发展和社会的前进开辟道路。各社会发展动力要素,是人民群众的本质的体现,它们的性质、状况、形式和发展水平等都与人民群众及其活动有着内在联系。一切真正的革命运动,实质上都是人民群众起来动摇或摧毁那些腐朽社会制度的斗争。五四运动是一场伟大的群众爱国运动,体现了人民群众是一切动力的发出者,在变革社会的实践活动中的主体地位。五四运动充分发动了群众,工、商、学联合起来,农民也有部分参加了,揭开了全民族进行彻底的反帝反封建斗争的序幕,促进了马克思主义在中国的传播,是社会主义发展的历史和逻辑起点。概言之,人民群众及其活动是社会形态的基础,而生产力、生产关系、上层建筑等社会要素不过是人民群众活动的产物和结果或这些活动借以进行的形式。

人民群众作为社会实践的主体,通过发挥主体自觉能动性来指导实践活动。不仅仅是认识世界和改造世界,最主要是推动人类社会继续向前发展。马克思在《1844 年哲学经济学手稿》中说:"整个所谓世界历史不外是人通过人的劳动而诞生的过程,是自然界对人来说的生成过程。"①在他看来,人之所以成为人,是因为人作为历史的主体能够从事"自由的有意识的活动",即一种有意识性、创造力而且是有目的的实践活动。作为主体动力的人民群众也就是其他动力的发出者。我国自改革开放以来取得了伟大的成就,创造的社会主义的伟大业绩,这个功劳应该归于谁呢?应该首先归功于广大人民群众,归功于工人、农民、知识分子等这些创造物质财富、精神财富的第一线的主体劳动者。人民群众以极大的热情投身改革,加速了社会的变革,同时也深化了

① 《马克思恩格斯文集》第 1 卷,人民出版社 2009 年版,第 196 页。

变革，这说明了人民群众在变革社会的实践活动中的主体地位。正是人民群众的物质生产活动保障了社会的存在和发展，并为人类社会的其他活动奠定了基础。不仅如此，劳动人民还直接参与精神生产活动，并为社会精神生产提供足够的原材料。马克思指出："只要你们把人们当成他们本身历史的剧中人物和剧作者，你们就是迂回曲折地回到真正的出发点"①。对社会发展的理解必须从对人的理解开始，人民群众既是社会历史的"剧作者"，又是社会历史的"剧中人"。

二、主体动力是一切动力活动的计划者、执行者、推动者

人民群众既是能动地认识和改造社会客体的主体，又是最终实现自身解放和发展的价值主体，推动社会生产力发展和社会关系革命的都是人民群众，马克思说："全部人类历史的第一个前提无疑是有生命的个人的存在。"②实践的自然前提是感性生命，感性生命是实践的物质承担者。在社会历史领域，感性生命是人类社会的主体性力量——人民群众。人民群众是历史主体中最大的群体主体，是一切动力的计划者，构成社会实践得以发生的自然前提、决定性要素和物质承担者。人民群众一旦掌握了自己的命运，就会焕发出无穷的智慧和力量。通过人民群众反对反动阶级的斗争和社会革命，社会基本矛盾才能获得解决，新的社会制度才能取代旧的社会制度，实现社会形态的飞跃。"因为唯有一定社会历史条件下现实的活生生的人，才具有物质载体，能够创造和使用物质工具，作用于客体；现实的人具有主观能动性，是物质因素和精神因素的统一体，具有思维能力和创新能力，所以能自觉地进行认识活动和实践活动。"③同时人民群众既是"计划者"又是"执行者"，习近平就任中共中央委员会总书记以来，在不同场合，用朴素的语言表达着他对人民群众的挚爱，

① 《马克思恩格斯文集》第1卷，人民出版社2009年版，第608页。

② 《马克思恩格斯文集》第1卷，人民出版社2009年版，第519页。

③ 高惠珠：《唯物史观新视野与中国梦研究》，上海人民出版社2015年版，第163页。

群众是真正的英雄,人民群众是我们力量的源泉。人民群众依靠自己的勤劳与智慧,成为一切动力的计划者、执行者,这是对马克思人民主体论的坚持和创新。

纵观历史上的革命变革,以一种社会制度代替另一种社会制度,以一种生产方式代替另一种生产方式,其主力军都是人民群众,马克思指出:“创造这一切,拥有这一切并且进行战斗。并不是‘历史’把人当做手段来达到自己……历史不过是追求着自己目的的人的活动而已。”①正是作为社会实践主体的人民群众,根据社会发展的现实状况对周围环境进行自觉性的转变,实现社会向前演化,也就是说,人民群众以发起者的身份,有目的地组织社会前进。革命是否成功很大程度上取决于是否为人民群众利益发声,如是才能有强有力的支持,否则只会一败涂地。在中国革命过程中,毛泽东曾坚定地支持农民运动,探寻中国革命的道路。在革命战争中,群众是真正的英雄,是真正的铜墙铁壁,“革命战争是群众的战争,只有动员群众才能进行战争,只有依靠群众才能进行战争”②。中国革命的显著特点是敌强我弱,而“我弱”主要是因为占人口百分之八十的工农劳动群众还没有被充分动员、组织起来,“唤起民众”是中国革命的前提条件。抗战时期毛泽东根据人民群众的实际情况与反馈,将中国人民群众的智慧与马克思主义有机结合,以人民群众为主体,创造了“持久战”“游击战”等战略战术,开辟了广阔的敌后战场,极大程度上地打击了日本侵略者。在此,人民群众作为创造主体,为抗日战争的胜利贡献了人民智慧与人民力量。在社会主义过渡时期,人民群众作为创造主体,推动了马克思主义的进一步中国化,党根据新中国国情,结合人民群众的创造性智慧,实行了“一化三改”,逐步实现了新中国的社会主义工业化。在改革开放时期,人民群众的创造主体地位更为突出,家庭联产承包责任制的推行与城市企业经济体制改革无不源于极具创造性的人民群众智慧。家庭联产承包责任制

① 《马克思恩格斯文集》第1卷,人民出版社2009年版,第295页。

② 《毛泽东选集》第一卷,人民出版社1991年版,第136页。

改变了我国农村旧的经营管理体制，突破了"一大二公""大锅饭"的旧体制，调动了广大农民的生产经营积极性。城市企业经济体制改革从本质上解放了生产力和生产关系，促进了生产力的发展；在不改变原有经济制度的基础上，对经济体制进行根本性改革，由计划经济逐步转变到市场经济；推动了社会主义市场经济体制的建立、发展和完善；扩大了就业，极大地提升了人民的生活水平。由于人民群众所处的历史环境不同，发挥的作用也不同，但从总体上说，是一切动力活动的计划者、执行者、推动者。

三、主体动力是一切动力的灵魂与归宿

社会发展动力系统诸要素作用的发挥，总是要通过社会活动主体的人民群众来完成的，社会发展动力要素中缺少"主体"要素的特殊作用，也就是"人民群众"的特殊作用，整个社会就不能正常运行。社会生产力的增长、社会形态的更替、科技进步等，都是社会的主体即人民群众的活动的结果。也就是说人民群众不仅是主体动力要素，而且还是其他一切动力发挥作用的"活动力"，是其他一切动力的灵魂与归宿，离开这一主体，其他动力就难以启动，就会成为一种"抽象动力"，人民群众是社会发展的承担者、实践者、推动者，是其他动力的灵魂，也是社会发展动力的目的与归宿。作为历史主体的人民群众，在创造历史的同时也在发展着自身，社会是一个开放的自组织系统，该系统的发展是通过人民群众的实践活动同自然界进行物质、能量与信息的交换，最终实现自我发展和完善。

人民群众的实践活动能否具有积极性，关键是能否得到应有的物质利益和正常需求能否获得满足，"历史的真正的最后动力的动力……是使广大群众、使整个整个的民族，并且在每一民族中间又是使整个整个阶级行动起来的动机"①，而动机的背后隐藏着的就是需要，在群众的利益要求和实践活动背

① 《马克思恩格斯全集》第 28 卷，人民出版社 2018 年版，第 358 页。

后,往往有生产力发展的客观规律在起作用,这就需要把满足群众需要和具体目标有机结合,要相信群众、依靠群众,使群众感到有盼头、有奔头。在社会主义制度下,人民群众是物质财富的拥有者,人民群众如果只创造不受益,不能同步分享所创造的成果,就会出现马克思所说的异化,也就是人民群众被异化为生产的奴隶。我国的社会主义建设和改革,是亿万群众的共同事业,必须依靠广大群众来完成。诸如实现“中国梦”,这就需要发挥人民群众的主体力量,党的十八届三中全会强调要“坚持以人为本,尊重人民主体地位”,阐释了人民群众是历史的创造者,具有无穷无尽的创造力,只有取得人民群众的参与和支持,中国梦的实现才有根本保证。每一个中国人都是“中国梦”实现的主体。“中国梦”是国家、民族的梦,更是每个中国人的梦,必须紧紧依靠人民群众来实现,这是“中国梦”能够在人民群众中引起广泛关注和高度认同的关键所在。而人民群众的积极性和创造性的发挥则取决于他们的利益能否实现以及能在多大程度上实现,实现中国梦的根本目的就是在不断满足人民群众在物质上和文化上的需要的基础上,实现国家繁荣稳定、人民幸福安康,只有充分保证了人民利益的社会实践活动,人民群众认识到梦想的方向与自身对美好生活的向往是一致的,从而自觉地把自己的梦想融入实现中国梦的伟大实践过程中。

第四节　关于社会发展动力系统条件性和时代性的思考

人类社会的发展都有着自己内在的规律,但这种规律是客观的而且又是隐蔽的,这就需要人们去认识掌握它。如果理论水平不高,缺乏辩证思维的能力,就难以掌握事物发展的规律,马克思、恩格斯从他们所处的时代出发,运用辩证唯物主义的世界观和方法论,审视以往思想家探索社会发展动力的理论成果,对其中合理的部分进行吸收、消化和再创造,克服其中的缺陷,形成了科学的社会发展动力理论。但马克思所提供的不是固定不变的教条,同样马克思、恩格斯所创立的社会发展动力理论不是一成不变的教条和凝固的理论,而是在实践基础上并必将随着社会的发展进一步丰富的理论。这些原理的实际运用"随时随地都要以当时的历史条件为转移"①,不同的历史时期,社会发展动力具有不同的内容,它是一种动态的发展过程,总是在不断变化,也正是这种动态性,使社会能够得以不断地进步与发展,因此,我们对社会发展动力系统的研究要一切从实际出发。

一、关于条件性的思考

社会发展各动力诸要素在不同的社会历史阶段,所起作用的程度亦不尽相同。在生产力水平极低的社会里,超经济的权力常常大于经济的权力,比如,在阶级社会中,阶级斗争对社会历史的发展曾经发挥非常重要的作用,生产力一定程度的发展,必然会提出改变与生产力发展不相适应的落后的生产关系的要求,但这种变革的实现需要阶级斗争在一定程度上的推动,此时的阶级斗争成了直接的或决定意义的动力。应该说,这种说法有一定的道理。但是,我们不能把阶级斗争绝对化,阶级斗争只是在一定范围内存在。"就整个人类社会历史而言,阶级斗争只是一种暂时的社会历史现象,并且其本身的产生、发展和消亡也是应当加以说明的,这种本身应当加以说明的现象不可能是唯一的、根本的、最终的动力。"②当然,我们应该清楚,阶级斗争属于一个历史范畴,因此不能把它泛化或者绝对化,只有那种促进社会基本矛盾的解决,能够解放和保护生产力的阶级斗争,才能推动社会的发展。阶级斗争动力曾为我国取得新民主主义革命的胜利作了贡献,但在新中国成立后的社会主义建设时期,在社会发展动力的认识上犯了形而上学的错误,把阶级斗争的历史作用片面化和夸大化,提出诸如"阶级斗争一抓就灵""以阶级斗争为纲"等错误

① 《马克思恩格斯选集》第1卷,人民出版社2012年版,第386页。

② 赵长太:《马克思的需要理论及其当代意义》,河南人民出版社2008年版,第123页。

的理论,使中国在社会主义建设方面遭受了重大挫折。因此,阶级斗争归根结底是由当时社会的生产发展状况、社会基本矛盾的状况决定的,不能脱离客观现实,片面否认或夸大阶级斗争的作用。

当然,亦不能把革命与阶级斗争等同起来,革命只是阶级斗争的一种最高形式。毕竟阶级斗争是阶级社会解决阶级冲突的一种特殊手段,人类的历史并不等于阶级的历史,在阶级社会之前和之后,人类历史都是向前发展的,而这两个阶段的历史进步当然不可能依靠阶级斗争,尤其在消灭了阶级对立的社会主义社会,阶级斗争只是在一定范围内存在,已不再成为解决社会矛盾的重要手段,解决社会矛盾更多的是依靠改革、科技等其他动力,“所以我们又不能忽视推动各个历史时期和发展阶段的特殊动力,要注意在特定的时期和阶段中,一般动力与特殊动力的统一,它们是一个综合起作用的整体”①。纵观社会发展的全局,需要全面把握多样性的社会发展动力系统。

条件性的又一种表现,即在社会发展的不同时期,社会发展动力要素的作用也是不同的。在社会发展的稳定期,由于社会结构和运行规则的相对稳定性,这时科技、改革对社会发展的贡献就较为明显。但社会一旦进入动荡期,原来的社会结构和社会规范就不能有效地控制社会运行时,这时候阶级斗争因素、革命因素就表现得特别突出。阶级斗争是阶级社会发展的动力,这种动力的作用,不仅突出地表现在各阶级社会形态更替的质变过程中,而且也表现在同一阶级社会形态发展的量变过程中。深入地分析和正确认识社会诸动力因素的相对性,可以更好地防止在社会动力观上陷入片面性、绝对化的地步。

二、关于时代性的思考

随着社会的发展进步,再加上社会发展动力系统的动态发展,其构成要素也在发展变化,有些动力要素逐渐弱化甚至消失了,亦出现新的动力要素;有

① 陶德麟、石云霞:《马克思主义基本原理概论》,武汉大学出版社 2013 年版,第 83 页。

些动力要素的作用愈加突出，有些动力要素的作用则逐渐降低，所以社会发展动力系统的整体构架也发生较大变化，这样，社会发展动力系统就会在社会实践和社会需求的巨大推动下，不断开辟新视野，写出新篇章。现如今，世界格局发生了深刻变化，面对科学技术日新月异、综合国力竞争日趋激烈的新形势，许多国家纷纷调整发展战略，积极进行变革。当然社会发展的各动力因素也是运动变化的，特别是随着现代科学技术和现代文化的不断发展，日益凸显出社会发展的各种动力因素亦处在不断运动变化之中，创新驱动越来越成为社会发展的重要驱动力，并在运动变化的过程中不断拓展、丰富和加深。当前，人民日益增长的美好生活需要和不平衡不充分的发展之间的矛盾成为社会的主要矛盾，所以当务之急是如何满足人民群众美好生活向往和解决不平衡不充分发展的问题，而创新驱动就是现在社会经济发展的最直接推动力，适合于当前社会发展需要。而学术界对创新驱动是社会发展动力的一部分研究有待进一步丰富、完善和发展，不论是现在还是未来，创新驱动都是社会发展不竭的动力，创新驱动是适应这个时代的要求。当然，创新驱动是在坚持生产力是社会进步根本动力的同时，追求更大限度的推动社会发展。大创新的社会就是大发展，小创新的社会就是小发展，不创新的社会就是不发展。

马克思主义认为，世界上一切事物都在运动变化着，人类总是不断发展的，不可能一直停留在一个水平上。因此，人类总要不断地总结经验、有所发现、有所创造，从而有所前进。人类社会的发展是通过不断创新来实现的，一部社会发展史就是一部人类创新史。21 世纪是创新驱动的时代，传统的经济发展模式已不能适应现代社会。从世界发达国家看，科技创新在经济发展中的作用日益突出，创新驱动发展已经成为世界主要发达国家如美国、法国、英国等国重要的强国战略。自改革开放以来，我国的科技创新的地位及影响力跃升至新的档次。党的十八大提出了创新驱动发展的伟大战略，党的十九大报告强调“创新是引领发展的第一动力”，创新驱动发展已成为我国提高社会生产力和综合国力的战略支撑，在建设社会主义现代化国家新征程上，实现中华民族的伟大复兴的中国梦关键时刻,创新驱动的战略地位日益凸显,作用更加突出。

第五节 关于创新驱动丰富了马克思主义社会发展动力论的思考

创新驱动最早提出者是来自哈佛大学商学院教授迈克尔·波特(Michael E.Porter)教授,他在1990年出版的《国家竞争优势》一书中,提出了国家竞争优势的四个阶段。他还把经济发展分为四个阶段,分别为:一是要素驱动阶段。在这一阶段,国家竞争力主要依靠诸如土地、资源、劳动力等生产要素的投入来获得竞争优势,这是一种原始的和初级的驱动方式,适合于改革开放初期我国科技创新匮乏的时期。二是投资驱动阶段。在这一阶段,国家的竞争力主要依靠政府和企业的投资能力和生产要素的改善,通过规模化生产增加供给和提高效率。企业主要是资本密集型产业,在这个阶段也会出现产能过剩和资源紧张等问题。三是创新驱动阶段。这一阶段,国家竞争优势主要取决于技术和产品的差异性,企业不仅仅引进和改进国外先进技术,而且还具有创造力,形成技术密集型产业,科研机构和高水平大学已建成,创新驱动不仅形成了经济发展的新动力,也带来了社会结构的变化和转型。四是财富驱动阶段。企业进行实业投资的动机逐渐减弱,金融投资的比重开始上升。

一、创新驱动的提出与界定

实施创新驱动发展战略,是党的十八大以来,以习近平同志为核心的党中央,作出了加快实施创新驱动发展战略的重大部署。2012年7月,全国科技创新大会首次提出了创新驱动发展的战略要求。党的十八大报告中明确提出实施创新驱动发展战略。这是根据世情的新变化、国情的新特征作出的战略部署,创新驱动已成为社会发展的主要驱动力,历史经验告诉我们,在这孕育着新科技革命和重大技术突破的全球化时代,创新强则国运昌,创新弱则国运殆。现在中国要提高经济增长质量和效益,就要努力实现从动力上进行转换,从要素驱动、投资驱动转向创新驱动。从世界经济发展的趋势来看,新的工业革命已经兴起,以科技创新为基础平台为支撑,经济增长创新驱动的作用在逐步增强。为了获取更多的利益,各国都投入比质量、争速度、抢先机的国际竞争中。中国共产党历来十分重视科技进步和创新,从"向科学进军"到"科学技术是第一生产力",从"科教兴国战略"到"提高自主创新能力、建设创新型国家",再到现在"实施创新驱动",逐渐探索出一条具有中国特色的自主创新道路。

(一)国际背景:创新驱动与全球化竞争

从全球范围看,进入 21 世纪人类将以前所未有的发展速度突飞猛进,世界科技经济形势也发生着深刻的变化,全球化呈现出一系列新的特征,新一轮科技革命正在孕育兴起,孕育新的经济增长点,催生新一轮经济繁荣。面对新的竞争态势,世界各国纷纷将创新提升到国家发展的战略核心层面。当今世界的激烈竞争表明,哪一个国家善于创新,发展就将处于世界领先地位。谁因循守旧,谁就落后,谁在世界上就处于被动挨打的地位。国与国之间的竞争,从表面上看是综合国力的较量,归根到底是在创新型人才上的竞争,无论是实施创新驱动发展战略,还是建设世界科技强国,最关键的因素是人才,没有或缺乏创新,总是步人后尘。发达国家凭借其科技优势,形成对世界市场特别是高端市场的垄断,以此来掌握国家关系中的话语权,进而建立有利于自己的国际规则,牢牢把握着国家产业分工的高价值环节,获取高额利润。中国应对日益激烈的国际科技经济竞争,必须在加快科技改革上大有作为,努力开辟我国社会生产力发展的新途径。能不能抓住世界科技和产业革命的新机遇,在新一轮国际科技经济秩序调整中赢得先机,很大程度上决定未来中国在世界上的地位。纵观整个社会态势,可以毫不夸张地说:如今,人类社会正从一个大规模生产时代进入一个大规模创新驱动的时代,这为我国实施创新驱动发展战略提供了良机。

(二)国内背景:创新驱动与经济增长方式转变

改革开放以来,中国经济取得了举世瞩目的成就,但这些成绩主要是依靠人口与自然资源要素的投入而实现的,当前中国人口老龄化已经开始凸显,人口红利将逐步衰退,加上资源环境约束不断强化,这种依靠"高投入、高消耗、高污染、低质量、低效益"的经济发展模式难以支撑国家实现更高层次的发展,与世界发达国家相比,中国单位产出资源消耗水平明显偏高。虽然中国科技发展的确迈进了新台阶,但目前我国科技的总体发展水平同世界先进水平相比仍有较大差距,而中国企业长期以来立足国际市场依靠的是低廉的劳动力成本优势,许多中国制造的产品处于价值链的低端,没有掌握核心技术关键技术,更没有自己的品牌,由此产生高产值低收益问题。这是长期以来与中国经济增长的主要驱动力关系甚大,而且在经济发展过程中也付出了巨大的代价,例如资源匮乏、环境污染、劳动收入占比偏低等。通过迈克尔·波特的国家竞争优势理论可以得出这样的结论,中国正处在由要素驱动和投资驱动向创新驱动转换的关键时期,而有些沿海发达地区已经处于创新驱动发展阶段,在这个时期需要实现经济发展模式的根本性转变,就必须从根本上改变依靠高要素投入、高资源消耗、高污染排放和低技术含量这"三高一低"的经济增长方式,要实现可持续发展就必须实施创新驱动,发挥各项创新机制的协同作用来提升生产效率。大量实践表明,国家的发展阶段的转变应有与之相匹配的发展方式,否则极易引起社会发展停滞不前,落入中等收入陷阱,由此,为避免这一境况,使我国顺利转入创新轨道,转变经济发展的引擎刻不容缓。

(三)创新驱动的界定

世界科技经济发展表明,人类社会已经跨入了一个科技创新日新月异的时代，也步入了一个经济结构加快调整的重要时期。中国开始实现经济增长动力的转换，从要素驱动、投资驱动转向创新驱动。创新驱动是以知识和人才为依托，即利用知识、技术、企业组织制度和商业模式等创新要素对现有的资本、劳动力、物质资源等有形要素进行新的组合，从而驱动经济社会健康、稳步、可持续地向前发展，体现资源节约和环境友好的要求，以发展拥有自主知识产权的新技术和新产品为着力点的经济发展模式。“创新驱动的经济增长的过程，就是利用知识、技术、企业组织制度和商业模式等创新要素对现有的资本、劳动力、物质资源等有形要素进行新组合，以创新的知识和技术改造物质资本、提高劳动者素质和科学管理。”①显然，创新驱动实际上是指推动经济增长的动力从主要依靠模仿别人的技术，转向依靠自主研发与创新以及知识的生产和创造。

1. 创新驱动是全方位、各个领域、全覆盖的全面创新

长期以来，我们所讲的创新一般是指科技创新，实际上创新驱动发展是多方面的，习近平总书记指出：“创新是多方面的，包括理论创新、体制创新、制度创新、人才创新等，但科技创新地位和作用十分显要。”②在这些创新中，其中科技创新处于核心地位，科技创新具有自身发展和带动其他方面创新的作用。创新驱动强调通过科技创新去开发更合理地利用已开发的现有自然资源。科技创新每前进一步，社会生产力就空前提高一次，科技创新的主导作用日益显著，日益成为决定国家科技竞争力强弱的关键因素。科技是创新驱动的第一生产要素，知识、信息等无形资产是主要的要素投入，其生产率远远高于资本、自然资源和劳动力。科技创新既为经济增长方式转变指明了方向，同时也是促进经济增长方式转变的有效手段。这是因为，当前科技创新的速度

---

① 任保平、钞小静：《中国经济增长质量发展报告（2014）：创新驱动背景下的中国经济增长质量》，中国经济出版社 2014 年版，第 57 页。

② 中共中央文献研究室：《习近平关于科技创新论述摘编》，中央文献出版社 2016 年版，第 4 页。

明显加快，并渗入各个行业，如移动互联网的大面积覆盖，带动了众多产业加快变革，传统的购物、乘坐交通工具、付账等在科技的影响下均发生了重大变化，外出不需要随身携带现金，一部手机即可解决问题，故在一定程度上来说，新技术的突破已成为产业加速发展的内在动力。被外国人形容的中国新四大发明“支付宝、网购、高铁和共享单车”，这些都是科技创新的结果，这些科技创新与产业变革的重大突破，将深刻改变世界经济社会发展的形态，国际竞争的焦点已经是科技实力和创新能力的较量。

2. 创新驱动的本质是人才驱动

离开了人，创新驱动就成了无源之水，人的探索欲望和创新思维是无止境的，因此，有新想法、新观点、新发现不断涌现，这些创新意向也是科学发明与创造的源泉，也就是说，离开人才的创造性思维，一切创新都是无源之水。创新驱动的实施归根结底是需要人去实施，需要激发人才的探索欲望和创新激情。正如习近平总书记所说：“人才是创新的根基，是创新的核心要素。创新驱动实质上是人才驱动。”①这句话深刻揭示了人才在创新驱动发展中的重要性，没有创新型人才，建设创新型国家就会变成一句空话，科学技术的产生与应用，是推动人类生产力、生产方式、生活方式和经济社会发展观发生深刻变革的引擎，而创新型人才则是推动社会发展的革命力量，它作为一种稀缺性资源或者说生产要素，将其特殊的知识和先进的技能转嫁到生产中，极大地提高了生产力，促进了社会经济的发展。鉴于此，越来越多的国家把人才队伍建设放在重要的战略地位，尤其杰出的科学家更是一个国家科技事业蓬勃发展的核心因素。不管是16世纪的意大利崛起，还是20世纪的美国称霸，都得益于大批科学家、工程师和企业家等杰出创新型人才。

3. 创新驱动产生创新型经济

创新是从根本上打开经济增长之锁的钥匙，创新型经济是以科技创新为

① 中共中央文献研究室：《习近平关于科技创新论述摘编》，中央文献出版社2016年版，第119页。

核心，以知识的生产、存储、分配和消费为重要因素的可持续发展的经济。它不是单纯的“模仿型经济”，而是强调企业和国民经济的发展，以自主创新为目标和主要推动力的经济。比如，以互联网为核心的新一轮科技和产业革命发展迅猛，人工智能、虚拟现实等新技术日新月异，虚拟经济与实体经济的结合，这些科技创新促使新兴技术领域的开拓，势必就会产生新兴产业，从而改变产业结构，最终便会逐步形成新的产业部门。创新型经济的发展，是企业、政府、科研院所、中介机构等多方共同参与的一项系统性工程。大学等科研机构是知识创新的主体，而企业是高新技术孵化的投资主体，这两者之间需要政府与中介组织的积极协作，发展创新型经济，建立以市场为导向，以产业化为核心，形成以企业为主体，以科研院所为依托，“官、产、学、研”互动结合的研究开发体系。

二、创新驱动演进轨迹

在马克思、恩格斯的理论宝库中没有明确提出创新驱动的概念，在党的十八大报告中提出了创新驱动理论，但马克思、恩格斯是创新驱动理论的奠基人，尽管他们都没有明确提出过创新驱动的理论，更没有明确地给创新驱动下过定义，但他们的思想却充满了创新驱动精神，通过经典著作中的相关论述可以概括出创新驱动的思想。正是拥有了创新驱动的思想，马克思、恩格斯才在已有的哲学、政治经济学、社会主义理论的基础上创造了马克思主义。可以说，马克思主义发展史就是一部不断创新的历史。创新是马克思主义发展的永恒动力，是马克思主义的本质特征，马克思主义创始人曾多次向世人表明，他们的学说在本质上作为一种方法，而不是一种一成不变、封闭僵化的学说，是发展创新的理论体系。本节着重对马克思恩格斯、毛泽东、邓小平、江泽民、胡锦涛、习近平关于创新驱动的思想进行溯源和梳理。

(一)马克思恩格斯关于创新驱动的思想

马克思恩格斯虽然没有明确使用过创新驱动这个概念,但创新驱动思想蕴含在其经典著作中,内涵丰富、寓意深刻,创新的光芒自然显见,马克思是创新驱动思想的重大贡献者,足以被尊称为创新驱动思想的“始祖”。虽然马克思恩格斯本人并没有对创新驱动范畴进行明确阐释,但在马克思恩格斯的整个学说中,贯穿着一个重要思想,即科学技术是生产力,科学技术不仅是生产力的重要构成因素,而且科技对社会生产过程“起着决定性的作用”,而生产力又是社会历史发展的根本动力和物质基础,科学技术也就成为“一种在历史上起推动作用的、革命的力量”,是推动社会前进的革命力量。马克思恩格斯的创新驱动思想是综合创新的思想,包括科学创新、技术创新和制度创新等。

马克思认为创新驱动的本质是一种实践活动。这种实践活动所带来的创新是人类文明的结晶,它通过人们的生产实践和科学实践逐渐积累起来,后人则通过各种信息传播手段从前人那里继承下来。在马克思看来整个人类现存世界的基础是人类实践活动,但并不是一般的实践活动,它的特殊性在于这项实践活动是新的从未有过的活动,是创造。离开这种创造性和超越性,便不能说明人类世界的生成过程,不能说明人与自然的辩证关系,不能说明人与人的相互关系,也不能说明人与自我的关系。它们三者的统一,只能是实践基础上的创造性的统一。马克思和恩格斯鲜明地把“改变世界”作为新唯物主义的核心,强调能动的实践活动的意义,突出实践的创造性与创造性的实践。并准确地把握了人的实践本质,即人与动物活动的根本区别在于创造性。马克思作出了“劳动是积极的、创造性的活动”①的论断,人的实践贯穿于社会生活的一切领域,构成了社会生活的基本内容。

---

① 《马克思恩格斯全集》第46卷下,人民出版社1980年版,第116页。

马克思创新驱动的思想把经济发展与社会进步结合起来。马克思详细论述了创新带来的生产力水平提高、创新对资本主义社会发展的推动作用和对生产关系变革的促进作用。在马克思看来，在一个社会中有无创新，对于该社会的发展至关重要。资本主义社会之所以能在较短的时间内使国家达到“现代化”，一个重要原因就是它坚持不懈地开拓、创新。马克思在研究了资本主义条件下自然科学与生产相互关系的新特点后，指出“生产力中也包括科学”，从而确立了科学技术的生产力属性这一重要思想。马克思在《资本论》中阐述了生产力与生产关系的辩证关系，通过分析资本主义社会从简单协作到工厂手工业再到机器大工业的发展以及从绝对剩余价值生产到相对剩余价值生产的发展而予以阐述的。马克思认为：“现实财富的创造较少地取决于劳动时间和已耗费的劳动量，而是取决于科学的一般水平和技术进步，或者说取决于这种科学在生产上的应用。”①马克思的这些论述虽未直接使用创新驱动这一词，却深刻阐明了科学技术是生产力的原理，表述了技术进步和创新对社会发展的贡献。

（二）毛泽东提出向科学进军

毛泽东在新中国生产力不发达、科学技术不先进的条件下，提出了一系列关于科学技术发展的理论观点，形成了毛泽东的科学技术思想。新中国成立后，针对当时科学文化水平比较落后的局面，毛泽东发出了广大干部都要学习和研究自然科学的号召，提出要“向科学进军”的口号，把党的工作重点放到技术革命上去，并号召全国人民一定要鼓一把劲，一定要学习并完成这个历史所赋予我们的伟大的技术革命。毛泽东此时把发展科学技术当作和过去建立人民政府、人民军队一样重要的仗来打，特别是尖端科学技术，当我国处于经济困难时期，毛泽东认为要下决心，搞尖端技术。毛泽东的一个重要观点就是

---

① 《马克思恩格斯选集》第2卷，人民出版社2012年版，第782—783页。

用世界先进的科学技术来武装我国的工业、农业和国防,把我国建设成为一个社会主义的富强国家。吸取了落后就要挨打的惨痛教训,对发展科技的要求就更加强烈,这种紧迫感不仅来自中国科学技术的落后,是连"一辆汽车、一架飞机、一辆坦克、一辆拖拉机都不能造"①的弱国;"如果不在今后几十年内,争取彻底改变我国经济和技术远远落后于帝国主义国家的状态,挨打是不可避免的。"②这强烈地反映了毛泽东渴望中国人民尽快学习和掌握先进的科学技术,用以增强国力、改变落后的迫切心情。

毛泽东在探索我国社会主义发展道路时,将科学技术的发展视为中国实现现代化的关键。毛泽东认为开展群众性的技术革新和技术革命运动,更有利于发展科技,才能迅速改变我国科学技术落后的面貌,推动我国科学技术的快速发展。毛泽东的一个重要观点就是用世界先进的科学技术来武装我国的工业、农业和国防,把我国建设成为一个社会主义的富强国家,为此,中国制定了中国科技事业发展的长远规划,号召全党干部要学习科学,中国在一穷二白的基础上,集中精力实施了一系列重大科技计划,下定决心要搞原子弹、核潜艇,要搞人造卫星,等等。毛泽东认为,发展科学技术,要积极地向国外学习,学习国外一切先进的技术。但学习只是手段,目的是赶超世界先进水平。通过新中国成立以来的积极探索,毛泽东逐渐形成了依靠科学技术发展生产力的明确认识,并对科技发展与社会主义现代化进程紧密联系在一起给予了高度的关注。只有掌握了最先进的科学技术,才能在帝国主义国家发动的侵略战争中,战胜敌人,才能不受敌对势力的侵犯。

(三)邓小平提出科学技术是第一生产力

邓小平科技思想是在改革开放和现代化建设的实践中发展起来的。尤其

① 《毛泽东文集》第六卷,人民出版社 1999 年版,第 329 页。
② 《毛泽东文集》第八卷,人民出版社 1999 年版,第 340 页。

是提出“科学技术是第一生产力”的论断,体现了马克思主义的生产力理论和科学观。邓小平在领导中国特色社会主义建设的实践经验中,密切注视世界科技革命浪潮的涌动,深感科技的重要性。1988 年,邓小平同志在总结国内外科技与生产力发展规律的基础上,进一步指出:“马克思说过,科学技术是生产力,事实证明这话讲得很对。依我看,科学技术是第一生产力。”①所谓科学技术是第一生产力,是说科学技术是社会生产力中第一位的、首要的和起决定作用的因素,与其他要素劳动者、劳动工具、劳动对象相比则是第一位的,科技已经成为当代社会提高生产率的重要手段和推动社会经济发展的重要驱动力,在构成生产力的大系统中,不只是各简单要素或实体要素的集合体,而是一个复杂的、多层面的、多要素的集合体。这时的生产力公式可以描述为:生产力=(劳动者+劳动工具+劳动对象)×科学技术。科学技术是第一生产力的著名论断,是针对当今世界科学技术与经济迅猛发展所作出的科学概括和理论总结。

邓小平认识到现代科学技术正经历一场伟大革命,一系列新兴工业从科学技术的发展中崛起,要依靠科技进步和提高劳动者素质推动经济建设和增强国力。邓小平指出:“四个现代化,关键是科学技术的现代化。没有现代科学技术,就不可能建设现代农业、现代工业、现代国防。”②不仅如此,邓小平还强调要实现高科技的产业化,使高科技成果迅速地转化成为现实生产力。邓小平从社会主义事业长远发展角度出发,强调人才问题的重要性,既然科学技术是第一生产力,那么从事科学技术的劳动者就是社会中先进阶级的组成部分,这就需要大力提高科技工作者的地位和待遇,大力提倡尊重知识、尊重人才,重视发挥知识分子在社会主义现代化建设中的作用,邓小平同志从培养和造就宏大的工人阶级知识分子队伍的根本要求出发,要把“文化大革命”时的“老九”提到第一,从而使杰出人才能够脱颖而出,提高

① 《邓小平文选》第三卷,人民出版社 1993 年版,第 274 页。
② 《邓小平文选》第二卷,人民出版社 1994 年版,第 86 页。

全民的科技意识环境。

(四)江泽民提出创新动力论

江泽民提出的创新动力论充分体现了马克思主义与时俱进的品格,这些创新思想涵盖了经济、政治、文化和社会生活的诸多领域,表现在理论、制度、科技、文化等多个方面,是一个包含众多内容的辩证统一体系。世纪之交,创新已成为国际竞争的核心,中华民族要想在充满变化的世界中立于不败之地,就必须全力以赴地发展科学技术,走科技创新之路。江泽民正是从世界科技和经济竞争的高度,提出了加强科技发展和技术创新的紧迫性。江泽民在1995年5月召开的全国科学技术大会上提出了"创新是一个民族进步的灵魂,是国家兴旺发达的不竭动力","一个没有创新能力的民族,难以屹立于世界先进民族之林"。① 江泽民如此众多的有关"创新"的论述,理论创新、体制创新、技术创新等,不仅科学地阐明了世界生产力发展的特点和经济社会发展的趋势,而且明确指出了我国不断壮大综合国力的根本途径,这是对国际国内新形势作出正确估计之后提出来的。江泽民非常重视推动技术创新工作的机制建设,对于如何形成这种有效的机制提出了一系列的政策和措施,主要包括建立科技与经济密切结合的科技体制等。创新不仅是企业生存之本,而且是民族之魂、发展之根、强国之本,是民族与国家的生存之本。这一论断站在历史唯物主义的高度,从生产力、生产关系和上层建筑的层面,揭示了创新的含义和本质,突出了创新在人类历史发展中所具有的普遍性质、科技创新在推动科技发展与进步中的关键地位。

(五)胡锦涛提出自主创新论,建设创新型国家

党的十六大以来,以胡锦涛同志为总书记的党中央把自主创新提到新的

① 江泽民:《论科学技术》,中央文献出版社2001年版,第66、55页。

高度。科学技术是第一生产力，自主创新是第一竞争力，自主创新是提高科技水平的关键。2004 年的中央经济工作会议首次明确提出了“自主创新是推进经济结构调整的中心环节”。2006 年在全国科学技术大会上，胡锦涛提出我国的总体目标，到 2020 年进入创新型国家行列。胡锦涛同志在谈到全面建设小康社会、构建社会主义和谐社会以及落实科学发展观等重大问题时，总是反复强调要自主创新。走中国特色自主创新道路，核心就是要坚持自主创新、重点跨越、支撑发展、引领未来的指导方针。党的十七大报告明确提出，提高自主创新能力，建设创新型国家，自主创新是统领我国未来科技发展的战略主线，是调整经济结构、转变经济增长方式的重要支撑。这一战略思想的提出，既是党中央在客观分析和准确把握国内外形势的基础上做出的必然选择，也是对未来中国科技和经济发展做出的重大决策，自主创新是实现全面发展的必然抉择，是打造强盛中国核心竞争力，抗风险能力的必然之路，自主创新是现代化的发动机，哪个国家的自主创新能力强，在革命性、原创性技术的自主开发上领先，哪个国家才能成为世界强国。世界科技发展的实践告诉我们：真正的核心技术、关键技术是买不来的，特别是在关系国民经济命脉和国家安全的关键领域，必须依靠自主创新。

（六）习近平提出创新驱动发展战略

创新是引领发展的第一动力。在习近平总书记的执政思路中，“创新”始终占据着重要位置。无论是推进改革还是推进发展，都要把创新摆在国家发展全局的核心位置。党的十八大以来，国内外环境都在发生着深刻的变化，机遇与挑战并存，以习近平同志为核心的党中央根据中国发展面临的新问题，提出实施创新驱动发展战略，要促进创新资源高效配置和综合集成，把全社会智慧和力量凝聚到创新发展上来。实施创新驱动发展战略是必然的选择，当前中国传统的发展方式很难使中国继续快速发展。习近平总书记指出：“纵观人类发展历史，创新始终是一个国家、一个民族发展的重要力量，也始终是推动人类社会进步的重要力量。不创新不行,创新慢了也不行。”①因此,只有实施创新驱动发展,才能走可持续发展的轨道。党的十八届三中全会提出加快深化科技体制改革,通过建立健全鼓励原始创新、集成创新、引进消化吸收再创新的体制机制,建设国家创新体系。十八届五中全会明确了“创新、协调、绿色、开放、共享”五大发展理念,而在其中,创新发展排在第一位。2016 年,中共中央、国务院印发《国家创新驱动发展战略纲要》,提出创新驱动发展战略,实施“三步走”战略目标,这是创新驱动发展战略顶层设计的标志性成果。充分发挥科技创新的引领作用。科技是国家强盛之基,在推进发展的过程中,必须牢固确立创新实践理念,不能身体已经进入新时代,而思维方式模式还停留在过去,在传统的发展方式下,自然资源、劳动力、资本等对经济发展起主导作用,但在创新驱动的发展方式中,创新上升到了第一位。创新不仅能提高传统生产要素的效率,还能够创造新的生产要素,形成新的要素组合。

创新驱动发展以人力资源为核心要素,是“以人为本”的发展。与生产要素驱动和投资驱动不同,创新驱动更加强调对人才资源和智力资源的投入,创新驱动发展回答了“依靠谁、为了谁”的问题,其实质是“以人为本”的发展,也就是“依靠人、为了人”的发展。创新驱动发展不仅仅是为了 GDP 的增加,国与国之间的竞争,是综合国力之间的竞争,更是人才、科技实力上的竞争。“推进自主创新,人才是关键。没有强大人才队伍作后盾,自主创新就是无源之水、无本之木。”②我国大力实施人才强国战略,着力推进“千人计划”“万人计划”等一系列国家级人才工程,要动员全社会的力量,使科技界、产业界和社会各方面广泛参与,以改革释放创新活力、以创新驱动转型发展。创新驱动发展战略的根本,是要把依靠传统的劳动力以及资源发展模式转变为主要依

① 习近平:《为建设世界科技强国而奋斗——在全国科技创新大会、两院院士大会、中国科协第九次全国代表大会上的讲话》,人民出版社 2016 年版,第 6 页。

② 中共中央文献研究室:《习近平关于科技创新论述摘编》,中央文献出版社 2016 年版,第 107 页。

靠科技创新驱动的发展模式，加快实现由低成本优势向创新优势的转换。

纵观历届中共领导集体有关创新驱动发展的论述，很好地展示出中国创新驱动发展轨迹（图1-1），尽管内容上各有特色，但总体上是前后相继、一脉相承的关系，都是马克思主义创新驱动思想在中国社会主义建设实践中的运用和发展，这一系列重要论述聆听时代声音、回答时代课题、引领时代步伐，为更好地深入实施创新驱动发展战略，全面推进创新驱动提供了重要的思想基础和理论指导，也为解决人类社会发展动力问题贡献中国智慧。

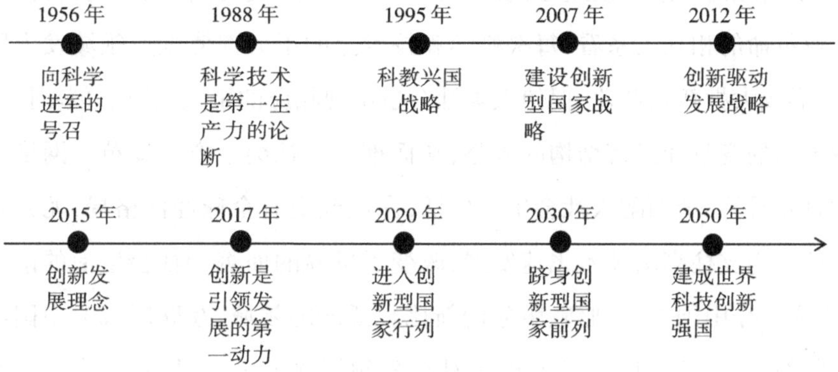

1956年
向科学进军的号召
1988年
科学技术是第一生产力的论断
1995年
科教兴国战略
2007年
建设创新型国家战略
2012年
创新驱动发展战略
2015年
创新发展理念
2017年
创新是引领发展的第一动力
2020年
进入创新型国家行列
2030年
跻身创新型国家前列
2050年
建成世界科技创新强国

图1-1　中国创新驱动发展轨迹路线图

三、创新驱动在社会发展动力系统中的地位及其意义

在现阶段，创新驱动将是社会发展的重要动力，创新驱动的提出丰富和推进了历史唯物主义关于社会发展动力的研究。从创新驱动的形式看，它包括科技创新驱动、制度创新驱动、理论创新驱动、观念创新驱动等内容；从创新驱动的主体看，它要求政府、企业、中介组织、个人等积极参与。创新驱动与社会发展动力是密不可分、相辅相成的两个维度，创新驱动作为实践活动的高级形式，必然表现为社会驱动和发展升级。创新驱动是社会发展动力系统的一部分，也是推进社会转型的必要动力机制。我国社会正处于转型的关键时期，社会转型包括政治经济结构、社会结构和文化价值形态等多领域发生的深刻变

化。在社会转型的关键时期，制度创新、科技创新和理论创新，均是推动社会转型的动力，在发展过程中理应坚持创新驱动与社会转型相结合，将创新驱动理念贯穿于经济社会发展的各个环节，真正做到依靠创新推动社会发展。

（一）创新驱动是适应当代社会变革的选择

创新的过程，是一个持续不断地对事物进行革新的过程。社会的变革从最终意义上讲，它是由生产力的发展引起的，最终则体现为一系列的制度变迁，即不断地由先进的制度替代落后的制度。从人类历史上的几次科技革命和产业革命的相互关系看，每次科学和技术上的革命都使生产领域发生质的飞跃，形成大批新兴产业，促使人类社会也出现相应的重大变革。创新推动了产业革命的变革和经济结构的调整，从而推动了社会全方位变革。网络信息技术日新月异，全面融入社会生产生活，深刻改变着全球经济格局，尤其是以电子信息为支柱高新技术飞速发展，改变了世界的面貌和社会生活的诸多领域，作为当今中国技术创新、服务创新比较活跃的领域，互联网成为中国经济增长的新引擎。“互联网+”与经济社会各领域深度融合，培育出许多新兴产业，形成新的经济增长点。

所以，人类社会经历了从低级到高级、从原始到现代社会的进化过程，就是人类不断地进行社会创新的过程。创新驱动表现在人类活动的各个领域，其中生产领域的创新，即生产力的变革最为基本与重要，生产力的创新推动了社会各个领域的进步。所以变革的过程，实际上也是一个创新的过程。正是在创新驱动的浪潮下，西方发达国家建立国家创新系统，因为此时已经认识到要想在经济全球化浪潮的冲击下不落伍，就只能通过创新驱动，来占据相关领域的制高点，然后开始制定促进创新的规章制度，想方设法吸引各方面的创新人才，达到提高全民族的创新能力的目的。

当前我国经济社会发展进入了新的阶段，我国经济已经进入重大转型期，其主要特征是：经济进入“转型期”、改革进入“攻坚期”、增长进入“换档期”。

原本的投资驱动、规模扩张发展模式已经发生了重大转变。原有的发展方式已难以为继,必须改弦更张,从创新驱动中找出路,让有限的资源产生更大的效益。转型遇到的问题均较为棘手,解决不好会极大地影响社会主义现代化进程,而这么多的问题集中起来,进一步增加了解决的难度系数,且问题与问题之间是相互联系的、环环相扣,解决它们只有积极探索,进行全方位的创新(见图 1-2),才能有效化解矛盾,构建和谐的社会。

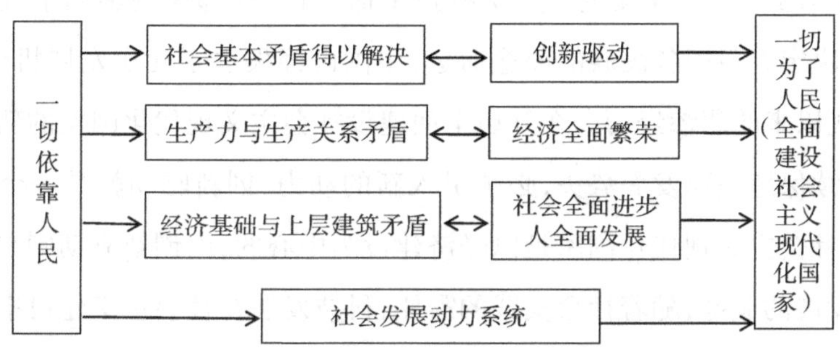

图 1-2 社会发展动力系统与创新驱动之间的关系示意图

(二)创新驱动是实现发展方式转变、促进经济持续增长的新动力

改革开放以来我国的经济获得了迅速发展,在全球经济增长放缓的情况下,保持经济快速发展,但这背后,还存在着效率低下、资源浪费、要维持经济的可持续增长等问题,经济增长方式只能由粗放型向集约型转变,这种转变须靠科技创新来提高资源利用效率,实施创新驱动发展,推动科技进步与创新,改造传统产业、淘汰落后产业和发展新兴产业,引起产业结构的调整、产品质量的提高和产品的升级换代,使生产效率和效益的最大化,资源配置效率的优化,从而促进产业结构向高层次、合理化方向发展,这是缓解经济发展与资源环境矛盾最便捷、最经济、最现实的途径。在相同的投入下能得到更多的产出,或者同样产出只需较少的投入。历史上,率先实现工业化的国家,在发展过程中也遇到类似问题,也是转变粗放式的经济发展模式,使资源消耗降低下

来，使经济对资源的依赖度逐渐减少，这种转变不断推动产业结构和技术结构升级换代，而且创新促进新产品产生，催生新的需求，导致需求结构和消费结构的变化。并促使新的产业部门形成，在实现产业结构多元化的同时，也使产业结构得到了优化和升级，从而带动区域内产业的发展。

（三）创新驱动提供了中国赶超世界发达国家的历史契机

16世纪以来，世界发生了多次科技革命，每一次都深刻影响了世界力量格局，也决定着各国各民族的前途命运，中国已经失去了几次发展机会，导致中国近代以来的悲惨经历。在开启全面建设社会主义现代化国家的新发展阶段，要继续保持快速发展势头，必须引入新的动力，创新驱动就是一个新的动力，建设社会主义现代化国家是以经济建设为中心的，而创新驱动则是推动经济飞速发展的关键，随着社会实践的需要，科技发展在社会主义建设中起着愈加突出的重要作用。中国是发展中国家，追赶发达国家、步入最先进民族之林，这是一百多年以来中国人民的梦想。然而赶超不能机械照搬别国模式，如果亦步亦趋地模仿照搬先进发达国家的具体经验和做法，中国不仅难以赶上发达国家，而且会被其越拉越远。绝不重复别人走过的传统工业化的老路，而应吸收最先进的科技创新成果，走新型工业化道路，只有这样，才能实现我国生产力发展的跨越。赶超实质上是一种创新和跳跃，创新驱动发展就可以说是中国赶超发达国家的良好历史契机。因为创新驱动发展带来了社会又一次重大转折，就像“弯道超车”的“弯道”，在经历了多年快速经济增长后，中国已有颇具实力的科技创新能力与布局、多元的人才储备，中国更加积极地参与全球创新进程，将会产生良好的互动效果，正是后发国家赶超发达国家的最好契机。这使得中国作为一个发展中大国也具有明显的“后发优势”。在历史上，英国取代意大利成为当时世界科技比较发达的国家，美国取代西欧诸强国而成为当今世界最发达国家，均与其较好地发挥“后发优势”、抓住了历史机遇和实行了正确的赶超战略分不开的。

第二章　创新驱动对社会发展动力系统要素的影响

人类社会发展的历史，实际上是一部创新发展的历史，亦是创新驱动社会进步的发展史。特别是近几十年来波及全球的创新革命浪潮，给人类社会带来了巨大变革，更是以往百年甚至几个世纪都难以触及的。自从人类具有生产能力的那一天起，创新就在人们的生产活动中开始发挥作用了，但在几千年的农业社会里，创新、知识、科学虽然是生产活动不可缺少的要素，但其对生产的影响和作用是很小的。在工业革命后的几百年里，通过科技创新与机器大生产极大地提高了人类的劳动生产率，现在，创新驱动已深入生活与生产各个领域，极大地改变了世界的面貌，科学创新已经可以直接运用到生产领域并直接创造经济价值，创新已经成为生产发展和经济增长的主要源泉。社会是不断向前发展的，当某一或某些动力要素无法满足社会发展需要时，必然转向新的动力要素，进而波及动力系统原有架构，致使某些动力要素作用逐渐弱化甚至消失，某些动力要素作用日渐显著，甚至出现新的动力要素。为了顺应时代的发展与变化，我国实施创新驱动发展战略，创新驱动成为社会发展的重要推动力。作为人类主观性的高级表现，创新驱动地位的提升毫无疑问会牵一发而动全身，影响社会动力系统的原有架构。进一步说，它势必会改变生产力的要素、结构以及生产力的格局和分布，进而影响到生产关系，所有制、分配方式、企业组织形式等也随之发生深刻的变化,随着创新驱动的不断深入,社会阶层、政治生活等上层建筑同样发生相应的变化。具体而言,可表述为以下几点。

第一节 创新驱动使生产力各要素发生质的变化

生产力是人类征服和改造自然使其适应人类社会需要的客观物质力量,是生产过程中人和自然的关系,亦是人类征服和改造自然、获得物质生活资料的能力。生产力包括三个基本要素:劳动者、劳动资料与劳动对象。生产力诸要素在生产力的形成和发展过程中的地位和作用并非亘古不变的,创新驱动渗透到生产力中,表现为劳动者劳动技能的提高,知识型劳动者以知识为核心,推动知识与实践的结合,从而使得物质对象产生变化。在人为改造自然的过程中,知识与劳动对象的结合会促使劳动工具的革新;而劳动工具的革新使得劳动工具快速进步,劳动对象的扩大和效能的提高,使生产力诸要素的合理配置、生产活动最优化的组织管理,从而更加体现人的主观能动性,给予物质社会更大的改造空间与变革。由此物质社会的变革能够解放人们的思想,推动知识的变革,对人们如何分工协作产生较大影响或者发挥深刻而强大的决定作用。这一优化生产力系统的要素的效能,有力地推动着生产力的蓬勃发展。

一、助推创新型劳动者占据主导地位

在生产力的基本要素中,劳动者是劳动手段、对象、生产组织的推动力量。没有劳动者的推动,劳动手段、劳动对象、生产组织就不能发挥作用,更不能得到质的提高和量的增长。从哲学角度来说,创新是人类跳出固有思维模式,对现有的物质世界的再创造,是人类独有的认识能力和实践能力,这些行为的实

施及能力的提升脱离不了知识作为生产要素的支撑，即实现创新需要主体的知识积累。进一步说，创新与知识型劳动者在一定程度上可谓相辅相成。创新转化为生产力，与一个合理布局的知识结构体系分不开，反之，知识有效转化为生产力同样离不开创新的源动力的支持。即创新为知识转化提供了温床，创新氛围越浓厚，对知识型劳动者需求越大，进而知识型的劳动者占据的比重将越高。第一，创新需要深厚的知识积累，否则难以提炼出新"点子"，延伸出"新技能"，正所谓"熟能生巧"，随着创新的推进，知识型的劳动者将如雨后春笋般不断涌现。第二，创新需要科技支持，一般来说，劳动者的科技创新水平越高，在生产中发挥的作用就越大。科技渗透生产之中，劳动者的生产劳动将更加凸显"脑力与体力"的共同支出，智力劳动在整个劳动支出中所占的比重将会越来越大，从而对劳动者科技专业知识和能力的要求也越来越高。这突出反映在现代生产部门中科技、管理人员的数量与比重的不断增加。"脑力劳动者"逐渐代替"体力劳动者"，不仅知识型劳动者占劳动总人口的比重大幅度增加，而且逐渐跃升为社会劳动力的主体，以新常态之势存于社会之中。第三，如前所述，现阶段创新已成为社会发展的重要推动力，与之相匹配，劳动力结构必将随之发生较大变动，否则难以弥合社会发展环境需求。基于此，在创新成为社会发展的重要推动力的条件下，为适应大环境需求，劳动者的素质、劳动技能将不断提升，并逐步由单一型向全面型推进。

在未来的发展蓝图中，知识型劳动者将从后台走向前台，他们不再是生产过程的主要当事者，而是生产过程的监视者和调节者，"机器体系的这条发展道路就是分解——通过分工来实现，这种分工把工人的操作逐渐变成机械的操作，而达到一定地步，机器就会代替工人"①。马克思在一个多世纪前就预见到人类的劳动性质将会发生这样深刻的变化，"人以生产过程的监督者和调节者的身份同生产过程本身发生关系"②，这种"生产过程的监督者和调节

① 《马克思恩格斯全集》第46卷下，人民出版社1980年版，第217页。

② 《马克思恩格斯选集》第2卷，人民出版社2012年版，第783页。

者”，显然与充当机器奴隶的“蓝领工人”形象相去甚远，像今天发达国家中的“白领工人”。人类的生产发展史表明，白领人员数量早已超过蓝领工人的数量，并且在白领阶层内正在产生更复杂的分工，个人的知识结构决定着就业方向，人力资本和知识积累已成为改变经济系统产出的显著变量。

二、促使劳动工具趋向智能化

劳动工具是劳动资料的主体，是人类智慧的物化。社会生产的变化和发展，首先是从劳动工具的变化和发展开始的。劳动工具不仅是社会控制自然的尺度，也是生产关系的指示器，马克思说：“手推磨产生的是封建主的社会，蒸汽磨产生的是工业资本家的社会。”①人们通过科技创新，将科学知识物化为现代化的机器设备，制造出新的劳动工具。劳动工具的每一次重大变革，都为生产力的发展和社会进步开拓了广阔的空间。劳动资料的其他部分都是为了强化劳动工具，或者有利于劳动工具发挥作用而纳入生产力系统中去的。马克思曾经说过：“自然界没有制造出任何机器，没有制造出机车、铁路、电报、走锭精纺机等等。”②大部分劳动资料来源于人类劳动的产物，只有一部分直接来源于自然界。在生产力中，劳动工具具有重要的意义，劳动工具的先进程度，在一定程度上常常被作为社会文明发展阶段的指示器，如石器、陶器、青铜器、铁器、计算机等均成为时代的标签或代表，反映了人们在既定的社会历史条件下，对自然改造所达到的深度与广度，是劳动者智慧与才能的结晶。劳动工具的出现是必然的，是人类在发展过程中一个必然的进步，劳动工具趋向智能化也是大势所趋，它是当今社会生产力发展的产物，这种产物，反过来，也是促进社会生产力发展的重要因素。

人类每一次创新活动的飞跃，都是以劳动工具的重大变革为标志，不同时代的劳动工具由于时代科技创新渗透其中，因而不同程度地体现这个时代的

---

① 《马克思恩格斯选集》第 1 卷，人民出版社 2012 年版，第 222 页。

② 《马克思恩格斯全集》第 46 卷下，人民出版社 1980 年版，第 219 页。

生产力水平。当人们评论某种劳动工具先进与否，主要看它是否与当代的生产力的水平相一致，有没有将先进的科学技术物化（渗透）到劳动工具之中。刀耕火种的创新开创了数千年的农业文明，铁器与牛耕的创新成就了华夏的一统，火药、指南针和印刷术则预告了资本主义时代的到来，计算机的出现则预示智能化时代的到来。不同时代的生产力与劳动工具成正相关，即劳动工具越先进，生产力的水平则越高，劳动工具越落后，生产力发展则越缓慢。马克思曾经指出，“各种经济时代的区别，不在于生产什么，而在于怎样生产，用什么劳动资料生产。”①社会生产力的发展和变化，往往是从劳动资料的发展和变化开始的，特别是从劳动工具的发展和变化开始的，它作为人与自然的联结，反映了人类控制自然的能力和程度，在一定时期内，它反映了人类社会所能达到的物力和智力的发展水平。

劳动工具智能化对社会生活方面的变革主要表现为生活智能化和高级化。智能化劳动工具的使用开创了人类以创新驱动为主的时代，劳动工具智能化的使用极大地加快了生产力发展，人类社会进入更快、更高的发展阶段。创新型社会的劳动资料不仅以自然资料、资本、设备为主，更是以劳动者的知识、智慧和创新意识为主，以芯片、光盘、计算机为代表，表现为电脑软硬件系统、云计算、信息高速公路。因此，未来生产的主要方式呈现智能化是必然趋势。5G技术等创新突破，地图应用程序知道目标点确切的方向、通向目标点最佳路线，甚至避免道路障碍和交通堵塞；人脸检测人工智能算法超越了人类的能力，促进快速核验身份，节省时间；搜索和推荐算法可以自动为推荐适合个人偏好的商品；电子支付让支付跨越国界线，降低交易门槛。可见当今信息时代的创新推动人类社会的生产方式日益智能化、现代化。随着电子计算机技术、通信技术、自动控制技术的不断发展，自动化程度将不断提高，范围不断扩大，最后形成整个生产过程的自动化，通过电脑来操作机器设备，再通过信

① 《马克思恩格斯选集》第2卷，人民出版社2012年版，第172页。

息控制调节机器以至整个车间或工厂的运转,这使得机器体系进入了一个智能化的新阶段,从而使它的功能大大提高,只要把编制好的程序存入电脑,即可按设计要求实现自动化操作,而且可以随时调整程序,使产品精度更高,质量更好,成本更低。

劳动工具的智能化解放了劳动者的手脚,劳动者的劳动强度降低、劳动效率提高、劳动技能多样化。随着生产的智能化程度不断提高,生产范围不断扩大,还可以生产出多样化的产品,满足市场上多样化的需求,从而增强产品的市场适应性和竞争性。从生产的自动化发展到管理自动化、办公室自动化,机器人不但不断解放了人的体力劳动,也解放了人的脑力劳动,大大提高生产率。机器人作为一种自动控制系统可以代替人从事各种脏、累、危险的活动,在部分汽车企业中,从运送原料到加工、焊接、喷漆、装配检验,绝大部分工作都是由工业机器人来完成。自动生产线、现代控制理论及控制系统等在生产中的应用,将使生产自动化达到新高度。过去的机器部分地代替了体力劳动,可以说是人手的延长。今天,崭新的机器——电子计算机,已部分地代替人们的脑力劳动,成为人脑的扩展。电子计算机可以辅助人们的记忆,又具有一定的判断、推理能力,因此大大地提高了人们的思维劳动率,从而提高了知识劳动的生产率。现代化的农民可以坐在计算机办公室中管理农场,工人也一样可以坐在家中发出指令,各种遥控机器人设备执行命令进行生产;自动交通管理系统将指挥车辆行驶,并能辨别出违反交通规则的车辆和司机。总之,劳动工具的不断创新,其更替的速度越来越快,智能化是必然趋势,劳动者从一线的直接生产过程中抽离出来,转为机器的操控者、检测者。

三、推进劳动对象范围扩大化

劳动对象是劳动者在劳动过程中加工的对象,包括自然界的现存物和人类劳动加工过的物质资料,使之变为使用价值以满足人类社会需要的那一部分物质资料。它是劳动过程中的必备条件和不可缺少的因素,与劳动者、劳动对象构成生产力系统。劳动者使用劳动工具,只有作用于劳动对象,才能把自身的劳动能力转化为物质资料。同时反映了人类征服自然的程度,也是生产力发展状态的标志。创新使得劳动对象范围扩大化。随着人类文明的不断发展进步,人类得以加工的劳动对象已逐渐随着人类发掘手段的提高得以扩大。其扩大化大致可以分为两类:一是新的劳动对象的出现,即劳动对象在数量上的扩大化,是一种面上的横向扩大化;二是对于已有的劳动对象利用的多样化,即对于劳动对象在质上的深度利用,即纵向的扩大化。在人力与物力投入等同的情况下,劳动对象的不同,生产出劳动产品的数量和质量也会大不相同。实际上,劳动过程的结果就是形成有使用价值的劳动产品,它不仅包括纳入生产过程的没有经过加工的自然物,也包括经过劳动加工后再纳入生产过程的原材料。人们不仅直接从自然界取得现成的劳动对象,而且不断通过劳动创造更多更好的劳动对象。

新科技革命以来,人类借助于创新的作用,劳动对象的范围也在不断地扩展,对资源的认识经历了一个由简单到复杂、由表层到深层的过程,资源的利用随着创新的发展而不断扩展,过去许多被认为是废弃物而今天成了有用之物,新的资源不断地开发出来,原有资源得到更加充分的利用,为生产力的提高开辟了广阔的空间。在过去,可上九天揽月,可下五洋捉鳖只是人们的一种设想,而在今天已经成为现实。具体表现为:大量新的科学技术应用涌现,劳动对象在更大程度上摆脱了天然材料的局限,进一步拓宽了生产领域,一方面,科学技术渗透其中,使一些原来无法利用的自然物借助一定的技术装备得以利用,一些原本视为废弃之物的东西被开发为新的劳动对象,如“三废”物质回收利用,低品位矿石的开采,等等。科学技术还为能源的综合利用提供了前提条件,使资源的利用效率进一步提高,并降低消耗,大大节省资源。另一方面,劳动对象已由过去主要以自然存在的物质为主改变为越来越多地利用人造物质。技术进步可以不断创造出新的原材料,成为新的劳动对象,原材料由低功能、低性能的天然材料向高功能、高性能、复合型、智能型的新型材料转化。据统计,当今世界,合成染料已占全部染料的99%,合成橡胶占全部橡胶的70%。随着科技进步,各种具有特殊性能的材料不断涌现,这一切归功于创新,进一步说是人类知识创新、科技创新的硕果。这足以表明,创新已成为人类征服自然、改造自然极为重要或不可或缺的组成部分。谁创造和掌握了新知识、新科技,谁就有了赖以实现经济增长的"资本"。创新是发展经济社会乃至发展一切事业的根本依靠。

第二节　创新驱动使生产关系更加合理化

生产关系是人们在生产过程中结成的,与一定的生产力的发展状况相适应的,不以任何人意志为转移的客观物质关系。包括生产资料所有制的形式、人们在生产中的地位和相互关系、产品分配形式,这三个方面互相联系、互相制约。

一、所有制结构发生变更

生产资料所有制是指生产资料归谁所有,是人们在社会生产中对生产资料的占有制度和占有形式,它包括人们对生产资料的所有、占有、支配和使用等方面所形成的经济关系。占有生产资料是社会生产和再生产的前提,是一切社会关系中最本质、最基本的关系。人们在生产中处于什么地位,统治还是被统治,相互之间关系如何,剥削还是被剥削,都取决于生产资料所有制如何。生产资料所有制实质上是通过人对物的关系表现出人与人之间的关系。生产资料所有制关系决定人们在生产中的地位,也决定着人们在生产中的相互分配形式。在人类社会的发展过程中,生产资料可能归个人所有、归社会集体或某个阶级所有、归整个社会所有。谁占有生产资料,拥有剥削和压迫他人的手段,谁就居于统治和支配地位。不占有生产资料,则身处被统治被支配地位,以及被剥削被压迫的关系中。

在原始社会，由于生产力低下，决定着原始公社的生产资料公有和劳动力公有相结合，劳动产品少，决定了只能实行平均主义的分配原则，生产资料和产品属于公共所有。奴隶社会则是生产资料和奴隶的劳动力为奴隶主所有，这就决定了奴隶主占有全部或大部分劳动产品，并且对奴隶实行残酷的经济剥削。正如马克思精辟论述的："奴隶连同自己的劳动力一次而永远地卖给奴隶的所有者了。奴隶是商品，可以从一个所有者手里转到另一个所有者手里。"①封建社会是封建地主占有土地和不完全占有农民的劳动力，农民劳动产品的大部分以地租的形式被封建主所占有，最终被地主剥削。到了资本主义社会，生产力水平得到快速提高，生产出来的劳动产品也丰富了，但是由于资本家占有生产资料，劳动者与生产资料相分离，劳动者为了维持生存，不得不将劳动力出卖给资本家，其劳动力当作商品进行出卖，任资本吞噬，资本家与劳动者的关系变成雇佣与被雇佣关系。在这种关系中，资本家拥有生产资料的所有权，从而决定了资本家占有全部劳动产品和榨取工人创造的剩余价值。因此，这些社会私有制形式的特征虽有区别，但其本质均是建立在私有制基础上的剥削与被剥削的关系。

创新驱动时代的到来，迫使或要求人们重视智力劳动中的科技创新与知识，显然，这使其成为社会财富形成中重要的构成因素。当下诸如知识、信息、技术、人才等要素在市场交换中地位不断攀升且份额不断扩大，它们带来的成果明显扩展了市场交换的客体范围，由以往的单一的物质因素演变为物质因素和知识要素的组合体。可以说，拥有创新知识的人才，在一定程度上可以形成生产力，掌握了知识、信息、技术的高级创新人才在很大程度上掌握了生产的主动权，他们受企业股东的聘请，走上企业经营管理岗位。随着经营管理不断的自动化、信息化以及电子化，这种管理业务成为一项集科学性、技术性于一身的专业化工作，也只有这些人才才能在此施展才华，加上现代企业制度和

① 《马克思恩格斯选集》第1卷，人民出版社2012年版，第332页。

市场的发展。总之,随着创新深入,生产资料所有制正由过去相对单一的"公有制"或者"私有制"变为公有、个体私有、合伙、股份等多种所有制,形成以公有制为主体,鼓励引导个体、私营等非公有制经济的健康发展,逐步消除不合理的所有制结构对生产力发展的羁绊。

二、分配方式趋于多样化

马克思主义揭示出,分配方式是生产方式的反映,所有制形式决定着一个社会的分配方式,因此前者的变化必然导致后者随之发生变化。原始社会的公有制中,人与人之间处于平等关系,因而产品分配主要以平均形式为主。农业社会时期,土地是最稀缺的要素,地主通过对土地的垄断方式获取高额的地租利润,人民劳动者仅获取扣除地租的剩余部分。到了工业社会,土地、资本和劳动贡献等要素成为社会财富的源泉,拥有土地者获得地租,拥有资本者获得利息,即社会财富在不同的生产要素所有者之间进行分配。因为劳动、原材料、设备、土地、厂房和资金等生产要素对于产品价值的贡献额发挥着主要作用。故产品的分配主要采取了"按资分配"的形式,那么,不占有生产资料的劳动者,只能从中获得极少的报酬。进一步,创新尚不发达时,科学技术、生产知识等先进的生产要素仅掌握在少数统治阶级手里,那么广大群众因文化知识落后而无法获取更多的成果,处于受压迫、受剥削的境地。

随着改革的深入,特别是向社会主义市场经济转变,多种经济成分和经营方式的出现,以及按劳分配为主、多种分配方式并存的分配制度体现了现行经济发展条件下,分配制度的完善就是为了达到调动各方面的积极性、促进经济效率的提高、推动生产力的发展的目的。在过去,衡量生产率的生产函数主要取决于劳动力、资本、原材料等生产要素,而知识则居于相对次要的地位或者作为外部因素。且传统的财富增长方式主要以消耗资源为主,当其他生产要素投入量保持不变,某一生产要素超过一定限度时,其边际收益则呈现下滑趋势,因此,总体来说,传统的财富增长空间是有限的且后果往往是非持续性的。

而在创新驱动的时代,经济增长方式与传统形式不同,创新使财富的边际收益递增。它是以节约资源、效益递增、发展可持续性为基本特征的。生产要素的投入主要取决于知识、信息以及科技等无形投入,这一方式具有改善原有投入要素的质量和组合方式、改变产品的生产和制造工艺及流程、降低生产经营管理成本或提高生产经营管理效率等一系列独特的作用,可以有效削弱生产要素报酬递减规律的影响。

随着创新驱动时代的到来,财富的分配方式发生了重大变化。在按劳动要素分配的基础上,衍生出按资本要素分配、按技术要素分配、按管理要素分配等的分配方式。兼顾投资者、经营者、劳动者各方面的利益,调动一切积极因素,利用一切可以利用的资源,促进生产力的发展,同时生产力的发展又促进新型劳动市场的需求及收入配给,在效率和公平原则的支撑下,创新驱动发展带动的生产力的发展使生产关系中的分配方式也随之变革。创新型的劳动正在取代资本成为经济增长的主要源泉,人们获得财富的基础将从资本为主逐步转向创新为主。马克思指出:“随着大工业的发展,现实财富的创造较少地取决于劳动时间和已耗费的劳动量,较多地取决于在劳动时间内所运用的作用物的力量,或者说取决于这种科学在生产上的应用。”①

现阶段,知识创新被纳入生产函数之中并作为主要的生产要素,且知识生产遵从效益递增规律,单位脑力劳动创造的价值比单位体力劳动投入所创造的价值多得多,基于此,国家、集体、个人把越来越多的资源投入创新当中,发展科技事业。在这种大环境下,中国的收入分配改革也将随之不断推进。新兴知识产业正以惊人的速度取代工业经济时代的制造业而成为经济的新支柱。2016 年 11 月,中共中央、国务院密集发布多个涉及收入分配改革的重磅文件,《关于实行以增加知识价值为导向分配政策的若干意见》中提出:“为加快实施创新驱动发展战略,激发科研人员创新创业积极性,在全社会营造尊重

① 《马克思恩格斯选集》第 2 卷,人民出版社 2012 年版,第 782—783 页。

劳动、尊重知识、尊重人才、尊重创造的氛围,现就实行以增加知识价值为导向的分配政策"[①]。这样可以充分发挥市场机制作用,可以更好地落实科技成果有效转化,形成知识创造价值,提高知识工作者工作积极性,使其收入与工作业绩、实际贡献挂钩。

第三节　创新驱动使上层建筑进一步完善

所谓上层建筑,指的是建立在一定经济基础之上的政治、法律制度和社会意识形态。它是适应经济基础的需要而建立的,会随着经济基础的发展变化而不断做出相应的调整和变化。创新驱动可以通过生产关系(又可称经济基础)这个中介物对上层建筑发挥决定作用。政府作为一种"上层建筑",在创新驱动的影响下,逐步打造成创新型政府,更好地满足国家治理体系和治理能力现代化建设需要。

一、政治呈现民主化、科学化、法治化

创新驱动作用于生产关系、上层建筑,推动着政治文明的发展。人既是创新驱动的主体,也是社会政治活动的主体,在人类发展的历史长河中,人的素质每提高一步,人的自主意识每发展一步,都伴随着民主政治纵向的深入和横向的拓宽。随着科技的快速发展,人类认识自然、驾驭自然能力的不断提高,自身的价值以及内在力量逐渐被关注或者发掘,因而不断地向旧思想、旧传统挑战,这无疑促进了民主政治的进步。工业社会以前,科技的发展水平尚未达到使民主观念深入人心,以及创造出人人平等的物质条件,因此,民主的局限首先主要表现为占有和不占有生产资料的社会成员之间的不平等关系。封建主义民主和资产主义民主,为少数人所享有,就其本质而言并非真正意义上的

① 中共中央办公厅、国务院办公厅:《关于实行以增加知识价值为导向分配政策的若干意见》,《人民日报》2016年11月8日。

民主，仅作为维护私有经济利益的一种政治手段，即维持私有经济和私有利益的一种政治上的选择。创新驱动在促进和推动当代物质生活的生产方式变革的基础上，客观上推动了当代社会政治生活的民主化。

（一）可以带来参与式的直接民主

科技的快速发展加速了社会的进步，有利于打破专制、等级、特权、不公正，给人们带来了思想、行为的自由。民主是社会主义实现的政治前提，社会主义是民主彻底发展的结果，正如列宁指出："不实现民主，社会主义就不可能实现……胜利了的社会主义如果不实现充分的民主，它就不能保持它所取得的胜利，引导人类走向国家的消亡。"①随着改革开放的不断深入，政治文明建设的加强，以及科学文化素质的不断提高，人民群众的眼界更加开阔，民主意识大大增强，逐渐摆脱了盲从，认识到自身力量的重要性，纷纷希望获得知情权，更多参与国家、社会管理的机会。因此，丰富的、多样化的民主形式成为群众当下的期许。而高科技发展打破了传统民主地理上的局限，信息沟通的局限，以及信息获取途径的局限，从而使民主在较低金钱成本和在较大的范围内得以实现。

首先，随着信息时代的到来，在信息技术的辅助下，网络信息办公广泛推广，现代化的通信设施、大众传播媒介被广泛应用与普及，为人们生活提供了"天涯若比邻"的便利，极大地促进了信息的流动，足不出户便知天下事。满足了公众对政府工作的需求，更是增强了其对政府工作的信心和认可，保证人民的话语权。例如各大官方民生服务平台，人们有权利、有热情参与其中，将自身观点、群体需求向上反映，而领导者则向下反馈，建立起政府以人民的意志为人民服务的良性发展关系和理念。信息的输入与输出，不仅能够帮助人民群众及时了解国家政治动态，提高政治的透明度，同时也激发了人们的参与

① 《列宁全集》第 23 卷，人民出版社 1958 年版，第 70 页。

意识,自由发表意见,由衷表达自身的意愿。其次,新型化的交流平台,有助于领导者与群众之间形成上下良性互动的局面。通过互联网平台建立上下沟通机制,可以打破时空限制,克服传统会议形式的约束,充分地发表观点并且倾听他人的意见,真正实现领导者与群众的互动与对话。最后,随着电子民主、网络选举、政府网上办公等新型的网上政治行动和政治现象的广泛出现,逐渐形成了一种以网络为基础的虚拟政治行动空间与政治运作方式。这一方式有效打破了传统的行政机关的组织界限,政府部门的行政流程得以整合和贯通,互联网的发展为政务与党务公开提供了最便利的途径与手段,可以在最短时间内以最快的方式把需要公开的事项传递到任何一个城市与村庄。人们可以通过网络充分地收集、整理和掌握信息,拓宽信息接收渠道,“闭门家中坐,能知天下事”,这样既可以扩大了服务范围和服务对象,增加了公众的参与度,又确保了公众的话语权,增大了对公众的影响力。

(二)可以促进政治决策科学化

现代信息技术极大地促进了文化、知识、信息的传播,使人们可以更充分、及时地了解来自社会生活各个层面的信息,普遍地提高了广大群众的文化知识水平和组织管理的能力。网络化的趋势不仅极大地冲击和改变着当代社会政治领域中的一些基本制度与规则,而且极大地削弱和降低了普通公民参与政治生活的门槛与壁垒。现代信息系统不仅为人们提供信息,同时亦被人们视为表达意愿的渠道,信息的获取让人们了解到自身周围以外的事物,人们充分参与社会政治生活的各项决策,为表达和反映自己的政治意愿创造了条件。国家政策、法律的制定建立在信息透明的平台上,例如行政服务大厅、每年“两会”期间均有大量网民通过互联网向“两会”建言献策,总理可以查看网民的意见与建议,进而更好地、充分地听取和尊重百姓的意见,让更多的人参与决策过程。随着微信等社交平台的建立,各级政府纷纷建立微信公众号,诸如“中国政府网”,它会发布总理最新活动、国务院文件、原创策划等内容,让百姓及时了解政府最新动态，并接受群众的监督，除此之外，网站还设置“微互动”，内含“我向总理说句话”“简政放权@国务院”等专栏，可以让政府了解到最真实的百姓心声，获取来自基层的信息，了解群众真实的状况，等等。这种方式很大程度上可以减少甚至避免少数领导的“拍脑瓜”法或者“头脑风暴”法而产生的错误决策，从而使决策建立在可靠的客观基础上，作出“最优化”的决策，使决策更科学化。

（三）可以使国家治理走向法治化

创新驱动发展战略与法治化发展相辅相成。创新驱动带来对法治化建设的需要，而法治建设有利于破除科技创新的制度性梗阻，有利于促进科技创新成果转换，从而进一步推动创新驱动可持续发展。邓小平认为，在计划经济时期，我们党和国家的传统领导制度中存在着家长制、领导职务终身制、官僚主义等弊端，这种弊端使得国家治理陷入重重困难中。摆脱这种困境，意味着任何人的权威不能凌驾于宪法和法律权威之上。现实经验告诉我们，正式制度的建立，既可以起到保护各方的利益的作用，又有调动利益相关者积极性的效用。可以说，一个现代国家，它必须是一个法治的国家。全面依法治国，是深刻总结我国社会主义法治建设成功经验和深刻教训作出的重大抉择。“中国共产党作为执政党，对国家各项工作和社会生活的领导主要是政治、思想和组织的领导，而政治领导的主要方式就是使党的主张经过法定程序变成国家意志。”①随着创新的推动，越来越多的领域受到科技、信息冲击，大到国家战略、制度，小到寻常百姓的生活。科技的推广，让寻常百姓的视野得以前所未有的开阔，上至高龄老人，下至孩童，这种深入的普及刺激百姓想获取更多信息，信息的不断累计，让百姓都成为“文化人”，都有自身的见解，它在很大程度上推动了政府工作的公开化，各级政府不再如封建时期具有“天高皇帝远”般的远

① 黄跃民：《中国共产党领导方式的改进与创新》，上海人民出版社2002年版，第24页。

距感、神秘感,而是接受人民监督的政府。比如公务员录用,必须公示,接受百姓检验;一项制度的制定除了专家的意见,同样要听取百姓意见;重大刑事案件公开审理(诸如网络直播、媒体传播报道等形式),一旦某一事项处理欠妥或者不当,立即会引起百姓的强烈热议,强大的舆论压力会迫使主管部门依法做出更加合理化的处理,等等。总之,随着创新驱动的影响,国家治理越来越走向公开化、法治化,确保着我国在深刻的社会变革中,既生机勃勃又井然有序。党中央也十分重视法治国家的不断完善与推行,党的十八届四中全会就全面推进依法治国提出很多新的课题,接下来,我们应围绕这些重大理论和实践课题推进理论创新。

二、政府职能转变,塑造创新型政府

创新是民族进步的不竭动力,创新也是政府职能转变的强大引擎。所谓创新型政府,就是政府在施政方式、方法、模式上的新探索,以适应新环境的变化和新现实的挑战。主要体现为科技、理论、体制等层面的创新。也就是说,创新型政府不仅是符合市场经济要求的“服务型政府”,而且是能够对创新活动进行推动和促进的政府。我国是一个世界人口大国,正走在史无前例的民族复兴伟业的道路上,当下又面临着深刻的社会转型,完成最庞大的经济转轨,没有创新意识、创新能力、创新手段,完成这些艰巨重任是难以想象的。政府职能具有随时间转移性,面对这一新变化,政府职能也应作出适应的调整。“创新型政府的根本职能就是提供优质服务,即服务于市场、企事业单位和居民,但这种服务不是头痛医头、脚痛医脚的事后服务,而是具有前瞻性和科学性的服务,既为经济社会提供可预见的科学的发展环境,也为经济社会发展间接地提供动力。”①

① 孙宏典、李俊:《马克思主义理论与党的执政能力建设研究》,河南人民出版社2009年版,第134页。

(一)建设一个创新型国家,关键在于建设一个创新型政府

政府自身的改革和创新,对社会进步具有特别重要的意义。“一个创新型的政府,必须在体制和机制方面对公共服务部门进行持续不断的改革和完善,因此它必然是一个改革型的政府;一个创新型的政府,必须随时破除那些僵化的和不合时宜的观念和制度,因此它必然是一个开放型的政府。”①创新型政府有利于释放经济活力,促进社会主义市场经济的发展,为提高国家综合实力,增强国际话语权打下坚实的基础。

随着创新活动的不断深入,经济发展方式以及经济形态发生变化,这种经济内在要求变化直接“迫使”政府作出相应反应,打破固有思维与条框,进行自我改革与转型,否则会影响经济良性发展。谁在创新上有水平,可以说谁就掌握了发展的制高点,对创新的追求当之无愧成为各个国家、地区关注的“重点对象”。就我国而言,创新的文化氛围愈加浓厚,逐渐演变为一种社会价值和社会风气,这一创新发展趋势和创新行为必然推动政府做出明确判断与回应,及时把创新者理念性的判断有效转化为创新的成果,并改革自身机制更好地适应创新发展需要,否则极易扼杀群众创新的积极性与创新发展。换而言之,政府只有摒弃“全能政府”和管制政府,逐渐转变为服务型和创新型政府,才能为全社会发展进行一种导引,为社会指明创新的方向和路径,带领全社会朝着共同的目标奋勇前行。总之,创新的驱动、社会环境的变化促使着政府职能的转变,塑造着创新型的政府,并引领着创新继续前行。

(二)创新社会管理机制,有效整合社会资源,形成社会发展的合力,提高国家治理水平

创新型政府是推进国家治理体系和治理能力现代化的重要手段,创新型

① 俞可平:《思想解放与政治进步》,社会科学文献出版社 2008 年版,第 206—207 页。

政府不仅可以提高地方政府治理的效率，而且可以提高国家整体的制度水平和适应能力。当前，我国的政治经济发展正迈入新的历史阶段，人民群众物质生活水平的不断提高和民主权利意识不断增强，传统的社会管理模式很难适应社会发展的需要，这对我国政府管理体制提出了新的要求，政府管理体制实施创新发展已迫在眉睫。政府自身改革，要更有利于深化改革、更有利于市场机制的发挥，这样才会有持久的动力、长远的活力。在创新驱动发展战略的推动下，国家积极推进"放管服"改革，努力通过简政放权、创新监管、优化服务来变革传统的行政管理体制，提升行政效率，建立智能化、标准化、数字化政务服务机制，构建新型政务服务体系。譬如，当前"互联网+"可以说深入各个行业，且我国目前处于转型期的社会，极容易滋生众多的社会问题和社会失范，使社会管理的任务更加艰巨，社会治理不好反过来又影响了国民经济的快速健康发展。创新意味着以新的制度、秩序、技术、学说、方法替代旧的东西。在此过程中会触动一部分人的既得利益，也许会使一些人感觉不适应，也许会与现存的秩序和制度存在某种程度的不一致甚至冲突。政府通过创新，可以更快地转变政府职能、改进观念以及进行体制、机制、管理和服务方式的设计与再造，全面提高行政效能，实现行政发展。

（三）政府创新有效化解整体性改革治理的风险和矛盾

"治大国如烹小鲜"，中国现正处于增长速度换挡期、结构调整阵痛期和前期政策消化期，化解风险于改革创新之中。我国政府创新实践方面的探索主要体现在政治与行政透明、行政服务、干部选拔等方面。政府创新与马克思主义创新思想一脉相承，是共产党执政理念和规律的内在要求。马克思主张当无产阶级掌握政权之后，目标就是建立切实为人民服务的政府。政府内部必须"以随时可以罢免的勤务员来代替骑在人民头上作威作福的老爷们"①。

① 《马克思恩格斯选集》第3卷，人民出版社2012年版，第141页。

马克思主义对那种形式民主而实际上是对人民进行统治的资产阶级政权进行了彻底的否定。马克思所预见的无产阶级的未来政府就是人民控制下的“服务型政府”。而且建设创新型政府能有效地促进政府自身建设,督促政府建设为一个高效、廉洁、民主、法治的新型政府,大大降低了政府官员的腐败率,营造良好的办公氛围以维护人民利益;政务职能的转变还能推进社会和谐发展、权力下放、公共资源开放等一系列措施,都为人民提供了实实在在的便利,真正将为人民服务的宗旨落到实处,提高了人民的幸福度。农业社会和工业社会的政治组织是金字塔式的结构,国家方针政策的制定和传达都是自上而下,政治信息的传播是严格按照等级,逐级从上向下扩散。金字塔结构的问题在于,信息传达是逐层递减的,决策下达缓慢,最顶层的意志,经过中间管理层的解读,传达到最底层的人们,中间层越多,最终传达到的意图就偏离原意越远。

随着网络的普及,人们的政治生活冲破地域的限制,不会因为空间条件而影响政治生活的正常进行。例如,各地产生了诸如“一站式服务”“最多跑一次”“不见面审批”“接诉即办”等制度或实践。政府实行网上办公,采用“一站式服务”的管理模式,建立政府网站,为公众提供更加快捷、更加方便的服务。这种运用信息网络服务的模式,不仅大大节省了政府开支,而且提高了效率,使政府的决策在及时、准确、可靠的信用基础之上。“一站式服务”打破了过往森严的等级体制,克服了控制体系,减少了中间数次转换传递环节,缩短了上层与基层的沟通距离,让信息得以准确快捷地流动,保障了政治过程中所有参与者能够根据具体环境灵活自主地做出相应决策,而且确保了他们平等的地位。同时,政府可以更快、更符合效益、更方便地将更好的服务提供给社会公众。基于此,参与组织活动、积极发表有关看法和建议,就成了个人维护自身利益、维护和谐团体生活的一个重要组成部分。群众利益表达渠道的畅通,可减少利益摩擦、矛盾冲突,最终有效改善改革进程中的阻力。

三、创新教育更加全民化

社会存在决定社会意识,对社会意识具有制约作用,社会意识对社会存在具有能动的反作用。教育属于上层建筑,它是受经济基础决定并为之服务的。经济基础的变化,决定了教育的变化。在进入创新时代以前,教育从未在人类社会生活中处于基础地位、核心地位。而进入创新时代,科技、信息、智力、创新以及人才,成了社会发展关键的经济元素。在这种时代,人才成为全社会的第一资源。这就需要培育更多的创新型人才,创新教育就应运而生。所谓创新教育,就是学校按照一定的培养目标,通过有效科学方法,培养受教育者的创新意识、创新能力,使其成为适应知识经济需要的创新人才的教育。简言之,创新教育旨在培养创新型人才的教育。教育是培育创新人才的摇篮,是国家发展的重要人力资本。

在知识经济浪潮的冲击下,我们不是像传统的农业经济、工业经济那样需要大量的生产者,而是需要更多具有创新能力的创造者。创新活动只能通过受过教育掌握知识的人来进行,且只有掌握一定科学文化知识,并具有创新精神和创新能力的人,才可能进行卓有成效的创新。创新教育更加全民化有助于解决目前低技能劳动力存量过剩和高技能劳动力数量不足的问题,形成全社会关心、支持和主动参与教育现代化建设的良好氛围。在创新驱动的时代背景下,刺激越来越多的人,开始转变观念,打破传统劳作方式,开始接受创新,接受教育或者再教育。诸如在当下的农村,随着城市化进程的加深,加上农业机械化、专业化大大提升了农业的产出量,大量剩余劳动力无法从传统的耕种中获得更多收益,因此,纷纷寻找其他增收之道,然而文化低,加上社会日新月异的变化,这些百姓显得手足无措,迫于生计的压力或者提升自我的需求,他们开始主动接受新事物,接受再教育,重操旧业(拿起放下许久的书本),这种情形不仅仅存在于广阔的农村,而且也存在于各种类型的城市,没有知识,没有创新能力,获得更好的收入成为非常困难之事。换而言之，正是创新驱动促使全民必须作出反应，不断提高自身的创新能力与创新水平。一个国家和民族能否自立于世界之林，关键在于是否具备创新能力以及创新水平的高低，而这一切又深深地依赖于一个国家的创新教育，它能创造出国家繁荣昌盛的最宝贵的人力资源。

时代创新，需要创新的人才，创新时代，呼唤创新教育。科技创新所带来的产品也推动了创新教育全民化的进程。通过“网上学习”“指尖学习”打造云上课堂，实现教育无缝隙全覆盖。5G+在线自适应学习系统、5G+在线人工智能与编程教育等指向学生自主学习、创新能力培养、综合素养提升的智能学习论断与推送服务、在线虚拟仿真实验、远程操控实验等，将海量优质的学习资源搬到网上，并且由于疫情的影响，各大中小学也把课堂从线下搬到了线上，线上课程得到了高度发展，这些教育平台的发展给那些已经毕业但仍然想继续学习的人提供了更多学习的机会，给愿意顺应时代的需求，打破传统劳作方式的老百姓提供了接受教育和再教育的平台。此外，一直以来，偏远山区的教育条件相对较差，教育资源配置相对不足，线上课程的发展与进步也为远在山区的孩子带来了优质的教育，让贫困山区的孩子们也能享受和城市里的孩子一样的课程，创新教育也得以推动其全民化的进程。总之，大环境促使创新教育呈现全民化的态势，且全民化会随着创新的加深成为我国发展的新趋向。

第四节　创新型人才是创新驱动发展的核心力量

创新型人才是创新驱动的主体，是人类进行创新活动的承担者。对于创新型人才在社会发展中的动力作用，马克思虽然没有直接的或系统的理论阐释，但却不乏零星的和间接的观点。马克思、恩格斯在神圣家族中指出：“历史活动是群众的活动,随着历史活动的深入,必将是群众队伍的扩大。”①在现代社会里,创新型人才成为人民群众的重要组成部分,也是整个社会建设的依靠力量,创新型人才的创造力及其所创造的各项科技成果,在极大程度上推动了人类文明的进步。创新型人才具有强烈的创新意识和创新能力,是新思想、新观念、新理论的创造者,新领域的开拓者。创新型人才具有一种推陈出新、追求创造的鲜明意识,一种勇于思索、积极探求的心理取向,一种把握机遇、灵活应变的主动心态,以及一种改变自我、适应环境的高超能力。毛泽东早在革命斗争年代就指出人才的作用和重要性:“在建立新中国的伟大斗争中,共产党必须善于吸收知识分子,才能组织伟大的抗战力量,组织千百万农民群众,发展革命的文化运动和发展革命的统一战线。没有知识分子的参加,革命的胜利是不可能的。”②创新型人才在现代化建设中发挥着特殊的重要作用,他们不仅代表着现有的生产力,而且能创造出新的更先进的生产力。一个好的科技创新项目可以催生一个产业,带动一方发展。钱学森以拳拳报国之心,为成功研制“两弹一星”作出重要贡献,使中华民族骄傲地屹立在世界民族之林。因此国家之间、企业之间的竞争归根到底是人才的竞争,尤其是创新型人才的竞争。

一、创新型人才比重越大主体动力越明显

创新驱动实质上是人才驱动,创新型人才比重越大主体动力越明显,创新型人才是劳动主体的重要一部分,无疑已成为当代劳动者队伍中的主力军,而科技的发展和创新是创新型人才这个主体不断认识和利用自然的结果,是创新型人才智能化的结果,这就使得创新型人才在社会发展主体中的地位越来越突出。创新型人才的强大能动作用是确保人类社会具有非凡创造力的关键,就在于敢于和善于创造新的知识,不囿于固有的思维定势和知识范畴,不

① 《马克思恩格斯文集》第 1 卷,人民出版社 2009 年版,第 287 页。
② 《毛泽东选集》第二卷,人民出版社 1991 年版,第 618 页。

断地发挥人的内在创造力，提供了极大的空间和可能。正是这些创新人才的创新活动，开辟了生产力发展的新领域，提高了生产力发展的新水平。没有创新型人才，创新活动就成了无源之水、无本之木。创新型人才之于创新驱动时代，犹如土地之于农业，能源之于工业，就像血液在有机生命体中一样，创新型人才不但具有发挥自身创新能力的功能，而且还具有吸收、消化其他资源的功能。正因为如此，那些创新型人才多的国家，不但拥有巨大的内在创造力，而且更具有强烈吸收和消化其他外来资源的能力，从而能够有效地改造和推进自身技术的发展，形成强大的竞争力。

在创新驱动的时代，创新型人才以排山倒海之势渗透到经济、政治、社会生活等各个领域，为其深深地打上创新的烙印，对社会发展和文明进步产生空前推动力。今天许多国家把"创新型人才"看成了第一资源、第一财富，唤起了社会各阶层人士投身于发明创造的热情，爆发了一浪高于一浪的技术革新，社会青年、工人、科学家通过自己的发明创造、科学技术追求获得了名誉和财富，又极大地刺激了经济的发展。"发明就将成为一种职业，而科学在直接生产上的应用本身就成为对科学具有决定性的和推动作用的着眼点。"①发明正是人的智力提高的表现，是创造性地应用科学知识于实践的过程和结果。创新型人才对社会的推动作用是巨大的，榜样的力量是无穷的。在新技术革命洗礼下，知识、技术、人才成了社会崇尚的社会潮流。从知识到人才，从人才到"创新型人才"，反映了这个时代人民追求的价值观念。邓小平指出："人是生产力中最活跃的因素。这里讲的人，是指有一定的科学知识、生产经验和劳动技能来使用生产工具、实现物质资料生产的人。"②科学技术作用的发挥，离不开创造和掌握它的人，这就需要掌握科学技术的创新型人才去驾驭它，不断地开拓发展它，从这个意义上说，创新型人才还是第一生产力的开拓者、创造者。

---

① 《马克思恩格斯选集》第 2 卷，人民出版社 2012 年版，第 782 页。

② 《邓小平文选》第二卷，人民出版社 1994 年版，第 88 页。

二、创新型人才是摆脱资源困境的关键

资源不足使得以往主要依靠生产要素驱动社会发展的国家面临越来越严重的资源困境。如何摆脱资源困境，如何有效地、最大限度地利用现有资源或生产资料来满足无限多样化的需求，这就需要从资源依赖向创新驱动转变的路径选择。因为资源稀缺已成为人类可持续发展道路上的一只拦路虎，在我们赖以生存的地球上，资源的总体有限性远远不能满足人类的日益增长的需求，且短时间内稀缺资源不能够迅速再生，有些资源甚至无法找到替代品。中国有些资源型地区，是主要依托本地矿产、森林等自然资源开采、加工发展起来的特殊类型区域，这些地区对保障国家能源资源安全、推动国民经济持续健康发展具有重要作用。然而资源型地区受限于资源、环境、技术以及人才等多方面条件，在产业发展、生态环境保护、民生保障等方面累积了一些历史遗留问题。同时，这些地区创新能力不足，导致发展动力不足。科技含量低、资源消耗高、环境污染大的产业结构和生产方式，亟须转型升级、主动调整。关键核心技术需要更新换代，加强融合产业链与创新链，同时需聚焦新兴前沿技术的突破与应用，如新能源、新材料、人工智能、量子信息、生命健康等战略前沿领域的未来产业，这些新发展的背后需要创新型人才的大力支撑。

创新型人才是摆脱资源困境的关键。创新型人才富有开拓性，掌握知识和技术的创新型人才，能够带领人民群众开创新局面。创新型人才在与人民群众的社会实践中，培养了创新思维，奠定了进行创造性劳动的基础，为建设创新型国家需要源源不断地注入创新型人才的新鲜血液，这样才能牢牢把握发展的命脉。发展是第一要务，人才是第一资源，创新是第一动力。在这样的大背景之下，创新型人才也是一种重要资源，那创新型人才如何使发展摆脱这样的资源困境？以推动资源型地区的高质量发展为例，在祖国辽阔的资源型地区上，牢固树立“煤城不能再靠煤，靠山不能再吃山”的意识，认真做好“浴火重生”“腾笼换鸟”，依靠产业转型升级谋发展。创新型人才需要勇闯实干，

把握好资源禀赋优势，聚焦核心技术攻关，在“双碳”目标引领下着力研究科技含量高、资源消耗低的绿色产业结构和生产方式。除了在高校、科研院所发挥所长，创新型人才也可流入当地龙头企业中，有效整合区域内部的创新资源。积极培养现有本土企业家、本土人才，围绕重点产业、重点领域和重点项目，引进一批科技领军型人才和创新型人才、科技创新团队，以人才引项目，以人才促创新。例如，我国“智慧化工园区”迎来建设新风口，创新型人才在这当中发挥了重要的作用。创新型人才将新一代信息科技融合进智能工厂建设，实现对一些石油化工企业重大危险源及污染源的监控、隐患排查、环境质量分析等，使企业在工艺流程控制、安全生产等方面的智能化水平大幅提高。

三、创新型人才要密切联系群众引领人民群众前进

创新型人才源于人民群众，创新实践也离不开人民群众的社会实践。人民群众是最丰富的人才库，是创新型人才的不竭源泉，创新型人才是人民群众中能力和素质较高的劳动者，在与人民群众的共同劳动实践中得到了成长，具备了一定的知识和技能，能够进行创造性劳动，为社会作出积极贡献，因此成为人民群众中的优秀分子。人民群众的社会实践是创新型人才的首要作用对象，通过敏锐细致的观察和深刻的思考，创新型人才在群众的实践中发现、发明、创造，从而产出创新成果。所以，创新型人才是在人民群众的社会实践中成长起来的，创新成果的产出也离不开群众的实践。列宁曾指出，“有才能的人在工人阶级和农民中间是无穷无尽、源源不绝的”①。创新型人才来自人民，又为人民服务。创新驱动离不开创新型人才的抽象思维和概括，由此产生出来的创新思想又离不开广大人民群众的实践。群众实践是进行创新驱动的源泉。毛泽东提出的“从群众中来，到群众中去”的领导方法，是中国共产党人的根本的工作路线，是党的工作的认识路线，也是创新驱动的方法。在

---

① 《列宁全集》第 33 卷，人民出版社 2017 年版，第 209 页。

2021全国政协新年茶话会上，习近平总书记发出“发扬为民服务孺子牛、创新发展拓荒牛、艰苦奋斗老黄牛的精神”①的号召。在广泛的群众基础上，才能不断涌现出创新型人才。有了创新型人才，我们整个中华民族走向科技强国之路才更顺利。人才成长与人民群众的实践活动是分不开的。只有深入群众，深入实践，心中时刻装着人民群众的利益，才能真正做出有益于人民群众的业绩，才能成为得到人民群众认可的有用之才。

创新型人才要密切联系群众引领人民群众前进。创新型人才的作用和价值在于为人们的利益而奋斗，体现在为人民服务，以人民利益为出发点，造福人民群众。创新型人才的创新成果对人民有益，那么创新成果才有价值。创新型人才的创新成果需要用之于民，改善人民生活。他们思想的实现将依赖于人民群众的实践，他们理应为人民服务，做人民群众的“孺子牛”。毛泽东强调：“如果把自己看作群众的主人，看作高踞于‘下等人’头上的贵族，那末，不管他们有多大的才能，也是群众所不需要的，他们的工作是没有前途的。”②因此，创新型人才只有站在人民群众的立场上才能引领历史前进，若反人民、逆历史潮流而动，则必然被人民唾弃，湮没在历史的长河中。习近平总书记强调：“要把满足人民对美好生活的向往作为科技创新的落脚点，把惠民、利民、富民、改善民生作为科技创新的重要方向。”③

创新型人才要密切联系群众，参与人民群众的社会实践，通过观察与深入交流，找准利于人民、利于社会的创新方向，艰苦奋斗，推动国家现代化建设。虽然创新型人才拥有高于一般人民群众的知识和眼界，但如果创新型人才自命清高，轻视人民群众的力量与智慧，无视人民群众的需求，伤害人民群众的利益与感情，便会被人民所抛弃。树立为人民服务的理想信念，都有可能成长

① 习近平：《在全国政协新年茶话会上的讲话》，《人民日报》2021年1月1日。

② 《毛泽东选集》第三卷，人民出版社1991年版，第864页。

③ 习近平：《在中国科学院第十九次院士大会、中国工程院第十四次院士大会上的讲话》，人民出版社2018年版，第12页。

为创新型人才。建设创新型国家的伟大事业，离不开广大创新型人才的艰苦劳动和创造性实践。神舟飞天、高铁奔驰、“天眼”探空、大飞机首飞等，充分展现了我国科技工作者心系祖国、勇于创新的科学精神。只有创新型人才的大量集聚，才能使我国发展的战略机遇期进一步延长，才能使资源要素瓶颈得到有效缓解，才能实现社会发展的速度、质量和效益的不断平衡，也才能从根本上保障在“新常态”下培育经济社会发展的巨大韧性、潜力和回旋余地。

第三章　创新驱动对社会发展动力系统结构与功能的影响

结构指物质系统内各组成要素之间的相互联系、相互作用的方式，是事物内部诸要素的组合方式。就社会发展动力系统来讲，它亦是由不同的构成要素以一定的组合方式、一定的结构形式而组成的整体。进一步，不同的系统构成要素不同，所发挥的功能亦不同。马克思在考察社会发展动力结构时，首先将其视为一个完整的系统，进而从中抽离出最基本的构成要素，分别分析这些要素之间的对立统一关系，从而揭示出社会发展动力系统的结构。在《德意志意识形态》一书中，马克思把物质资料的生产及其方式作为社会有机体的物质基础，从物质生产中进一步分离出生产力和生产关系两个不同的方面，并对二者之间的辩证关系进行了解析。同时，还揭示了生产关系（经济基础）受生产力的制约，同时又制约上层建筑，处于中间环节，三个基本构成要素相互作用、相互联系，马克思从这三个基本构成要素相互联系中来对社会这一复杂的、庞大的系统进行分析。

第一节　社会发展动力系统的结构

依靠结构，才能把孤立的诸要素变为一个系统，借助结构的作用，才能使要素存在的那种构成整体的特性得以体现。诸要素如没有一定的结合方式，那么这些不同的要素会形如一盘散沙，凌乱无章、混沌无序，难以形成社会动力系统。而社会要素之间的结合方式就是社会动力系统的结构，结构是否合理直接关系到系统的整体性和功能性的发挥，合理则呈良性，反之则难以发挥。"判断社会结构是否合理，还可以以人的解放和人的自由实现的程度来衡量，倘若一个社会结构，在经济上能满足人的物质需要，在政治上能满足人的民主要求，在文化上能极大地满足人的精神需求，它就是合理的。"①社会系统的第一要素是人，人民群众是社会的主体，没有人民群众就无所谓人类社会。人民群众是社会活动的发动者，是社会关系的承担者，又是社会进程推动者。没有人民群众的主体活动，就构不成人类社会的庞大系统。

一、社会发展动力系统的主体结构

社会是人的社会，历史延续至今发生的一切都与人有着直接的关联，是人类进行有意识、有目的的实践活动的结果。因此，人类社会从实质来讲它是在空间和时间上表现出来的人的实践活动和实践关系。回顾社会生产发展的历史，不同社会形态之间的更替，社会不断向前进步等等，不难发现脱离人的活动这些是难以进行的，可以说，社会的发展过程，其实也是展现了人创造历史的过程。涵盖而言，社会发展的动力系统是以人的实践活动和实践关系为框架的，继而形成实践框架下的社会发展动力的主体结构。马克思主义唯物史观认为（图 3-1），人民群众是社会实践的主体，生产力的发展、上层建筑的革新、社会形态的更替，都归功于人民群众的历史活动。如果没有广大人民群众的广泛参与和支持，人类社会任何一项成绩，均难以取得成功。有了人民群众，才有丰富的历史，有了人民群众，才有了追求发展、自由、幸福、社会稳定的原动力。总之，人民群众是社会发展的力量源泉。

① 曹健华：《哲学视野中的经济与社会》，湖南人民出版社 2003 年版，第 181 页。

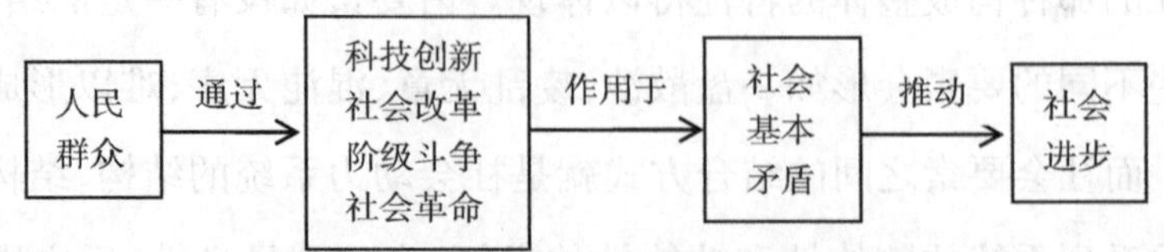

图 3-1　社会发展动力系统主体结构

(一)主体—矛盾结构

主体是指从事社会认识与社会实践活动的人,亦是生活在一定历史条件下的现实的人民群众。社会生产力的快速发展,社会上层建筑的每一次完善,社会形态的每一次更替,归根结底,都根源于、依赖于、取决于人民群众。这主要源于人民群众是社会的主体。人民群众活动的展开不仅围绕生产力与生产关系、经济基础与上层建筑这两对社会基本矛盾,亦与社会存在和社会意识相交融。可以说,人民群众不仅是物质生产的承担者,亦是政治活动和精神活动的承担者。列宁说:"马克思主义和其他一切社会主义理论的不同之处在于,它出色地把以下两方面结合起来:既以完全科学的冷静态度去分析客观形势和演进的客观进程,又非常坚决地承认群众的革命毅力、革命创造性、革命首创精神的意义。"①

1. 社会基本矛盾运动是以人民群众的活动为基础和动力的

人民群众的活动与社会基本矛盾相互影响、相互交融。二者之间应以关联的角度去看待,脱离人的活动讲社会矛盾运动,或者抛开社会矛盾运动讲人的活动,均是行不通。"生产力与交往形式的关系就是交往形式与个人的行动或活动的关系",因为"生产力的历史",也就是"个人本身力量发展的历史"。② 从社会历史的变化发展来看,社会基本矛盾的发展变化是从生产力开始的,而生产力的发展变化又是由生产决定和引起的。在生产实践中,包括体

① 《列宁选集》第1卷,人民出版社1995年版,第747页。

② 《马克思恩格斯选集》第1卷,人民出版社2012年版,第203—204页。

力劳动者和脑力劳动者在内的劳动群众均会在实践过程中不断提高自身的水平和素质、改进生产工具，进而推动着生产力不断发展，生产力的快速发展又促使生产关系发生变化，那么进一步，上层建筑也会随着生产关系的变化而发生变更，这种连锁反应成为社会制度变革的客观前提，最终推动着社会得以不断向前发展。由此，社会基本矛盾的发生和发展与人民群众的生产活动直接相关。同时，它的解决也要通过人民群众的社会活动来实现。社会基本矛盾的产生和发展具有自发性，但却不具备自发解决的功能。生产力发展到一定程度时，与生产关系之间会产生一些裂痕，因此产生了变革旧生产关系的要求，但旧的生产关系并非瞬间被替代，在一定时间内仍会受到旧的上层建筑的庇佑，发挥余力。因此，真正实现变革需要人借助革命手段来打破上层建筑，即只有通过先进阶级反对腐朽没落阶级的阶级斗争和社会革命才能实现破旧立新。

在社会发展中，生产力是其发展的内在动力基础，社会的发展归根结底是生产力发挥着决定作用。同时，我们也强调人民群众起决定作用。那么，这是否冲突？显然不是，事实上二者在理论和实践中是一致的。生产力是社会发展最终的决定力量，人民群众亦发挥着决定性的力量。进一步，社会的历史不但是一部生产力发展史，同时也是一部人民群众创造史。人民群众创造历史具有阶段性，是在一定历史条件下根据客观规律创造的，但是不论在哪一阶段，生机勃勃的社会发展，均来自人民群众这一原动力，历史活动一直是群众的事业。社会基本矛盾运动是以人民群众的活动为基础和动力的，马克思认为，人类社会发展的历史，不但是生产发展的历史，亦是作为生产过程基本力量的物质资料生产者即人民群众的历史。因为，人民群众是社会和生活的主体力量，不论社会性质如何，社会形态如何变化。承认人民群众是创造历史的决定力量，同肯定物质资料的生产劳动是社会历史的基础，社会生产力是社会发展的最终决定力量是一致的。任何抹杀人民群众创造历史的观点，都是同历史的本来面目相违背的。

2. 人民群众是实现社会变革和制度创新的决定力量

人民群众的伟大作用在社会变革的过程中表现得特别明显和突出，正是他们通过实践活动创造着历史，推动着社会不断前进，最终决定历史的进程。中国共产党自成立之后，坚持马列主义的普遍真理与我国革命和建设的具体实践相结合，开创了适合中国特色的"以农村包围城市"最后夺取全国胜利的革命道路。并深刻认识到农民阶级的优缺点，给予了恰当的定位，农民阶级虽不能领导中国革命，但是中国革命取得胜利没有农民的广泛支持是不可能的。因此，以毛泽东同志为主要代表的共产党人制定了群众路线，团结一切可以团结的力量闹革命。抗日战争时期，为了增强中国广大人民群众战胜敌寇的必胜信心，毛泽东把人民群众比作中国历史人物中以足智多谋著称的诸葛亮。他说："'三个臭皮匠，合成一个诸葛亮'，这就是说，群众有伟大的创造力。中国人民中间，实在有成千成万的'诸葛亮'，每个乡村，每个市镇，都有那里的'诸葛亮'。"①这个比喻，足以把人民群众的伟大力量和重要作用凸显出来。在长期的、艰苦卓绝的斗争中，我们党紧密联系群众，坚持以人民群众的根本利益为出发点。党领导人民打了一个又一个胜仗，先后取得了新民主主义革命、社会主义革命以及改革开放的胜利。带领亿万人民实现了国家的独立和人民的解放，成为有责任、有担当、受人尊重的新大国，成就了国家富强、人民安康景象。在社会主义制度下，在创新驱动发展的新态势下，人民群众也是社会制度创新的重要力量，他们积极投入制度建设中，为其添砖加瓦，早有家庭联产承包责任制等农村经济体制的改革，现在城市经济体制的改革依然有也必须有广大人民群众的积极参与。

3. 人民群众是社会发展的实践主体

人民群众是社会发展实践的主体，离开人民群众的关心、支持，任何好的政策、措施都难以落实。社会发展动力的主体始终是那些与生产力密切联系

① 《毛泽东选集》第三卷，人民出版社 1991 年版，第 933 页。

的人民群众,他们不仅为社会创造了物质财富,亦创造了精神财富,这些是人类世界得以生存和发展的基础。在新民主主义革命时期,面对帝国主义和封建势力的残酷压迫和剥削,中国人民不畏强暴、勇于牺牲,在土地革命中工农勇于探索,在抗日战争中人民群众冒着炮火向前进,在解放战争中用小车推出一个个战争奇迹,用智慧和汗水、鲜血和生命书写了救亡图存的史诗篇章。在社会主义革命和建设时期,面对"一穷二白"、百废待兴的局面,中国人民团结一心、艰苦奋斗,以"敢教日月换新天"的气概克服重重困难,绘就了一幅幅波澜壮阔、气势恢宏的历史画卷。在改革开放新时期,面对新机遇和新挑战,中国人民风雨同舟、砥砺奋进,改革开放让人民群众中的创造伟力充分激发,创造出让世界刮目相看的"中国奇迹"。进入新时代,面对社会主要矛盾的历史性变化和"百年未有之大变局",要解决社会主要矛盾必须靠人民群众的实践,社会破旧立新,实现变革必须依靠人民群众的力量,人民群众是社会变革的决定力量,亦是生产力中最具决定性的力量,可以说,没有人民群众及其实践活动,现实的人类世界是不存在的,人类社会的历史归根到底是生产劳动的历史。由此,生产力的决定性的作用,从根本上造就了、规定了人民群众的决定作用。中国人民万众一心、众志成城,在脱贫攻坚的伟大实践中、在疫情防控的人民战争中、在全面建成小康社会和建设社会主义现代化国家的征程中,本着对美好生活的向往,坚持依靠辛勤的劳动来创造一切幸福,成为实现中华民族伟大复兴的重要推动力。

(二)主体—功能结构

人民群众是改革发展稳定的主体、力量源泉和根本基础,是国家的主人,是决定国家前途和命运的根本力量,阶级斗争、社会改革、社会革命等动力因素,实质上都可以归结为人民群众的主体性发挥的作用,这些因素都是通过人民群众来实现的。正因如此,人民群众必然地要对社会历史的发展产生积极深刻的影响。

1. 社会变革时期,人民群众的主体作用通过阶级斗争凸显出来

所谓阶级斗争,就是因经济利益而对立的两大阶级之间的斗争。在阶级社会里,社会形态的更替都要通过阶级斗争的途径来实现,这些斗争革命,实质上是以广大人民群众为主力军,发动的摧毁腐朽社会制度的斗争。阶级斗争是阶级社会发展的直接动力,要具体问题具体分析,一般而言,革命阶级反对反动阶级的阶级斗争是其发展的直接动力。在阶级社会,社会基本矛盾主要是通过统治阶级和被统治阶级之间的阶级矛盾表征出来,其中统治阶级为维护自身切身利益,会千方百计地固守住自身建立起来的经济基础和上层建筑,哪怕已经过时、腐朽不再适应社会发展需要。而作为新生产方式代表的广大被统治阶级,为了打破这种被压迫的禁锢,必然奋力反抗来削弱甚至消灭反动统治的力量,推翻这种旧的经济秩序和政治秩序格局,才能从根本上解决社会矛盾,进而促进社会发展。但并非所有阶级斗争都以成功而终结,历史上以失败而告终的案例比比皆是,一次又一次的斗争虽然在反动统治的镇压下归于失败,且未从根本上摧毁封建制度,但给统治阶级极大的震慑力,迫使他们做出一些调整,多少做出了让步,减轻了剥削压迫程度,不再轻视人民的力量,从而在一定程度上为生产力发展提供了有利条件。

人民群众的人心向背,体现了不可抗拒的历史潮流,预示着社会变革的方向。人心向背即人民群众基于他们的物质生活条件而形成的利益和要求,因此,它在很大程度上能显示人民群众的时代精神和历史的主流,以及社会发展的客观趋势,在一定程度上也预示着社会发展的方向。回看中外历史,基本规律是“得民心者得天下,失民心者失天下”,毛泽东在谈到战争问题时说,战争双方的“力量对比不但是军力和经济力的对比,而且是人力和人心的对比”①。抗日战争在中国军民共同努力下取得胜利,既是顺应人民群众的愿望和要求,也是顺应历史发展的潮流。当大多数人民群众不能再忍受旧的生活形式,决

① 《毛泽东选集》第二卷,人民出版社 1991 年版,第 469 页。

意创造新的生活形式时，社会变革就必然发生。这就决定了我们事业的开展必须以人民群众利益为出发点。列宁早就告诫说："对于一个作为工人阶级的先锋队来领导一个大国在暂时没有得到较先进国家的直接援助的情况下向社会主义过渡的共产党来说，最严重最可怕的危险之一，就是脱离群众"①。对一个政权来说，人心不可欺，否则就要被人民抛弃，"水能载舟，亦能覆舟"。因此，我们一切工作的开展，要让人民群众切实感受到是在为群众办事，才能充分发挥人民群众的积极性、创造性，为社会主义现代化建设提供可靠的保证。

2. 人民群众与革命成功与否有着直接的关联

回顾历史上发生的革命变革，归根结底是人民群众奋起摧毁腐朽的社会制度的斗争。人民群众是物质生产力的主体承担者，他们的意志或愿望是对社会发展规律的主观反映，与社会发展的方向一致，因此，历史也是一部劳动群众自身的历史。革命最终是否成功，首先看其革命目标是否符合社会发展的规律，再者要看是否顺应民心，是否获得劳动群众的支持，违背人民群众意志和愿望的社会行为，终究会以失败而告终。列宁曾指出："我国革命之所以是伟大的俄国革命，正是因为它发动了极广大的人民群众投身于历史的创造。"②20世纪的中国，革命战争可以说持续了半个世纪，在那样残酷的环境里，如果没有人民群众的拥护和支持，革命早已功亏一篑。抗日战争结束后，毛泽东号召党员干部扎根于广大人民群众中，并形象地比喻了二者的关系："我们共产党人好比种子，人民好比土地。我们到了一个地方，就要同那里的人民结合起来，在人民中间生根、开花。"③这一比喻十分清晰地显示了，革命政党对人民群众的依赖性非常显著。这也为革命者指明了前进的方向。革命成功与否的根本在于人民群众。探寻历史革命轨迹，不难发现，不论奴隶社

① 《列宁选集》第4卷，人民出版社2012年版，第626页。
② 《列宁全集》第13卷，人民出版社2017年版，第196页。
③ 《毛泽东选集》第四卷，人民出版社1991年版，第1162页。

会、封建社会还是资产阶级革命、社会主义革命，争取不到人民群众的支持，就难以促成革命的成功，只有最广大的人民群众真正觉悟起来并投身到社会变革中来，社会革命才可能取得胜利。

人民群众的利益有没有被满足决定革命成功与否。马克思说："人们奋斗所争取的一切，都同他们的利益有关。"①利益构成了人和社会的真实本质，决定了人审视和评价一切事物和现象的眼光和尺度。社会主义从产生之日起，就把实现人民群众的利益追求、组织和领导人民群众为自己的利益而奋斗写在自己的旗帜上。利益本身包含着活动的因素，它要求人必须诉诸行动。人们的行为也根源于人们的利益。人们总是从自己的利益出发来认识和把握万事万物，解决好事关人民群众利益的实际问题，必须十分具体地落实到解决群众生产和生活的实际问题上。如果不能代表群众的利益，执行的政策也就脱离群众，也有失去群众支持和拥护的危险。利益是人们行为的动机，由于人们生存和发展的客观必然性，规定着主体必须自觉或者自发地、不断地启动自己的利益追求。毛泽东更以群众利益为基点安排经济建设、制定经济政策，他始终要求要给人民以看得见的物质福利。毛泽东撰写有《长冈乡调查》和《才溪乡调查》，他在实地考察中发现了这两个乡的先进经验——他们把群众生活与革命战争紧密相连，解决了群众生产、生活与支援保卫革命根据地的战争二者之间的矛盾。"利益是激发人的活动积极性的杠杆，人的活动中总是贯穿着对利益的追求。利益像一块巨大的磁石吸引人们为之努力，为之奋斗。"②社会主义事业不断发展的根本原因在于满足了人民群众利益的需要，组织和领导人民群众为实现自己的利益而奋斗。

3. 人民群众是进行改革的主体、力量源泉和根本基础

没有人民群众，改革也无从推进，现代化事业也无从实现。改革的出发点和目的就是为人民谋利益，是否为人民群众谋利益是改革和经济建设成败的

① 《马克思恩格斯全集》第1卷，人民出版社1956年版，第82页。

② 郭大俊：《邓小平理论和唯物史观》，南海出版公司2002年版，第151页。

关键。有些改革就是为了发展社会主义市场经济，就是要讲效益，就是要讲人民群众物质文化生活水平的提高。人民是推动改革的力量源泉。没有人民的支持与参与，任何改革都不可能成功。推进任何一项重大改革，都要坚持“以百姓心为心”，都要站在人民立场上把握和处理好涉及改革的重大问题，都要从人民利益出发谋划改革思路。[①] 中国特色社会主义理论把改革的动力作用同人民群众创造历史的伟大动力作用紧密联系在一起，调动群众的积极性。所以在改革的实践中，应注重在重大决策中充分汲取人民群众的智慧。

改革的依托不仅是相信人民群众，更主要的是让人民群众享有改革的成果。人民群众具备丰富的经验和智慧，对各种管理体制是优还是劣有深刻的体会，对是否改革以及怎么样改革有深刻的认识。改革就是通过制度和体制的调整，进一步理顺人与社会的关系，进一步解放和发展生产力。改革的成败，就在于能否最大限度地满足人民群众的需要，进而在这种需要的动力因子影响和渗透下，全面调动人的创造潜能。那么，怎样才能充分调动劳动者的潜能呢？就是把人民群众作为社会改革的主体，满足人们的利益，邓小平指出：“革命是在物质利益的基础上产生的，如果只讲牺牲精神，不讲物质利益，那就是唯心论。”[②]群众主体的积极性最根本的、最持久的，应以实现人民群众的物质利益为最根本的社会目的，并且让人民群众不仅成为改革发展的推动者、承担者，更让其成为改革发展成果每一阶段的拥有者、享有者，充分拥有和享有他们应该得到的和可以得到的利益。

二、社会发展动力系统的客体结构

在人类历史的发展进程中，凡是被纳入实践活动的领域，同主体的活动发生了对象性关系的事物和现象，都归为实践活动的客体。社会发展动力系统

---

① 中共中央宣传部：《习近平总书记系列重要讲话读本》，学习出版社、人民出版社 2016 年版，第 78 页。

② 《邓小平文选》第二卷，人民出版社 1994 年版，第 146 页。

的客体结构主要指已经对象化了的现实的社会结构，是主体与客体之间在实践关系的基础上产生和发展起来的。进一步，客体有自然客体、社会客体、精神客体等存在形态，客体作为主体活动的对象，它是客观的存在于主体的意识之外，随着历史主体活动的不断发展，客体的形式和范围呈现不断扩大的趋势。主体是人，但人并不等同于主体，那些尚不具备实践能力和思维能力的可称为人，但并未达到称为主体的条件，需要经过培养和教育的过程，进入与客体的关系之后才构成完全的主体。不论是主体还是客体，都离不开人的实践活动。主体是从事社会实践的人，客体是进入主体实践活动范围的客观事物，因此，主体的活动不能脱离活动对象即客体而独立存在，主体必须认识客体，受制于客体，客体又被主体改造着，不断适合主体需要，主体与客体因相互作用而存在。

（一）主体和客体是实践关系

主体和客体的相互作用过程就是人的实践过程，是物质世界发展过程中衍生出的一种高级运动形式。具体来说，是主体基于对客体的一定认识，根据自身需要提出实践目的，运用工具和手段对客体进行改造，通过这一过程，主体把自身的目的、能力对象化。当外部客观世界成为人的活动所指向的客体时，相应的人也就成为认识和改造外部世界的主体，因此，可以说主体与客体两个层面在实践过程中同时生成。但二者在相互作用中地位有别，其中主体居于主导地位，是改造者，主体为了实现自己的目的和需要，通过实践活动，创造和使用各种工具与手段积极地改造客体，改变客体的物质形态使之获得新的功能以服从于主体的需要和发展，没有主体改造客体的这一实践活动，就没有主体和客体的分化和发展，也就没有认识活动的必要性和现实基础；客体属于被改造者，但这不代表客体是完全由主体肆意拨弄的消极被动的存在物，它有自身的本性和规律，主体对客体进行有目的的改造过程中必须遵循其本性及规律，只有以符合客体规律的方式作用于客体，改造客体，才能获得满足自身需要的成果,否则徒劳无功。即客体既为主体活动的对象,反之又对主体活动有制约性。主客体这种关系的产生的前提离不开实践活动,离开实践谈主客体这种改造与被改造的关系可以说是不成立的,因此主体和客体之间也可以说是一种实践关系。这种实践使人成为主体,人不再是单一的主体的人,而是作为改造客体的能动的人;客体也不再是孤立、无意识的客体,它打上了人类意识的烙印,任何客体的改变,包括精神客体的改变,实质上只不过是人的本质力量的印证和表现。但是人的需要一旦转化为现实的实践活动,除了受到主体自身的能力和力量的制约外,亦受到客体的制约。它们之间给对方一个相互的规定性,只有在对方那里,它们才成其为对方,并在相互作用中共同发展,构成具体的历史的过程。

(二)主体和客体是认识关系

如上所述,主体和客体之间存在一种实践关系,事实上,在实践过程中亦蕴藏着一种认识关系,正是有了认识,才把主体与客体区别开来,形成主客体的对立统一关系,主体也才发展出了情感、意志、信仰等主观因素。这种认识关系是以其实践关系为基础而形成的,主体要改造客体,必须以认识客体为前提,和客体发生认识关系,它的实质是主体通过实践揭示客体的本质和规律。一方面,客体制约着主体,以自己的客观本性规定着主体认识的对象和内容;另一方面,主体又制约着客体,以自身的本质力量规定着客观事物在何种范围、何种程度上成为客体。客观世界存在难以计数的各式各样的事物,每一事物又有诸多方面与层次。究竟认识哪些客体和客体的哪些方面、层次,归根到底是被实践所决定的主体的认识目的所规定、所制约的。与此同时,主体在观念上获得了关于客体的客观内容,改变了原来片面的或虚假的观念,克服了主体的主观性。从而提高着主体能力,使主体能以新的更高的水平去改造客体。人只有在能动地改造世界的实践活动中,才使主体同客体直接联系起来,也只有通过主体改造客体的实践活动,才能实现主体反映客体的认识过程。

(三)主体与客体双向运动

主体与客体只有在相互关联才会具有自己的本质和规定,主体和客体相互制约,离开对客体的关系,主体便不再是主体,同样没有主体,也无所谓客体。主体和客体不论在实践关系还是在认识关系中都在一定条件下相互转化,客体转化为主体,主体转化为客体,主体和客体的对立两极之间实现主体客体化和客体主体化的双向运动。人维持自身生存和发展的前提是通过实践活动,来获取物质生活资料,这一获取过程其实也是主体客体化和客体主体化发生的过程。所谓主体客体化是指人通过实践使自己的本质力量转化为对象物,即主体凭借一定的物质手段改造客体,并把自己的能力、要求等内在的因素物化在对象当中,从而创造出自然界原先所没有的客观事物,使社会实践活动的结果越来越适合人的要求,最终主体通过对象性活动向客体渗透和转化。譬如人类为自己生活、生产提供更多方便,不断制造出先进的工具,这实际上就是主体的本质力量通过实践活动转化为静止的物质的存在形式。马克思说:"只有当对象对人来说成为人的对象或者说成为对象性的人的时候,人才不致在自己的对象中丧失自身。"①这里的对象即为实践中的客体,只有当这种客体成为人的实践对象,人才能够在这种客体中确证自己的存在,可以说是客体确保了主体不被丧失自身。

所谓客体主体化是指客体从客观对象的存在形式转化为主体生命结构的因素或主体本质力量的因素,主体通过生产劳动创造一定的客体,或者把它们作为直接的生活资料加以消费,或者把它们作为生产劳动的工具和手段加以消费。这样,客体实际上就转化为主体的一部分,成为主体自身生命结构和本质力量的构成因素。如果没有这种转化,那么主体生命活动的存在和延续以及主体本质力量的形成和发展,将失去支撑性的条件。也就是说主体在改造

① 《马克思恩格斯文集》第1卷,人民出版社2009年版,第190页。

客体的同时，使转化为主体自身的内在因素，才能保障主体继续延续下去。总之，在人类的社会实践活动中，主体与客体相互依赖、相互生成，人类需要不断突破现状，不断向前发展，那么实践活动也会一直秉持以扬弃为目标发展持续下去，这意味着主体与客体之间的相互转化的双向运动呈现的是一个无限发展的辩证关系。在这种动态的过程中，客体主体化和主体客体化的双向运动互为前提、互为媒介，是同一活动过程的两个不可分割的方面，正是通过这种运动形式，人类得以不断适应生存环境，沉淀自己的主体能力，解决着现实世界的矛盾。

三、社会发展动力系统的活动结构

一个国家、一个民族、一个地区，乃至一个单位、部门的发展，除了主体与客体结构发挥作用外，活动结构亦在发挥作用。社会发展动力系统的活动结构是指社会发展动力系统中的各个要素与外部世界的结合方式或组织方式，是由自然与社会、物质与精神的统一的相互联结而成的完整结构。一般情况下，社会发展动力系统的活动结构对主体结构具有制约和影响的作用，并与主体结构、客体结构相联系才能存在。

（一）自然—社会结构

人类社会作为一个开放系统，必须从自然环境中不断地汲取物质、能量和信息来支撑自身发展，否则难以生存下去。人类社会是自然界长期发展的产物，它的存在和发展依赖于自然界，人类从自然界中产生后，其命运便始终与自然界的存在和发展息息相关，人与自然便结下了不解之缘。一方面，物质生产是一切社会生活的基础，自然界为人类提供了劳动对象，为人类社会生存和发展提供了物质前提，但也制约着人类活动；另一方面，人类活动强有力地影响和改变着自然界，自然界和人类社会在发展中相互联系、相互制约。马克思恩格斯认为，人与其他动物的本质区别在于人能支配自然、创造自然。恩格斯在《自然辩证法》中说:“动物仅仅利用外部自然界,简单地通过自身的存在在自然界中引起变化,而人则通过他所作出的改变来使自然界为自己的目的服务,来支配自然界。这便是人同其他动物的最终的本质的差别”①。社会发展动力系统同自然环境的交换实质上是人类把“自然存在物”变为“为我存在物”的自觉过程。譬如农业把种子、土壤的肥力以及阳光、水分变成谷物,最后制作食物提供给人类等。当然人类在发展中所面临的生存环境问题表明,保持人与自然的协调发展,是人类社会能够持续发展的关键。

首先,自然界是人类社会赖以存在和发展的必要前提。作为主体的人,纵然有非凡的创造能力,但还必须立足于大地,消费自然之食,饮用自然之水,呼吸自然的新鲜空气,享受自然的阳光照耀,在自然中建立赖以休养生息的稳定家园。人类为了维持自身的生存和发展繁衍,必须有足够的物质生产资料和生活资料,而这些资料归根到底来源于自然环境。必须把劳动和自然结合起来,在劳动过程中,“人和自然,是同时起作用的”,即离开自然界这个基础和前提,人类社会便不能存在和发展,只能在和自然界的交互作用中存在和发展。人与自然相互作用的过程中,人类以一定的物质生产力从事社会生产,彼此形成了一定的生产关系,建立了一定的社会经济制度和政治制度,形成了一定的社会意识形态,创立和发展了一定的科学文化。

自然界为人类社会提供了资源,这些资源均是社会生产生活必不可少的,没有这些资源、条件的支撑,社会将无法存在与发展。且自然条件的优劣、物资的质量,与生产力的内容息息相关。如平原地区适合于农业发展,沿海地区适合发展水产业;因为温度条件不同,东北地区水稻一年一熟,海南、云南部分地区则一年三熟等。随着社会生产力的提高,人类对自然资源需要和利用的范围会不断扩大,人类对自然界的支配程度越来越高,诸如盐碱地过去大多以荒废来处理,随着不断的改良和技术投入,逐渐变废为宝,不仅扩大了土地使

① 《马克思恩格斯文集》第9卷,人民出版社2012年版,第559页。

用面积还为人民群众创造了增收。随着人们实践能力和科技水平的不断提高，人们开发和利用资源的能力不断增强，资源的使用效率不断提高，这在一定程度上减少了对自然界的依赖。随着人类社会对生存资源的需求不断增加，拓宽对自然界深度和广度的开发，人类对自然界的依赖性依然较强。可以说，只要人类生活在自然界，就不可能摆脱对自然界的依赖，人类就不会完全脱离大自然而独立存在。

其次，人类社会发展受自然规律的制约。自然界是按其固有的规律运动发展着的，是客观存在、不以人的意志为转移的。正如中国古代哲学家荀子所言："天行有常，不为尧存，不为桀亡。"马克思说："人作为对象性的感性的存在物，是一个受动的存在物。"①即人的活动受到客观对象及其规律的制约，不可能纯粹地按自由意志活动。当下，随着社会的发展，科技发挥的作用亦越发显著，但仍有诸多譬如地震、火山、太阳黑子对地球的影响等自然因素是人类不可抗拒或不可控制的，自然规律的制约性依然是我们人类发展关注的重要课题。人类不遵循自然规律将遭受自然界的打击或报复，只有掌握和利用自然的规律性，才能进而改造它，改变或创造条件，限制它的破坏作用和范围，使人类免受其害或少受其害。因此，要实现人与自然的协调发展，就必须消除那种只关心自己行为的最直接的有益效果的制度因素，诸如工业革命为资本主义社会带来了前所未有的繁荣，但片面强调改造、征服、统治、剥削自然的一面，不顾自然界的承受能力，一味地向自然界索取自己所需的东西，而忽视了这种索取活动受自然规律限制，最终导致人与自然的关系十分紧张。

再次，人类社会对自然界支配作用加强。自然存在物，不仅按照其自身的发展趋势演化，作为人的对象它也会按照人的活动指向进行演化。因此，在人类社会历史过程中，自然界会不同程度地被打上了人类的烙印，人依赖自然界，又超越自然界。自然界为人类提供的物质和能量，在其原有形态上能为人

① 《马克思恩格斯文集》第1卷，人民出版社2009年版，第211页。

类所利用的不多。当代科技的发展可谓日新月异,几乎触及人类活动的一切领域,上至浩瀚的宇宙,下至深邃的海洋,整个自然界到处越发显现着人类实践活动的足迹,深刻地改变了人们的活动方式和活动范围。科技创新也不断渗透到生产工具中,人类运用这一特殊的"物质能量转换器",可以把无法直接利用的自然物质和能量转变为人类可以利用的形式,极大拓展了人类社会对自然界认识的深度和广度,新工具的发明与应用不断扩大人对自然界的巨大的支配能力和干预能力。人类对自然的支配能力越来越强,但并非随机盲目地支配而如马克思所言:"动物只是按照它所属的那个种的尺度和需要来建造,而人却懂得按照任何一个种的尺度来进行生产,并且懂得怎样处处都把内在的尺度运用到对象上去。"①人类改造自然界并非盲目的,而是根据自己的需要、目的来进行的。随着社会不断发展,人们综合素质的不断提升,这种主动改造自然界的意识愈来愈强,支配意识亦会愈来愈强。

最后,人类社会要与自然环境协调发展。整个自然界是一个有机统一体,自然环境中的各种生物构成一个生态平衡系统,其中一环遭到破坏,就会发生一系列的连锁反应。自然与社会的和谐是关系到子孙后代生存和幸福的大事,要从长远考虑,把眼前利益和长远利益结合起来,需要处理好一代人的眼前利益与子孙后代的长远利益的关系。我们在发展生产、改造自然时,要有计划地保持生态系统的平衡和稳定,防止资源浪费、环境污染,这对于推动社会发展具有重要意义。对此,恩格斯在《自然辩证法》中指出:"我们不要过分陶醉于我们人类对自然界的胜利。对于每一次这样的胜利,自然界都对我们进行报复。"②人和自然是一个有机整体,同处在一种共存共生关系中,人类过度开发引起自然环境遭到破坏,实现人与自然的和谐要求人类遵循适度原则,对自然的行为要适度,自然界是社会发展的基础,它影响着社会的发展,同时人类社会也在影响着自然界。

---

① 《马克思恩格斯全集》第42卷,人民出版社1979年版,第97页。

② 《马克思恩格斯文集》第9卷,人民出版社2009年版,第559—560页。

自然与社会协调发展，是指通过保持人和自然的动态平衡关系，促使社会和自然都朝有序方向进化。人类社会的需要是不断发展的，这就意味着人类依然需要向自然界索取更多的东西。索取并不能代表盲目，而要理性。要调整人与自然之间的关系，处理好发展与环境之间的矛盾，必须要使发展与保护相统一，在危机与困境中，正确选择经济、社会发展与资源、环境相协调的道路。随着社会的快速发展和人类文明的进步，人们也越来越认识到，在科学发达的今天，人对自然界不再是生存适应、盲目崇拜，也不再会对自然界仅仅是无止境的滥用与索取，使得社会和生态环境之间作为统一的整体而发生作用就更为突出。

（二）精神—物质结构

物质生产是人类为取得生存所必需的物质资料而进行的对于自然界的物质改造活动，是人类运用劳动工具，作用于劳动对象，向大自然索取物质生活资料的活动过程。而精神生产则是人们在改造自然和社会的实践活动基础上创造科技知识、文学艺术、道德伦理、价值观念等精神产品的活动过程，相比而言它是一种脑力劳动，是人运用特有的思维创造能力而进行的活动，形成观念形态的精神产品的过程。精神生产以物质生产为基础，且与物质生产劳动具有共同性和密切的关联，它本身同人的认识活动、实践活动紧密地联系在一起，是整个人类劳动过程的一个组成部分。精神生产是从物质生产中分化出来的，随其发展而发展，它的产生基于人的精神需要，这是在物质需要得到满足后所必然产生的新的需要。这两种生产活动的主体是“现实中的人”，即一定生产方式中的人，都是人类劳动力的支出，最终目的都是为了满足人类自身的需要。总之，物质生产和精神生产二者之间相互依存、相互渗透、相互转化，它们共同构成了人类社会活动中的实质性内容，推动着人类社会历史的发展。具体而言，这一结构主要有以下几个特点。

1. 物质生产对精神生产的决定作用

物质生产是对客观世界的实在把握，精神生产则是对客观世界的观念把握。精神生产区别于物质生产的根本特征在于，任何劳动过程都离不开一定的物质手段，但物质生产作为生产劳动是以提供能够直接满足消费者生理需要的物质产品为主要内容的，产品的属性决定于物质生产手段的运用。精神生产则以提供能够直接满足消费者心理需要以及满足增强其劳动能力需要的精神产品为主要内容，产品的属性与物质生产手段的运用无关。精神生产是特殊的创造性的生产，它需要不断创新，必须创造出过往不存在或者与现有事物有所区别的新的思想或理论，因此它的生产过程不是简单的、机械的重复或模仿。与之不同，物质生产中，人们往往而且必须重复制造某一类产品来满足自身需要，尽管当代物质生产的产品更新换代的周期不断缩短，新产品不断涌现，但重复制造某一种产品仍然是它的显著特点。精神生产的突出特点则在于创造性，以创造出新概念、新理论、新的艺术作品等为目标，精神生产的生命力之所在就是不断创新。

精神生产的发展程度受制于物质生产的发展水平。正如马克思所言："物质生活的生产方式制约着整个社会生活、政治生活和精神生活的过程。"①精神生产则是物质生产发展到一定程度的产物，"思想、观念、意识的生产最初是直接与人们的物质活动，与人们的物质交往，与现实生活的语言交织在一起的。"②精神生产，不论是其产生还是发展，都受物质生产的制约，必须以物质条件为前提，即使它作为一个独立形式出现，同样受物质生产的制约，譬如科研必须有仪器和设备，文化艺术活动必须有场所，出版书刊必须有纸张、印刷设备等。这些精神生产的素材以及精神生产的工具（如笔、纸、仪器）的获取均源于物质生产。"'精神'从一开始就很倒霉，受到物质的'纠缠'，物质在

① 《马克思恩格斯选集》第2卷，人民出版社2012年版，第2页。
② 《马克思恩格斯选集》第1卷，人民出版社2012年版，第151页。

这里表现为振动着的空气层、声音，简言之，即语言。”①

2. 精神生产对物质生产具有能动的反作用

精神生产反作用于物质生产，精神生产能够提高劳动者的生产技能和积极性，没有科学理论的指导，物质生产则无法进行，主要表现为科学理论为物质生产提供智力支持。例如以抽象思维生产科学概念、定律与理论体系和以形象思维生产文学艺术作品等。通过脑力劳动生产和创造精神产品与精神价值，以满足人类社会生活的需要。精神生产是社会发展动力的一部分，它作为社会生产系统的一个重要因素，是推动社会进步和发展的基本动力之一。当下人类已经进入创新驱动时代，精神生产在社会发展中的地位越来越重要，作为精神生产成果的科学创新越来越多地渗入物质生产过程，譬如知识密集型的高新技术产业已成为新的经济增长点，生产出各式各样的精神产品，推动物质生产不断深入发展。现代化的物质生产过程“体力劳动与脑力劳动、物质生产与精神生产”相结合的特点越发凸显。精神生产在实践过程中发挥作用越来越大。

精神生产不仅包含科学创新带来的生产，也包括艺术、思想、管理等因素的生产，其一，随着科学技术生产的发展，科学创新渗入的领域越来越广，可以帮助人们提高生产效率、解决实践过程中人类难以触及的东西，大大提高了人类的生产能力和实践能力。这些显著的成绩促使人们对科技的投入带来的成效的认同度越来越高，这也预示它将在实践过程中发挥的作用会越来越大。其二，生产精神产品，事实上同时生产了人们之间的思想社会关系，它是联结、沟通经济基础与上层建筑关系的中介和桥梁，是实现人类社会协调发展的重要条件和手段。我们知道，一个好的决策、好的方案、好的规划，对物质生产的发展所发挥的作用，是非常巨大的。精神生产的发展对推动社会生产力水平的提高发挥着重要的作用。马克思在批判继承古典政治经济学的“精神生

① 《马克思恩格斯文集》第1卷，人民出版社2009年版，第533页。

产”理论基础上，强调“精神生产力”是社会生产力的重要组成部分。随着人们物质生活水平的提高，对精神生活的需求也越来越多，要求精神生产力不断地发挥其能动的创造性，事实上这也进一步刺激了社会生产力水平的发展。如此循环不已，精神生产力便转化为强大的物质生产力，生产出质量更高、数量更多的物质产品，推动社会生产力水平不断提升。

精神具有强大的动力作用，可以形成巨大的创造力和凝聚力，也就是产生精神动力。精神动力，是以某种精神力量为手段，提高人们的精神觉悟，发掘其潜力并促之行动的要素。我们常说的“中国梦”就是一种强大的精神动力，中国梦把宏大的国家梦、民族梦与每个个人联系了起来。中国梦是如何发挥精神动力？中国梦是一种强大的黏合剂，它可以把不同民族、不同阶层的人民聚合起来，团结一切可以团结的力量，广泛深入地激发每个中国人的进取心和创造力。融合在一起，形成一种强大的国家力量。全国各族人民心往一处想、劲往一处使，每个人都为中国梦奋斗努力，14 亿多人民就能汇聚成无比巨大的力量。中国梦汇聚人心，起到精神动员的作用。每一个人都有自己的梦想，每一个人的梦想都在一定层面上呈现出多种差异性，但是我们有一个共同的“梦想”，就是实现中华民族伟大复兴。虽然每一个人都不可能独自实现中国梦，但是每一个人的梦想的实现就是在为实现中国梦贡献出自己的力量，即使贡献各异，但出发点和落脚点都可以溯源到为了我们最大的中国梦。实现中国梦需要凝聚中国力量，中国力量凝聚的一个重要因素就在于中国梦所起到的精神动员作用，作为近代以来的最大梦想，中国梦已经深深地融入中华民族每一个人的基因和血统里。

第二节 创新驱动对社会发展动力系统结构的影响

随着创新时代的到来，社会发展动力系统的结构也发生了一些变化，主体结构呈现出创新的特点,客体结构呈现出更具人化的特点,活动结构凸显智能化。同时,创新驱动在生产生活中的价值日益得到认可和提高,使得未来社会发展逐渐向以创新驱动为主转变。且在生产生活系统中发挥着决定性作用的因素开始发生变化,有形的土地和机器设备,甚至是具有确定价值的资本、物质资源和劳动力等,在社会发展中开始退居次要的位置,成为一种辅助性的以外部条件或基础设施性质存在的要素,而科技创新、信息和智力等因素,成为可以支配其他要素的独立要素,进而促进经济增长和社会发展。以创新驱动为基础的新兴产业迅速崛起,创新型人才越来越多,随着近年来 3D 打印机的发明和应用,未来传统制造业部门将减小,无人工厂、机器人采矿、机器人冶炼都已成为可能,人们改造自然越来越智能化。

一、主体结构呈现出创新的特点

创新活动本质上正是以人为本的大众创新模式的具体呈现,不仅仅是科学家应该完成的,还包括学生、工人、教师、艺术家等,有创新激情并愿意实践创意的人,都能成为创新群体的一员,这使得主体结构呈现出创新的特点,创新主体在与外部世界交往的活动中不断发现外部世界的新事物,不断发明改变事物存在状态的新方法,不断创造满足人的新需要的事物观念。在创造性的认识活动中,新的知识或者产品不断生产出来,这样为创新提供新的资源和重要的生产要素。对于现代社会条件下的创新活动而言,创新主体一般不是单一的个人或组织,而是群体,即创新往往有多个行为承担者,只是不同承担者的作用不同罢了。这意味着创新主体是一个具有内在结构的复合体。

创新主体结构是政府、企业、社会组织和人民群众等主体之间形成的一种现行关系和制度安排。在这一结构中,每一主体对社会发展都发挥着举足轻重的作用,他们的一举一动直接影响着社会发展的总体趋向,譬如政府在结构中发挥着主导地位,具有“统揽全局、协调各方”的功能,也是各项事物的执行机构;人民群众则是创新实践的主体,对历史发展发挥着促进作用。与客体相比,主体具有能动性、创造性和自主性的特点,它能通过实践活动,自觉地、有目的地、有计划地反映外部世界。主体能动地反映客观世界会随着实践活动的变化而变化。当下世界已进入创新驱动的时代,主体结构为更好地发挥功能,各个主体也在不断适应新的形势展现着新的变化。

马克思认为"劳动者的劳动包括智力劳动"。随着创新驱动时代的到来,依靠创新从事知识生产和传播的劳动者越来越多,各种管理手段和生产工具成为劳动者不断实践和创新的产物,劳动者不再是被束缚在机器上和生产过程中的奴隶,而是站在生产过程旁边的监督者和整个生产过程的主宰者。创新需求是创新主体作为与创新客体相对的"主体"发挥其能动性的内在基础。自然界在一定程度上满足不了人类,人们要用自己的实践改变它。随着社会发展水平的不断提升,人们的需求愈来愈高,这不断刺激劳动生产,传统的劳动模式已不能满足人类的多样化要求,故越来越多的劳动者把目光转向创新这一道路上。创新主体的创新需求,"一方面促使创新主体主动地改变自己,让自己合乎创新客体的本性;另一方面则通过唤醒主体自身沉睡的潜能,在能动地利用、改造、再塑创新客体的过程中,使创新客体合乎自己"①。随着创新驱动的发展,创新型劳动者更加专业化,出现了"创客"(是指在创新驱动的时代中,有创新想法,并乐于将其付诸实践的人)。他们可以说是生产力绵延不断、生生不息发展的源泉,能够更好地为社会生产出较多的价值。

随着信息技术的迅速发展,人类已经走进创新驱动时代,没有创新就难以更好地生存,就不可能有更好的发展。现在每时每刻都发生着新的变化,新的事物让我们应接不暇。离开了创新人类就不会生存、不会进步,而学习型组织将成为新型社会组织,知识老化的速度也因此大大加快。农业经济时代,7—24 岁接受教育,即可足以应付日后工作所需。在创新驱动时代,由于科技快速发展,人人都必须持续不断增强学习能力,活到老学到老,只有这样才能适

① 李兆友:《技术创新主体论》,东北大学出版社 2001 年版,第 29 页。

应这个快速发展的社会。建立学习型组织,把人才看作是第一资源,通过改进学习与教育培训,把人才开发好、使用好,使人力资本快速增值,学习型组织非常强调共享,共享以后,就不是一个人的提高,而是团队的提高,从而通过人力资本的增值带动整个社会的持续发展。也就是说,实施创新驱动发展战略必须充分发挥人才在创新发展中的引领作用,充分调动亿万人民群众的创新热情,掀起创新浪潮,从而通过创新型人才带动整个社会的持续发展。

二、客体结构呈现出更具人化的特点

客体结构是人们活动中居于被动地位的一方,是主体结构所指向的对象。在哲学层面上考察创新驱动对客体结构以及客体对主体的反作用,有利于更深刻地把握主客体结构的实质。所谓人化,主要是指创新主体使用特定的手段作用于创新客体,使其发生符合主体目的的改变,自然物转变为人工物,或原有的人工物发生改变,使客体结构呈现出更具人化的特点。事实上,这一过程是人的本质力量从创新主体向创新客体运动,并转化为创新客体的结构、属性和功能的过程。通俗地讲,人化自然以人类改造自然的实践活动为基础,是经人改变了自然。即人们把自然材料变成了“人类意志驾驭自然的器官”,根据自身需要而改变了的自然界。也就是人化自然是人类实践创新的结果,越来越成为打上人类意志印记的人化自然,人同人化自然的关系成了人同自己的活动产品的关系。

随着人类认识世界、改造世界能力的提高,经过人们加工的、越来越多地凝聚了人类意识能动性的人化物越来越多,作为人造物的物质形态在整个世界中所占的比重越来越大。人类将在越来越多的自然物上留下自己的意志印记。劳动对象从地表发展到地下,从陆地发展到海洋,许多原来被认为是无用之物的,变成了可利用的对象。随着人类创新实践新的材料不断涌现,科技的创新大大扩展了可用性材料的范围,经过人类劳动加工的物质,即原材料,也在不断增多,使许多过去不可能得到的、具有特殊性能的新材料,能够人工合成了。这不仅满足了现代生产力发展的需要,而且物美价廉、经济效益显著。比如现在的合成材料的大量涌现,塑料、合成橡胶和合成纤维等等,创新向客体的渗透主要表现在深化和扩大劳动范围上,劳动对象的加工程度日益深化,将不断地提高劳动对象的利用率,甚至可以把无用的废料重新并入生产过程,发现物质新的有用属性(如石油不仅是燃料,而且是重要的化工原料),使劳动对象的范围进一步扩大,客体呈现出更具人化的特点。随着人类实践活动的世代延续,人类改造世界的广度与深度日益拓宽和加深,自然界的面貌不断地为人的实践所改变。

三、活动结构凸显智能化

人类活动的内在结构是由主体、客体和中介系统组成的。也就是说,仅有主体和客体两极不能构成和说明人的活动。中介系统只有在与主体、客体的联系中发挥自己的特定作用才成为中介,诸如人们的生产活动主要通过利用生产工具进行,生产工具是人们在物质资料生产过程中用来对劳动对象进行加工的手段。当代是创新驱动的时代,科技创新逐渐渗入各个领域,尤其是生产工具的创新,引领人类生产生活逐渐进入智能化时代。工业化时代生产工具的特征可以说是用机器制造机器,而创新时代则是用机器控制机器,机器已不只是人的体力的延伸,也是人的脑力的延伸。控制器、电脑、按钮可以取代人力实现对整个生产过程的控制。人工智能以取代人的部分智能性脑力劳动为目标,以实现制造过程的自组织能力和制造环境的全面智能化为其最终目标。

人工智能越来越广泛地应用于社会生产和生活,机器思维可以没日没夜、不知疲倦、有控制地注意全过程的细节,有极高的运算速度和极强的工作时限,能够适应一些恶劣的环境,包括危险、脏乱等条件下,以代替人的体力劳动和部分脑力劳动,这是未来社会发展的必然趋势。当升级的"阿尔法狗"完胜围棋高手柯洁时,人工智能再一次引起了人们的关注。语音助手以及智能交通、无人车等，人工智能在生活中运用得越来越多。如今已逐步进入一个“刷脸”的时代。比如，人脸识别系统也已经应用到生活的方方面面，机场购票和安检，指纹或者人脸识别就可作为票据和人本身的判定依据，将极大提高验票效率和航空安全度。人类经历了货币支付、现金支付、刷卡支付以及第三方支付，支付方式转变的背后隐藏着科技的驱动，而基于深度学习人脸识别技术的提高使得刷脸支付成为可能。

为加快建设制造强国，实施《中国制造2025》，中国政府相继提出智慧工厂、大数据、“互联网+”和工匠精神等一系列改革举措。当德国有“工业4.0”，我们就有了“中国制造2025”，美国提出“工业互联网”，我们也提出了“互联网+”。可以说，谁在智能制造领域掌控主导权，谁就能代表最先进的生产力。制造业作为我国的支柱产业，一直保持较好的发展态势。打造具有国际竞争力的制造业，是我国提升综合国力、保障国家安全、建设世界强国的必由之路。这是党中央从增强我国综合国力、提高国际竞争力、保障国家安全和民族复兴的战略高度作出的重大战略决策，智能化成为制造业发展新趋势。在工业2.0、3.0时代，表面上是消费者自主选择，实际上是迫不得已在有限的范围内挑选。在智能化时代，生产变得高度灵活。生产者与消费者之间的信息交流不对等性被打破，变成消费者主导型，即消费者需要什么，企业就生产什么。可以满足用户对产品个性化、多样化、智能化的需求，同时客户也可以通过网络与工厂沟通，生产出独一无二的个性化产品。

第三节　社会发展动力系统功能的变化

功能是指系统与外部环境相互作用、相互联系所产生的效应和能力，系统的结构与功能之间存在着辩证统一关系。按照系统论原理，结构决定功能，结构是功能的基础和内在依据，系统结构的改变，必然带来功能上的改变，结构的多样化会促成功能的多样化，而且系统的分化也会造成功能的分化。这一点对于自然物来说是普遍适用的，但同样也适用于人类社会，以及人类社会中复杂的、庞大的社会发展动力系统。社会在发展过程中存在诸多的社会问题、社会矛盾、社会冲突，社会发展动力的功能就是为解决这些社会问题而制定的规范和实施的行动。社会发展动力系统结构中各层次的互相作用、互相制约、互相促进，形成完整的自我调节的社会功能系统。“人的主体地位得以突显，人员配备最佳，人与物的技术结合最优，人与人的关系协调和谐，那么该社会结构的功能势必最优，最大，也就是说整个社会系统和子系统都能充分地发挥其功能。”①社会发展动力系统是社会的一种“黏合剂”，通过自身的黏合作用各种方式把分散、孤立的个人，结合成一个整体，把各种不同的社会成员编入组织体系中，把整个社会构建成一个大的组织体系，相互协调与配合，产生出社会及其成员需要的各种整体功能，发挥整体所具有的属性。进一步，社会发展动力系统的功能是系统与环境的物质、能量、信息交换，实现某种目标的能力，即系统与外部环境相互联系和相互作用过程的秩序和能力。社会发展动力系统的功能是系统与环境相互作用表现出来的外部规定性，系统的功能与环境密切相关，在创新驱动的作用下，产生了不同的功能，具体可表现为以下几个方面。

一、社会创新变革更加迅速

社会发展动力的本质是推动社会不断向前发展，而创新变革的功能是社会发展生命力的集中体现，社会不断向前发展就是通过人的社会实践对物质世界进行创新变革的社会性活动的结果。这样，也就有了改造自然、变革社会的功能。历史上每一次社会形态的更替，都是一次革命性的变革，把人类社会推进到了更高的发展阶段。马克思指出：“通过实践创造对象世界，改造无机界，人证明自己是有意识的类存在物，就是说是这样一种存在物，它把类看做

① 曹健华：《哲学视野中的经济与社会》，湖南人民出版社2003年版，第181页。

自己的本质,或者说把自身看做类存在物。”①正是在改造对象世界中,人才真正地证明自己是类存在物。创新变革的功能集中体现了人的历史活动的自觉能动性。主体选择性贯穿于主体变革社会的全过程,改造世界或“创造世界”,最主要的是能够创造出世界上所没有的东西。创新变革的功能一旦衰竭,社会发展就会趋于停滞,人类社会也就无法进步。

(一)人民群众通过发挥主观能动性来创造与改造世界

能动性是实践的主体在反映客体和改造客体的活动中表现出来的积极性和创造性,它的产生受一定的内在动力支配。有了内在动力驱动,人的积极性和创造性相对愈高;反之,缺乏或没有内在动力,人的积极性和创造性相对较低,甚至难以激发积极性和创造性。随着创新的深入、科技的发展,这种内驱性更加明显。创新作为驱动力为人们的生产和生活注入越来越多新的思维、新的理念,诸如智能手机的使用,让人们产生与互联网相结合的新想法,手机淘宝、微商等成为人们家喻户晓的购物方式。越来越多的人积极发挥主观能动性投入创新中,从中发现新的创收之路。当社会发展出现不协调时,它在客观上迫使社会主体下决心去寻求一种能保证社会的生产力与生产关系、经济基础与上层建筑以及社会生活中的各个领域和各个主要方面能协调一致和平衡的发展。这就需要通过主体的创造性思维和创造性实践活动,去排除造成不协调、不平衡的种种主客观因素。通过推进生产力的发展,为社会变革提供物质基础和手段,为社会的全面变革提供源源不断的动力,创新恰恰具备这一功能特质。接着,人的能动性还表现在能够主动地、前瞻性地发现并解决社会与自然之间的不平衡。而科技的不断渗入与应用让人类的眼光更加开阔,“手臂”更加触手可及,大大提高了人们认识的宽度、深度和高度,能及时有效地帮助人们做出正确判断,更好地认识世界、改造世界。总之,随着创新的深

① 《马克思恩格斯文集》第1卷,人民出版社2009年版,第162页。

入,人们越来越敢于打破思维定式和传统经验的束缚,积极发挥主观能动性,不断追求新的思路和新的方法,使得改革执行力度不断加大,速度不断加快。

(二)人民群众变革社会的两种主要方式

世界是在不断变化中发展的,变革正在影响着人类生活的方方面面,我们正处在一个充满挑战和变革的时代。人类社会发展的实践是在发展观念的指导、调控之下进行的自觉行动。人的这种能动性表现在能够主动地发现并调整社会自身出现的各种问题,最终实现社会持续发展。社会是个复杂的体系,其内部充满着矛盾,也就会出现各种不相适应的状况,有时会出现动荡不安、停滞或各种社会病态。但是,每当发生这种情况时,社会都能依靠自身的力量进行调节控制使问题得到解决,这种改造世界的主要有两种形式。

第一,社会革命。社会革命是先进阶级推翻旧的经济基础和上层建筑,用新的社会制度取代旧的社会制度的活动,它标志着社会形态发生了质变,是对社会历史的发展发挥着推动作用的革命力量。马克思主义认为,社会的基本矛盾推动了人类社会的发展。在人类历史发展过程中,生产力与生产关系不相适应,其发展受到严重束缚,一般情况下就需要通过革命性的变革来实现新旧社会形态的更替以及政治制度的更替,以继续推动生产力的发展。诸如中国革命在经历无数次的摸索失败后,终于找到了一条农村包围城市,武装夺取政权的独特道路,为经济极其落后的殖民地半殖民地国家走向社会主义创出了一条成功之路。

第二,社会改革。从哲学层面上来讲,改革是指社会主体为了更快更好地促进经济与社会的全面发展而对一切不合理的社会现实进行改造的社会实践活动,是同一社会形态发展过程中的量变,是社会制度的自我完善与发展。当代各国的实践与发展经验表明,国家要向前发展,必须进行改革,它已成为国家想要继续发展所必须思考和实践的问题。当某种社会形态和政治制度处于相对稳定期时,通过改革,可以更好地发挥社会各要素的功能,促进社会的协调发展。当前中国的基本矛盾属于非对抗性的矛盾，那么解决矛盾可通过社会本身不断地改革来解决。再者，社会改革可以巩固新生的社会制度或使原有的社会制度持续存在并获得一定程度的发展。诸如对于社会要素的改善、社会结构的重组、社会制度的创新、社会功能的优化等，均属于改革的内容与范围。党的十一届三中全会以来，我国揭开了改革的序幕，包括经济、政治、文化、社会、生态文明和党的建设等的改革，人民群众锐意改革，使整个国家焕发出蓬勃生机，中华大地发生了翻天覆地的变化，就其引起社会变革的广度和深度来说，可以说是开展了一场新的革命。

二、社会协调功能更为有效

所谓社会协调就是对社会进行有目的地干预、调整、节制的过程，使社会发展动力系统之间相互作用，配合得当，各个方面的发展要相互适应和相互促进，各个环节的发展要相互有机衔接，建立起合目的的功能耦合关系，最终使得社会发展动力系统在动态变化的过程中能够维持稳定以及不断进化和发展，使社会的经济发展与非经济方面的发展保持着一种和谐适度的关系，从而加速现代化进程。进一步，社会协调在一定程度上是社会主体对社会客体的改造过程，是处理社会矛盾、实现理想状态的一种治理方式。社会动力系统的作用发挥，依靠的是系统的综合作用的发挥，一旦系统中缺少某一些因素或某一些因素发挥不得当，或诸动力因素之间不协调，均会妨碍社会全面进步，甚至导致社会畸形发展。只有社会有机体大系统内部诸要素协调发展，才能使社会始终保持和谐有序的状态，否则，任何一个环节出了问题，都会影响整个社会有机体的和谐有序和功能优化。社会运行就像一艘巨轮在大海行驶，不可能总是一帆风顺，多多少少会遇到来自方方面面的干扰，如果不注意对其进行调控，就有可能偏离航线。社会在发展过程中也需要进行协调，协调和化解各种冲突和矛盾以保持组织成员间的密切合作，这是社会得以前进的必要条件。

（一）社会基本矛盾的协调——社会协调的根本方面

社会基本矛盾是社会发展的根本动力，而社会协调主要就是生产力与生产关系、经济基础与上层建筑的矛盾协调。如果协调得当，社会基本矛盾将得到某种缓和，阶级矛盾也会因之而缓解，社会革命也就可以在一定时期内暂时避免发生，而且各种社会关系结构越协调也就越合理，社会的发展也就越迅速。这种发展“从社会的结构和运动状态来看，一方面表现为各种社会关系在相互协调中渐进过程的量的发展；另一方面，则表现为各种社会关系在相互冲突中的飞跃过程的质的发展”①。因此，在社会大系统中，任何一个环节或领域的严重失调，都可以从社会基本矛盾的不协调中找到内在的原因。

生产关系与生产力相协调，上层建筑与经济基础相协调，整个社会形成协调状态，那么社会则会处于进步与稳定的状态。反之，则易出现停滞或倒退境况，进而逼迫社会进一步实现新的协调，以促进社会的发展。当社会结构不协调时，社会内部诸构成要素互相掣肘，作用互相抵消，社会整体功能就不能正常发挥。当社会结构的协调功能遭到破坏的时候，改革就要到来，这也就说明社会协调的过程是随着社会不断变化发展而不断调整的过程，时代越发展，社会发展程度越高，这时社会协调就需要政府出面进行协调来统筹全局，正是这些从协调到不协调再到协调，迫使社会发展根据实际境况做出调整，最终更有利于社会全面发展。

（二）执政党是社会协调的总开关

执政党的社会协调就是指从整体维度对政府组织和其要素之间关系进行协调和整合的方式和方法。国家是政治结构的核心，而执政党又是社会和国家的领导核心，历史经验证明，脱离了执政党的正确领导，社会就会出现失调

① 罗尚贤：《和谐社会与和生文明时代》，广东经济出版社 2007 年版，第 55 页。

和失控。同时,要发挥各类社会结构的调节机制即经济调节机制、政治调节机制和思想文化调节机制对整个社会调节体系的积极作用,就必须有执政党的正确领导。一般情况下,社会发展程度越高,上层建筑越完善,社会信息量越多,信息接收和反馈渠道越畅通,执政党的调节功能就越大,社会发展的可控性也就越强,反之,其自我调节功能也就减小。社会作为一个大的系统,在人类社会的发展进程中,每个阶层的人都有自己的利益要求和政治愿望,也有自己的人生追求和政治主张,出现各种各样不协调是经常的、不可避免的,执政党作为社会公共权力的执掌者,要对不同的社会主体进行协调,使社会成员认同国家治理模式和价值规范。因此,可以说执政党在社会协调中发挥着总开关的作用。

中国共产党是一个勇于迎接新挑战、善于总结经验的党。一个理论上成熟的党,是在不断解决一个又一个的时代课题从而形成一系列理论成果的过程中走过来的。在中国共产党发展壮大的历程中,尤其是在执政期间,带领人民群众解决了一个又一个时代课题,为实现中华民族的伟大复兴发挥着至关重要作用。当前我国处于社会的转型期,在这个大背景下,中国共产党依然能够主动迎接挑战,注重不断提升执政能力和素质,把握大局,及时处理各种社会矛盾,推动着社会不断发展。现在世界形势发生深刻的变化,这既对我国社会主义现代化建设事业提出了严峻挑战,同时也对党的领导方式和执政方式提出了新的挑战和要求。当下,中国共产党作为社会主义建设的领导力量,与时俱进,积极应变,发挥社会协调功能。同时,中国共产党非常重视群众的力量,积极广泛动员社会全体人员,自觉地坚持全心全意为人民服务的宗旨,做人民利益的忠实代表,进行上下联动,有力地促进了社会的协调,带领着人民群众不断向前发展。

(三)人类社会在协调中求得发展

社会生活要正常进行,各社会系统要发挥好各自的职责,都需要加以组织,即实施规范和决策令其有序运转。这就是我们通常说的社会有机体具有自我完善和自我修复的能力。恩格斯说:“人本身是自然界的产物,是在自己所处的环境中并且和这个环境一起发展起来的”①。即人的生存和发展首先它是基于适应环境的,它的存在总是和环境保持着某种基本协调的关系。著名的系统学家拉兹洛认为,社会这个大系统竭力地保持自身的平衡,它们循着一定的发展过程,在变化中保持连续性。进一步,事物前进的方向,不是在发展和进化,就是在衰退和消亡,社会发展系统也是如此,不可能无限期地保持原有形态稳固不变,而是在矛盾的不断协调中保持平衡。经济、社会和环境等是处在一个统一的系统之中。它们并非各行其道、互不干涉,而是处在极其复杂的相互联系之中,“一个系统的改变,会激起其他系统随之发生变化,这些改变朝着出现更高等级复杂结构和更好的技术方向前进”②。在不同的情况下,这些相互联系具有各种各样的表现形式,任何一方,都需要其他方面的配合,否则很难有顺利的发展。如经济部门认为只要抓住经济工作就可以不考虑其他方面的工作了,甚至社会道德都可以不要了,这是极其危险的。只有每一个动力子系统摆正自身的位置,与其他子系统协调运作,才能推动社会有序运行。在一定环境下,实现经济、社会与环境的协调发展必须基于综合效应和整体功能,即它们之间相互作用的结果会以最终的综合角度来影响人类社会。在马克思看来,社会发展动力系统是一个复杂的系统,整个系统和它的各个子系统之间的各种复杂联系和相互作用,在不同的情况下会导致不同的综合效应或整体功能,调节的手段主要有经济调节、政治调节、意识形态调节。

第一,经济调节。在社会运行中,经济发展状况和水平,是衡量社会发展状况和水平的核心尺度,且控制和协调人们的行为,必然触及人们的经济利益。因此,要调节整个社会关系,首先必须从客观的经济规律着手来处理好社

---

① 《马克思恩格斯选集》第3卷,人民出版社2012年版,第410页。

② [美]拉兹洛:《用系统论的观点看世界》,闵家胤译,中国社会科学出版社1985年版,第60页。

会的经济关系，所以，社会的经济调节是社会调节的一种重要手段。毛泽东根据国际共运特别是苏联的经验教训，从中国自身的经验及下一步进行社会主义经济建设的战略任务高度，阐述了经济建设中必须处理好的几组关系，概括为《论十大关系》，它体现了我国当时的历史条件下所确立的区域经济“均衡”发展思想及相应的实践活动，它为促进区域经济的均衡发展，对于改变内地工业基础薄弱及社会经济十分落后的状况发挥了重大作用，为把我国建设成为富裕、文明、繁荣、发达的社会主义现代化强国，均有极强的针对性和长远指导意义。

第二，政治调节。经济调节仅限于物质生活领域，主要依靠的是人们追求物质利益的本能，经济调节有时也会出现失灵，这时就需要其他方面的调节，因此，在社会发展协调方面，同样离不开政治调节。所谓政治调节，就是通过各类政府机构采取行政命令、指示、指标、规定等行政措施来调节和管理经济的手段，依据管理制度、政策等强制手段来实现的对社会的调节，具有可靠性和及时性。可以说，它在整个社会控制体系中占有极为重要的地位，发挥着主导的作用，社会的经济基础靠它维护，经济手段靠它运用，法律、纪律、政策靠它制定和实施，习惯、道德等思想控制手段靠它倡导。

第三，除经济调节与政治调节外，还有一种至关重要的调节——意识形态调节。社会意识，它是一种控制器，蕴藏在人们思想深处的共同心理倾向，无形无体，但却是一种巨大的精神力量，对社会成员的价值取向和行为方式产生极大的影响。通过无形中规定一套现成的思考和行为模式，告诉人们做什么、怎样做和不做什么，从而引导他们较快地适应社会，减少同社会的矛盾和冲突。其调节作用虽然不如经济、行政、法律等控制手段的强制力大，但是其作用却更为深入。通过广为传播的社会意识，意识形态一旦形成，则会造成一种社会氛围，对社会成员产生一定的约束力，违反公约的行为就会受到社会舆论的批评和谴责，因此，处在这种氛围中的社会成员自觉或不自觉地服从这种意识形态。

三、社会满足维护的功能更加完善

社会发展动力不仅要满足人民群众的需要，维护人民群众的利益，也要维护现实社会的秩序，提高整个社会的凝聚力，更要建立新的发展模式，进而更好地实现社会的向前发展，譬如，党中央从全局出发，提出了“四个全面”的战略布局，确立了国家各项工作的战略目标和战略举措，这些改革与发展取得了一系列成绩，充分地展现了党从改革中不断开拓新境界，在治理上不断迈出新步伐的执政智慧和使命担当，全面建成小康社会、经济转型升级取得新进展、全面深化改革释放新红利、反腐法治并重构建新生态、全面从严治党开创新格局等。这些都是为了促进社会发展而建立的新的改革措施。

（一）满足人们的需要

需要是人和人类社会维持自身生存发展的客观要求。马克思指出：“人们为了能够‘创造历史’，必须能够生活。但是为了生活，首先就需要吃喝住穿以及其他一些东西。因此第一个历史活动就是生产满足这些需要的资料，即生产物质生活本身。”①需要是一种客观的、物质性的因素。人们的需要不仅仅是生存的需要，人的自身结构及其同外部世界联系的复杂性，产生出人的需要的多样性，造成了社会生活的丰富多彩。人们不仅有物质上的需要，也有精神上的需要；不仅有生存的需要，还有享受和发展的需要。正是为了满足人类各种的需要，人类才去探求、生产、创造，才有人类认识世界和改造世界。因此，人们的需要，形成了人的一切活动的原动力，它像一条纽带维系着社会，“需要本身就已经决定了全盘的分工”②。同时人的需要又总是不断发展、上升的，人的低层次的需要满足后，就会提出高层次的需要。可以说人们的需要是推动社会前进的一种永不枯竭的力量源泉。由此，满足人们的需求是刺激

① 《马克思恩格斯选集》第1卷，人民出版社2012年版，第158页。

② 《马克思恩格斯全集》第4卷，人民出版社1958年版，第78页。

社会前进的重要动力。

随着创新驱动的发展，人们的创新活动日益社会化、大众化、人性化，“人工智能”四个字似乎已经不仅仅存在于电影中了，几乎所有的行业都在被“人工智能”影响。“人工智能”正在悄然靠近我们的生活，人工智能等技术已经渗透到了生活的多方多面。智能机器人、无人驾驶汽车、快递无人机、智能穿戴设备等的普及，将不断满足人们的生活需求，提升人的解放程度。火车站开通了自助“刷脸”进站，这比通过人工通道检查盖章进站更快捷。“互联网+”蓬勃发展，将全方位改变人类生产生活，为实现从人与人、人与物、物与物、人与服务互联，向“互联网+”发展提供丰富高效的工具与平台。诸如智能手机使得人们相互之间高度连接，人们能够与遍布全球的人联系，随时浏览电子邮件、新闻、股票变动等的时事动态，只要有信号，里面的地图就能确保我们不会迷路。愈来愈多的科技应用于人们的生活中，有了向社会成员提供满足他们日益增长的物质文化需要的可能性，大大满足了人们日常需求，提高了人们的满意度，为社会和谐、稳定提供了良好的环境基底。这也是社会主义制度的优越性的重要体现。

（二）维持社会有序生活

人类不但追求社会发展也希望社会稳定，因为谋求发展，必须以社会稳定为前提，就必须保证社会有基本的秩序。“从整体上看，表现为社会各部分协调发展、良性运行的状态；从社会成员个体的角度看，则应理解为个人生活具有起码的稳定性，全体社会成员能有序地生活。”①但是，在现实生活中，这种正常生活状态并不完全符合所有社会成员的愿望和要求，某些社会成员可能会自觉或不自觉地违反既定规则以达到满足自己的目的，由此所发生的越轨行为可能给社会秩序造成冲击，使社会不和谐的局面出现，严重时就可能引发冲突。

① 王章留、张元福：《社会学概论》，中州古籍出版社2007年版，第155页。

在经济社会发展矛盾多发的情况下，避免社会冲动、易变，稳定经济社会发展，至关重要，尤其是在社会急剧变动时期，原有的固定发展模式受到了冲击，同时现有行为规范的权威性受到挑战，为社会稳定带来极为不利的影响。

我国现在处于社会转型的关键阶段，为了维持正常的生活秩序，国家不断对制度进行完善，不仅以强制的手段来维护社会秩序，而且从积极的建设性方面来维护社会秩序。如通过合理的科层制建设和改革来克服机构臃肿、效率不高、人浮于事、官僚主义的各种弊病，发挥社会组织的正常功能。当下随着创新驱动时代的发展，政府紧跟时代潮流，运用大数据巧解治理难题成为主要手段。2016 年在"十三五"规划中，把大数据作为基础性战略资源，加快推动数据资源共享开放和开发应用。面对社会利益分化、价值多元、社会活动频繁的新情况，传统的依靠人力、被动出击的社会管理模式已经不能适应形势要求，必须通过改革实现重大创新，才能及时响应和满足大数据时代社会各个主体共同参与社会治理的需要。大数据不仅推动了生产模式和商业模式创新，也为社会治理提供了新的手段，既方便了群众日常生活，又有效防控了社会风险，促进社会治理精准化、公共服务高效化，有力推动了社会有序建设。

四、推动社会形态更替的力量更加强大

社会形态是指同生产力发展一定阶段相适应的经济基础和上层建筑的统一体，一切社会制度的变革，社会形态的更替，从实质上亦是代表新的生产力的人民群众与代表了落后的生产关系的保守阶级之间斗争的结果。人类社会之所以不断向前发展，从低级形态，走向高级形态，根本原因是社会基本矛盾运动形成的合力推动的。自有人类社会以来，随着科技的快速发展和社会生产力的提高，人类历史不断地实现着社会形态的依次更替。在一种社会形态建立后的一定时期内，生产关系是适合生产力发展状况的，上层建筑是适合经济基础需要的，这时生产关系、上层建筑具有相对的稳定性，社会发展处于量变中。但是生产力是比较活跃的因素，不会一直停留在一个水平上，生产力发

展到一定程度，使相对稳定的生产关系越来越不能适应，最后生产关系就变成阻碍生产力发展的桎梏，此时的生产力就要求变革生产关系，上层建筑由适应经济基础需要变成了变革经济基础的障碍，社会基本矛盾发展中的这种循环往复，推动着社会形态由低级向高级的不断发展。

社会形态依次更替的一般规律在于，是一个由低级到高级、由简单到复杂的过程。归根结底是作为科学技术的物化——以生产工具为标志的生产力的发展的结果。进一步，社会形态更替是社会发展动力系统功能最本质的体现。社会形态的更替是一个以生产力为最终推动力量但同时伴随着政治、经济等多种因素综合作用的复杂的历史发展过程。当下，社会是不断发展的，社会发展需要的不是墨守成规而是创新的驱动。创新使科学技术转化为生产力是这样的：创新→科技革命→生产力革命→社会全面革命，科学技术在创新的推动下，可以保持永久的生命力，符合时代发展的要求，也符合生产力的发展要求，现代科技在生产力发展中处于前导地位，使生产力要素更加创新化、知识化、高级化，扩大了生产的广度和深度，科学技术转化为生产力的频率就会加快，从而促进社会生产力成倍增长，科技进步使社会生产力得到重组和提升，使它和生产力本身不断扩散、流动和增长。人类历史上三次重大科技创新都极大地改变了人类社会，三次革命性的科技创新都实现了生产力跨越式的发展，促进了人类全面的发展。

第四章　创新驱动与社会发展动力系统的运行机制

机制原指机器的构造和动作原理，意味着对它的认识从现象的描述进到本质的说明，机制是指事物内部各个组成部分在一定的条件下，相互作用、自动调节的功能和过程。所谓社会运行是指社会结构（要素）按照一定的自然法则运转起来，表现为社会多种要素和多层次子系统之间的交互作用以及它们多方面功能的发挥。由于社会结构并非静止不动的，而是不断运动、变化和发展的，这便形成了社会运行，即社会运行是社会结构的运动、变化和发展。一个社会健康发展，不仅要有合理的社会结构，而且要有合理的运行机制，社会发展的动力运行机制是社会发展的基础，只有明确了社会发展动力机制才能进一步解释发展中发生的一切，描述出发展的具体图式，并预测将来社会发展的趋势。

第一节　创新驱动是社会发展动力理论的新发展

马克思在人类历史上第一次科学地揭示了创新是社会发展的动力源泉。社会发展动力随着时代进步得到了进一步的丰富与发展，创新驱动是我国新时期开拓马克思主义发展理论的新境界，与马克思主义理论及其创新思想既一脉相承又与时俱进，并赋予其新的时代内涵。党的十八大明确提出了实施创新驱动发展战略，把创新驱动战略放置在国家发展全局的核心位置。俨然把其作为国家发展的动力源，以及民族兴旺的助推器。党的十八届五中全会再次提出，坚持创新发展，必须把创新摆在国家发展全局的核心位置，同时，全会进一步提出了培育发展新动力、拓展发展新空间、深入实施创新驱动发展战略、大力推进农业现代化、构建产业新体系、构建发展新体制、创新和完善宏观调控方式七个创新发展着力点，描绘了实施创新驱动发展的路线图。创新驱动发展实现了唯物论和辩证法的有机结合，极大地丰富和发展了马克思主义社会发展动力理论，为发展中国家提供了全新的社会发展动力。深入来讲，要想从本质上把握社会发展规律，必须与特定的历史阶段特点相结合。

一、创新驱动与社会发展动力系统是理念与实践的融合

创新驱动是通过一系列创新来实现经济社会的全面发展，是一个全面的、系统的理论体系，包括科技创新、制度创新、理论创新、观念创新等，驱动表示着创新对于发展的直接作用关系。创新驱动与社会发展动力系统的运行是指在一定区域范围内，社会发展动力要素参与到创新驱动发展过程所构成的有机组合，这种有机组合使它们之间相互影响、相互作用，融会成一股强大的动力推动着社会不断向前发展。所以，创新驱动是在继承了马克思主义关于社会主义发展动力的基本原理，在社会主义建设的伟大实践中产生的，并将马克思主义的社会发展动力理论推进至一个新的历史阶段。

（一）创新驱动发展与社会发展动力二者均以实现人的全面发展为终极目标

人的全面发展是马克思主义的根本命题，亦是我们共产党人一以贯之的最高理想目标。社会不断发展归根结底是为满足人们不断发展的需要，增进

人民福祉,偏离这一轨道就不能称为真正的发展。进一步,创新是人类社会发展的主旋律,如果这个世界上没有创新,那么,人类很可能仍然停留在茹毛饮血的野蛮人时代,正是创新的出现,今天我们才可能享受如此丰富多彩的现代生活,研制出各式各样的新产品、新技术、新工艺、新材料等。创新是人类对客观世界的揭示,本质上是人的创造性活动,是人们根据自身需要(诸如生存发展、自我完善、自我价值实现等需求)而构建的,并把这一需求渗透至创新活动中,以满足自身需求和发展。在这一过程中,人不仅是社会历史发展的主体,亦是创造生产力的主体,人在不断地创造物质和精神财富的同时,也在不断地提高和改善自身的物质和文化生活水平。随着创新的深入,科技不断发展,计算机得以普及应用,生产过程中的自动化程度越来越高,生产力水平及生产效率亦随之提高,促使着人类从繁重、枯燥的工作中解脱出来,从而获得更多的自由时间,如有效利用这些时间从事一些创新型的工作,在创造性的劳动中表现自我、追求自我、肯定自我的精神需求,即可为人的全面发展创造关键性条件,在有限的时间里可以有更多的时间用于消遣娱乐、学习创造和从事个人爱好活动,从而可以获取一个充实和多彩的人生。

(二)创新驱动与社会发展动力的在实践上均体现了合目的性与合规律性的统一

实践活动的成功与否不能简单地理解为实践结果合目的性的出现,而应该是它的合规律性与历史价值的结合。整个人类社会是一个不断发展的过程,是在人类目的性的驱使下不断发展的过程,这是一个必然的过程,同时亦是一个有规律的过程。在社会历史的发展过程中,既体现了人类的目的性,又体现了社会发展的规律性,在发展的过程中又将二者统一起来,形成复杂的社会历史过程。人是创新驱动的主体,创新活动不仅仅是一种简单的行为,更是一项复杂的创造性实践活动,创新驱动是在人类有目的、有意识的指导下完成的。在创造活动中,人们历史选择性总要受到社会规律内部的内在驱动和制约,历史发展有其自身的内部规律性,所谓合规律性,是指人的活动的具体做法是否恰当、合理,这属于人的理性认知方面。恩格斯在《反杜林论》中指出:“自由不在于幻想中摆脱自然规律而独立,而在于认识这些规律,从而能够有计划地使自然规律为一定的目的服务。”①所以客观规律不是一种异己的力量,而是能动性活动的客观基础与前提。从根本上来说就是生产关系一定要适合生产力发展的规律。一方面,人的社会实践活动要遵循这些客观规律,按照客观规律办事,否则会受到相应的惩罚;另一方面,人们历史选择活动可以充分发挥人的主观能动性,也就是对客观规律性的强调并没有否定人在历史活动中作为主体的选择的自由。创新驱动肯定了人的意识能动性的重大作用,人不会像动物一样消极地去适应环境,而是能够根据自身的需要和环境所提供的各种条件,通过创新活动去改造客观世界。因此,创新从一开始就具有强烈的目的性,通过自己的选择性活动实现出来,所以,创新的实践对象和创新的整个过程处处都打上了人类目的性的烙印,这种创新活动不仅要体现人类发展的目的需要,而且还要遵循创新活动的自身规律。这就决定了人在历史选择性活动,必然是一个合规律性与合目的性相统一的过程。

二、创新驱动是社会发展规律的内在要求和迎接国际竞争的必然选择

就国际背景而言,当今世界是一个充满智慧的世界,发展进程可谓日新月异,各国竞争亦十分激烈,基于此,一个国家、一个民族要想走在世界发展前列,屹立于民族之林,根本而言要靠创新。就国内而言,我国经济实现了飞跃式的发展,但自主创新能力还不强,依靠资源投入来提高产出的经济模式与日益凸显的资源供给短缺产生极大的矛盾,鉴于此,必须转变经济增长方式,进行经济结构调整与产业升级来顺应经济发展的需要。党的十八大报告在论述

① 《马克思恩格斯文集》第9卷,人民出版社2009年版,第120页。

加快完善社会主义市场经济体制和加快转变经济发展方式中明确提出,我国要实施创新驱动发展战略。实施创新驱动发展战略,是深入贯彻落实习近平新时代中国特色社会主义思想、坚持走中国特色自主创新道路的最新实践,这为我国经济发展指明了方向,也显示了创新是社会发展模式升级的必然选择。把创新驱动放置在国家发展的核心,是社会发展规律的内在要求和迎接国际竞争的必然选择。此外,这一战略不仅可以巩固已有发展成果,全面建设社会主义现代化国家,同时亦能够更好地实现中国梦。

创新驱动为中国发展提供新的动力。改革开放40多年的发展历程里,中国发生了翻天覆地的变化,创造了中国奇迹,甚至是世界奇迹。但这些奇迹的背后,与我国是制造大国、经济大国密不可分的。光环的背阴面依然存在的问题,即经济整体呈现的是一种“虽大但不强,虽快但不优”的状态。解决这一问题需要创新这副良药,因为在资源配置上,创新主要以智力资源和无形资产为主要形态,为经济增长带来了无限性;对自然资源的使用和开发采用的是一种科学、合理、高效的方式,这些特质可以促使经济增长实现可持续性发展。因此,夯实我国发展基础,提升发展能力,走中国特色自主创新道路,发挥科技对经济发展的支撑和引领作用,已经成为推动我国经济社会全面协调可持续发展的必然选择。当下,随着创新的逐步推进,传统要素的动力明显在衰减,经济增长的动力由已过去主要依靠要素驱动,逐步转化为依靠创新驱动。而一些新的力量则在成长,譬如以“互联网+”、高端装备制造为代表的高新技术产业正逐步起到动力补偿作用,并且又呈现不断强大之势。因此,我国要跨越“中等收入陷阱”,要依靠创新驱动开辟出一条新路,使创新真正成为发展的核心动力。

三、创新驱动是解决社会主要矛盾的新途径

人类历史的车轮不断向前行进,有文明记载以来,历经多个不同社会形态,每个国家、每个阶段都有自身特有的属性,所表现的社会主要矛盾亦不尽

相同。进入新时代,我国社会主要矛盾已经转化为“人民日益增长的美好生活需要和不平衡不充分的发展之间的矛盾”。而创新是引领发展的第一动力,解决社会主要矛盾的新途径,把创新作为引领发展的第一动力,坚持创新在我国现代化建设全局中的核心地位,把科技自立自强作为国家发展的战略支撑,不断提高我国社会生产力发展水平。用创新驱动高质量发展的过程,是以更好满足人民日益增长的美好生活需要为根本目的的过程,要把满足人民对美好生活的向往作为科技创新的落脚点。人民的需要和呼唤是科技创新的时代声音,人民对生活的新需求也日益增多,现有的创出的产品越来越能满足人民新生活的需要。通过大数据和云平台的构建加强生态环境的监控,让人民群众享有越来越美的生态环境,无人驾驶的汽车、能炒菜的机器人、人脸快速识别……一大批凝聚着智慧和创新元素的高科技产品大放异彩,各种好玩的新产品在暗示,通过持续的创新未来人类的生活可以更美妙。

创新驱动是解决不平衡不充分发展的“调节器”。解决发展不平衡、不充分问题,一个重要方面就是解决区域之间、城乡之间存在的发展不协调问题。中国目前有两个突出的发展不平衡:东西部之间发展不平衡、城乡之间发展不平衡,要有效缓解发展不平衡现象,这其中,科技创新是提高发展协调性、平衡性的重要途径。比如帮助欠发达地区解决人力资本缺乏、质量较低的问题,可以借力科技创新来推动公共服务资源在更大区域范围内的共享,利用信息网络、人工智能,让欠发达地区居民可以得到经济发展所带来的成果上共享的公平,在落后地区,则需要以技术为依托,通过大数据分析各个区域的潜力和不足,因地制宜给予相应政策的倾斜或资金、人员上的补充,真正贯彻落实科学技术推动区域发展的统筹布局。这就是通过科技知识在区域间的扩散、促进区域间科技协同发展,从而缩小区域发展差异。针对我国科技创新薄弱环节,实施好关键核心技术攻关工程,尽快解决一批“卡脖子”问题,当务之急是切实提高我国关键核心技术创新能力,将科技发展主动权牢牢掌握在自己手里,为建设科技强国、教育强国、数字中国、智慧社会等提供有力支撑,增强我国产业链供应链自主可控能力。解决好经济发展与创新发展的不平衡不充分问题。

创新驱动是加快转变经济发展方式最根本和最为关键的力量。如前所述,我国经济整体呈现的是一种“虽大但不强,虽快但不优”的状态,继续依靠劳动力、自然资源投入、资本的增加,或者依靠引进设备和照搬照抄外来技术等方式来增加经济增长显然不合时宜,尤其在信息革命和经济全球化的背景下,传统的、循规蹈矩的方式已成为经济增长的软肋。经济增长的内容是社会总产品种类和数量不断增加,保持这种态势良性、持续发展下去的根本动力在于经济生产能力的上升,否则,经济增长只能是短期的,且有限的资源无法满足“粗放式”的经济增长方式对能源、原材料等的越来越多的长期要求,因此,经济长期发展客观需要转换经济增长方式,而创新特质可以极好地解决这些问题,依靠创新驱动来实现经济强国成为必然选择。

第二节　创新驱动与社会发展动力要素间的互动机理

创新驱动是一个庞大的系统,它由科技创新、制度创新、理论创新、观念创新等子系统共同构成,它们在创新驱动中占据不同的地位、发挥着不同的作用。创新驱动与社会发展动力亦是不可分割的两个部分,它们相互影响、相互作用。其中,创新驱动中的科技创新、制度创新、理论创新、观念创新等又属于生产力、生产关系和上层建筑范畴,因此,创新驱动与社会发展动力系统之间具有内在统一的规律及其相互作用的运行机制,它们相互作用共同推动着社会不断发展。而创新驱动是社会发展的重要动力,且社会发展必须以创新驱动为主要手段。具体来讲,科技创新是社会发展的发动机,社会生产力的解放和发展的重要标志,有助于夯实社会文明的基础,为观念创新奠定基石、拓展空间。制度创新是生产关系的重要变革,是其他方面创新的支撑和保障,它从根本制度上实现资源配置方式的变革。理论创新居于基础地位，是一切创新的先导，实践基础上的理论创新是社会发展的先导，推动着各方面的创新；观念创新不仅为技术创新提供知识、智力方面的支持，以及精神方面的动力，同时也为技术创新提供适应的环境和氛围。总之，它们之间既相互独立又相互渗透，共同作用推动着社会的不断前进。

一、科技创新驱动是生产力发展的超常动力

唯物史观认为，生产力是社会发展的最终决定因素。那科技创新驱动就是推动生产力发展的重要动力。进一步来说，科技创新驱动可以孕育新的生产力思想，一定程度上可以解决生产力发展水平与人类不断增长的物质文化需求之间的矛盾。科技创新驱动是生产实践的高级形式，可以促使科技转化为生产力的周期大大缩短，使得科学、技术、生产三者之间形成更加紧密的相互作用、相互促进的一体化关系，进而更好地促进生产实现质的飞跃，这是那些低水平、重复的实践活动无法比拟的。现在科技与生产力诸要素的关系用公式表示为：生产力=科技创新×（劳动力+劳动工具+劳动对象+生产管理），这一逻辑公式表明，科技创新如同一个支点，出现一个突破，就可能产生巨大的“乘数效应”。这种“乘数效应”可以成倍数地放大生产力的各个要素的效能，最终促使生产力更好地发展，提高社会整体生产力水平。

（一）科技创新驱动是生产力跨越式发展的超常动力

生产力包括三个基本要素：劳动资料、劳动对象、劳动者。这些要素在生产力的形成和发展过程中的作用并非亘古不变。当其中一个环节出现科技方面的革新后，会驱动渗透到生产力的各个环节中，从而带来一连串的影响。例如，通过科技对于生产工具的革新，科技理论水平提高带来的劳动者劳动素质的提高，科技引领新产业扩大劳动对象和效能等，可以使生产力诸要素进行合理配置，从而达到生产活动最优化的组织管理。科技革命每发生一次，社会生

产力就空前提高一次。马克思和恩格斯在《共产党宣言》中说:“资产阶级在它的不到一百年的阶级统治中所创造的生产力,比过去一切世代创造的全部生产力还要多,还要大。”①在人类社会发展史上,发生了三次科技革命,每一次科技革命给人类历史的发展都注入了新的动力。第一次科技革命,蒸汽机的发明和大机器生产出现,人类进入“蒸汽时代”,极大地密切了世界各地之间的联系,最终确立了资产阶级对世界的统治,造成了东方从属于西方的格局;第二次科技革命以电力的广泛应用为显著特点,主要标志是内燃机、电灯、汽车的广泛应用,使人类进入“电气时代”,由于生产力的快速发展,促进了资本主义经济的迅速发展;第三次科技革命以电子计算机、原子能、空间技术和生物工程的发明和应用为标志,带动了科技的全面发展,人类进入“信息时代”。从三次工业革命的历史规律来看,科技变革带来人类社会经济、人类生活和思想观念的大变化,推动人类社会的大变革。

不论是一般的社会生产力,还是潜在的社会生产力,一旦科技创新进入生产过程,会较快地转化为现实直接的社会生产力,进而拉动社会生产力的快速发展,最终促进社会经济的迅速发展。马克思指出:“任何一种不是天然存在的物质财富要素,总是必须通过某种专门的、使特殊的自然物质适合于特殊的人类需要的,有目的的生产活动创造出来。”②人们总是有计划地进行创新活动,科技创新的本质在于探索未知世界的规律并发明改造客观世界的新手段。创新决定性地影响着科学技术的发明成果及时地转化为直接的社会生产力,18 世纪 60 年代蒸汽机的发明实现了机器化大生产,社会生产力因此实现了质的飞跃;19 世纪后期电磁理论的创立和电力技术的应用使生产生活进入了电气化时代;发达国家中科技创新对经济发展的贡献已经达到了 60%—70%,相比之下,发展中国家只有始终走科技发展之路,加大自主创新力度,才能彻底摆脱贫穷落后的面貌,实现生产力跨越发展。

---

① 《马克思恩格斯选集》第 1 卷,人民出版社 2012 年版,第 405 页。

② 《马克思恩格斯文集》第 5 卷,人民出版社 2009 年版,第 56 页。

（二）科技创新驱动是破解当代人类生存发展困境的超常驱动力

今天，人类面临着既要保护资源、环境又要谋求经济发展的两难境地，在寻求可持续发展的新方法时，希望被再一次寄托在科学技术的创新与发展上。当下人类需求的无限性与自然资源的相对有限性之间的矛盾日益突出，主要表现为人口的迅速增长导致资源危机、生态破坏，以往的发展模式遭遇瓶颈，人类要生存、社会要发展、历史要前进，在发展中遇到的问题最终只能依靠不断创新才能解决。首先，科技创新是从粗放型的增长方式转化为集约型的增长方式的重要途径，科技创新减少了资源投入，降低了资源消耗，也就减少了污染排放，使生态环境得到改善，科技创新可以使自然资源能够得到更充分、合理的利用，科技创新为经济社会发展模式的转变、资源危机的化解，提供了根本性的物质手段。其次，科技创新驱动提高劳动生产效率。马克思在《机器、自然力和科学的应用》中精辟地分析了科技在社会发展中的作用，形成了科学是社会生产力的思想，技术创新的成果最先体现在生产工具的革新上，机器代替了人力的应用是人类历史的一大里程碑，促进了社会分工和经济的发展。从古老的手工制作，到机械化生产，到自动化，到全自动化生产，是飞跃性的进步。科技创新不但提高了生产效率，还创造了新的生产工具，最终起到了助力经济发展的作用。

（三）科技创新驱动是实现中华民族伟大复兴的重要推动力

科技强则国家强，世界上任何一个发达国家都不会是科技落后的国家。党的十八大以来，以习近平同志为核心的党中央，站在继往开来的历史交汇点上，明确提出了实现中华民族伟大复兴。想要实现伟大的梦想离不开科技的创新。一方面，人类不断征服自然界的进程中推动了科技创新快速发展；另一方面，科技创新为人类社会的发展提供了强有力的智力支撑，成为社会生产力发展的决定性因素，推动人类社会由原始文明发展到今天的现代文明。科技创新为实现中华民族伟大复兴提供物质基础,科技创新不断创造新兴的产业、新的生产与生活方式,是不断增强和谐社会物质基础的动力。随着创新时代的到来,科技进步与经济增长的关系更为密切。尤其是在新一轮科技革命和产业变革正在孕育兴起的时刻,一些关键核心技术已经呈现出革命性突破的先兆,为实现中华民族伟大复兴提供了难得的重大机遇。科技成为快速发展的大引擎,世界各发达国家和地区都将科技创新发展提升到国家发展战略的核心层面。

实现中华民族伟大复兴的过程必定是科技事业大发展、大繁荣的过程。只有中国经济的长足发展才能为实现中华民族伟大复兴奠定坚实的物质基础,在新的历史阶段,实现中华民族伟大复兴,更多地取决于经济发展的质量和效益,取决于中国经济能否顺利完成产业升级和结构调整,取决于能否实现创新驱动导向下经济发展方式的转变。因此,打造中国经济升级版,科技创新理应成为实现中华民族伟大复兴的重要力量,必须为中国经济腾飞插上科技创新的翅膀,我们必须积极推进科技创新,以解决这些跨世纪难题。

二、制度创新驱动是解决经济基础和上层建筑之间矛盾的直接动力

制度创新指通过创设新的、更能有效激励人们行为的制度、规范体系来实现社会的持续发展和变革的创新,它的核心内容是“社会政治、经济和管理等制度的革新,是支配人们行为和相互关系的规则的变更”①。之所以强调制度创新,是因为新生产力的发展需要新的生产关系,通过对社会关系的变革与调整,促进新的制度产生和已有制度的不断改进与完善,从而使之适应生产力的发展要求。制度创新的深刻根源在于生产力的发展要求,阻碍生产力发展的制度将被有利于生产力发展的制度不断扬弃和代替,这就需要制度创新来解

① 吴学军:《中国转型期经济制度创新研究》,济南出版社 2009 年版,第 33 页。

决生产关系和上层建筑与社会之间矛盾。

（一）制度创新是社会基本矛盾运动的产物

矛盾是事物发展的动力，社会基本矛盾是社会制度创新的动力之一。制度作为一种上层建筑，必须随社会和时代的变化而不断创新，随生产力和生产关系的变革而不断调整。当社会基本矛盾越缓和，由此造成的动力空间也就越小，制度创新的迫切性也就越低。反之，当社会基本矛盾越尖锐、矛盾的空间就越大，制度创新的迫切性也就越大。社会是不断向前发展的，同时也展示着新旧事物的不断更替。根据事物发展的普遍规律，随着时间的推移，旧事物会逐渐失去它的合理性，不可避免地被新事物替代。作为对社会具有重要保障作用的制度来说亦是如此，一种旧的制度，当它严重影响社会生产力发展时，它的变革显得越来越迫切，制度也只有随着社会和时代的变化而不断地创新才能适应整个社会需要。由于制度往往滞后于生产力和经济状况，新建立制度只适宜于其创立时期的生产力、经济状况，而对于现有的生产力和经济状况而言，原有的、早先创立的制度已经很难适应现在经济社会发展。而且上层建筑产生之后，即具有脱离经济基础相对独立发展的趋势，因此，这就需要对现有的制度进行调整，来保证现有的生产力和经济状况持续、健康、顺利、有效地发展和繁荣。因此，为了解决经济基础和上层建筑之间的矛盾就需要进行制度创新，以新的制度取代旧的制度。

制度创新通过引起生产力革命，进一步引起生产关系的局部变化，最终必然会引起经济革命，而经济的变革必然要求原有生产关系体制和上层建筑体制的变革，最终导致生产关系的根本变革，这一论述可简化为，制度创新——生产力革命——经济革命——社会变革。譬如改革开放初期，针对农村的土地改革，我们提出把农业生产的“人民公社”体制改为“家庭联产承包责任制”，这一变革中，地、人、科技、投资均未发生什么变化，但短时间内，农业生产发生翻天覆地的变化，这项改革结束了农业生产长期停滞不前的局面，这是制度创新的结果,这就说明当时的高级合作社和人民公社化,脱离了中国农村生产力发展的实际水平,影响了农民生产的积极性,农村经济的发展受到约束,在这种情况下就需要进行创新。

(二)制度创新驱动上层建筑更能适应经济社会的发展

"随着新生产力的获得,人们改变自己的生产方式,随着生产方式即谋生的方式的改变,人们也就会改变自己的一切社会关系。手推磨产生的是封建主的社会,蒸汽磨产生的是工业资本家的社会。"①有什么样的生产关系就会有什么样的生产组织形式、政治制度、法律制度等。"一方面,社会物质基础的变化是制度变革的前提条件,它要求制度必须在现有的基础上不断创新,为社会物质技术的发展创造条件和开辟道路。另一方面,制度创新又是社会物质基础得以巩固的坚强后盾,为整个社会的变化发展提供可靠的制度保证,因此制度创新是社会发展的必然要求和结果。"②因为社会变革的结果,革除了不利于社会发展的各种旧制度,建立了适应发展的新制度,从而为制度创新的进一步发展开辟了广阔的道路,提供了良好的社会基础。人类社会从原始社会制度到社会主义社会制度,每次制度的更替都是人类生产关系实践创新的结果,它使人类制度逐步从不完善走向完善,这种制度的转换是为了适应新的更高阶段生产力发展的需要而做出的重大变革和创新,均是符合社会发展规律的客观必然的历史过程,亦意味着社会历史的进步。

党的十一届三中全会开启了改革开放的伟大进程,党的十四大正式提出建立社会主义市场经济体制的目标。社会主义能否搞市场经济?这是一个世界性难题,马克思主义经典作家没有讲过,资本主义社会经济学家认为二者互不兼容。中国共产党立足中国国情和发展阶段,创造性地把社会主义基本制

---

① 《马克思恩格斯文集》第1卷,人民出版社2009年版,第602页。

② 吴学军:《中国转型期经济制度创新研究》,济南出版社2009年版,第40页。

度与市场经济结合起来，建立社会主义市场经济体制，是改革开放以来艰辛探索的结果，是前无古人的伟大创举。中国特色社会主义市场经济体制也突破了西方经济学公有制与市场经济不相容的教条，既可以发挥市场经济的长处，又可以发挥社会主义制度的优越性。改革开放的历史经验证明，社会主义市场经济体制比传统的计划经济体制表现出更多的优越性，市场经济制度之所以能够比传统的计划经济创造出更多的社会财富，最主要原因是社会主义市场经济体制实现了生产力与生产关系、经济基础与上层建筑之间的最佳配置。正是有了这种最佳的配置，推动了社会生产力一浪高过一浪地向前发展。站在新的历史起点上，推动经济社会发展还有不少体制性障碍，通过加快完善社会主义市场经济体制破除这些体制机制障碍，需要制度创新来解决。由此可知，制度创新推动了上层建筑的变革，推动了经济基础的发展，而随之而来的问题，需要制度进一步创新来解决。这表明，中国在经济方面的制度创新推动经济基础与上层建筑的发展。

（三）制度创新驱动新制度的产生、发展和完善

制度创新是时常出现的，一个新的制度会或多或少地优化现有的制度，促进制度文明的进步。先进的社会制度之所以能够战胜落后的社会制度，实质是破除了制约发展的体制机制障碍和结构障碍，推动了社会制度自我完善和发展，最终创造了更高的社会生产力。在一种新的社会制度建立起来以后，经济基础与上层建筑之间仍然存在着矛盾，“一般来讲这种在社会制度所能容纳的全部生产力还没有发挥出来以前，生产力与生产关系、经济基础与上层建筑的这种矛盾是可以通过经常性的调节来解决的”①。改革开放以来，随着经济体制的深刻变革、利益格局的深刻调整，深层次矛盾逐步显现。社会主义发展的初级阶段存在一些制度和体制缺陷，就会导致经济增长放缓和社会发展

① 董振华：《创新实践论》，人民出版社 2011 年版，第 204—205 页。

缺乏动力和保障机制，制度性障碍和体制性障碍就成为社会发展动力的瓶颈，这就需要在现有制度的基础上，不断改变制度控制模式，或者创立新的制度以适应社会发展的需要。

制度创新并非一蹴而就的，真正能够充分发挥效应的制度，应当是与社会现实相契合的。一种制度一旦实行一段时间后，总会形成在这种制度下的既得利益集团，这些利益集团会在以后的制度创新中，力求巩固现有的制度，千方百计地阻挡制度创新的进程，对制度创新设置种种障碍，延误改革的时机，延长旧制度的寿命，阻碍进一步制度创新。在这种情况下，要想使经济社会发展冲破制度和体制的瓶颈制约又好又快地前进，就必须通过制度创新打破和重构旧的不符合生产力发展和生产关系进步的制度和体制。有时制度的缺失就需要产生新的制度来适应生产力快速发展的需要。这样，便有了制度缺失与社会的需要之间的矛盾，在这个矛盾运动过程中，就需要新制度的产生来服务于经济社会发展，而每当这种情形出现时，制度创新便在这个矛盾的驱动下得以实现。

创新统一高效的指挥调度机制，有力地促进了全国疫情防控取得重大战略成果。自新冠肺炎疫情暴发以来，在党中央坚强领导和统一部署下，在举国同心的努力下，疫情得到了精准有效的防控，极大地彰显了中国特色社会主义制度的巨大优越性。在疫情开始阶段，国务院创新性提出联防联控机制，打造一个多部委共同协调工作机制平台，有力保证了全国上下行动统一、步调一致。严格落实“日报告、零报告”制度，不漏报、瞒报、迟报，上报国家日报告数据库。聚焦“快找人”，创新分类分层“大包围、小切割”模式，争分夺秒排查管控密接、次密接等重点人群，完善“标检+快检”机制。针对城市居民生活的样态变化，充分发挥社区的关键作用，通过封闭式管控和实施网格化管理制度，将一个个大城市分解为一个个小社区，筑就了“内防扩散、外防输入”的坚强堡垒。

三、理论创新驱动是解决社会存在与社会意识之间矛盾的间接动力

理论创新是指人类在开拓进取的社会实践活动中，对不断出现的新情况、新问题作新的理性分析和理论解答，对人类历史经验和现实经验作新的理论升华。理论创新的本质，通俗来说即打破墨守成规的思想，树立开拓创新意识。进一步来讲，它是在扬弃的基础上，以新的实践为依据，进行的一种理性创造，进行创造性的思维活动，发现新的规律，提出新思想的过程。

（一）理论创新驱动可以促进思想意识发展，减弱与社会存在之间的摩擦

社会存在指社会的物质生活方面，社会意识指社会的精神生活方面，包括社会的、人的一切意识要素和观念形态。马克思认为："不是人们的意识决定人们的存在，相反，是人们的社会存在决定人们的意识。"①即社会存在是根源性的，社会意识是派生性的，也就是说人们的思想并非凭空而生的，它必定来源于社会，是对其物质社会条件的反映，并基于此而进行的对更好物质条件的向往、设计、追求。逆向来说，社会意识对社会发展具有重大的反作用，先进的、科学的社会意识超越社会现实的局限，打破固定思维，创造出新的事物或观念，并指导实践，进而促进社会更好发展；反之，落后的、非科学的社会意识对社会发展起着阻碍作用。从这层意义上来说，人们思想观念的创新在社会发展进程中起到了先导作用。发挥人的意识的创造性、预见性，注重研究新情况、新问题、总结新经验，开拓理论的新境界，进行理论创新。通过理论创新不断揭示自然界、社会和思维发展的新规律，为物质生产实践提供智力支持。因此，理论创新是对变化了的社会物质生活的反映，理论创新可以在社会物质生

① 《马克思恩格斯选集》第2卷，人民出版社2012年版，第2页。

活条件的变化中得到合理的解释。

理论创新对思想意识的进一步提升、变化发展发挥着重要的引领作用。接着,理论创新能够推动实践活动的层次、质量不断提高和更新,为社会创造出更多的财富、更有价值的成果,这也为社会意识进一步提升奠定了良好的基础。譬如以我国改革开放的历史进程来说,理论创新对人们思想的解放和更新发挥着关键的引导作用,先是打破"两个凡是"的思想牢笼,用实事求是来代替,提倡"实践是检验真理的唯一标准",拨乱反正,解放思想,提出当下国家发展应以经济建设为中心而非"以阶级斗争为纲",从这个意义上说,理论创新促使了思想大解放,进而极大地激发了全国人民的主体创新性,呈现了亿万人民积极创新、实干兴邦的新景象,创新精神、创新意识亦得到了前所未有的发挥。当下,随着创新驱动时代的到来,人们的理论创新水平也随之不断提高,社会意识对于社会发展的作用也就越来越大,可以更多地对社会存在作出"超前"反映,可以更好地预见事物的发展及社会的未来,这在一定程度上有效地减弱了与社会存在之间的矛盾与摩擦。

(二)理论创新驱动可以增强社会意识对社会存在的作用力

社会存在决定社会意识,社会意识是社会存在的反映,并反作用于社会存在。进一步,理论创新本身既不是创新的最高目标,也不代表创新过程的完成,其根本目的在于以理论创新来推进实践的创新,最终来指导新的实践活动。马克思主义之所以能够成为人类思想史上迄今为止最科学、最经得起考验的理论体系,奥秘就在于它是在实践中勇于、善于和不断创新的科学理论体系,具有与时俱进的理论品质。列宁指出:"没有革命理论,就不会有坚强的社会党,因为革命理论能使一切社会党人团结起来,他们从革命理论中能取得一切信念,他们能运用革命理论来确定斗争方法和活动方式"①。理论创新作

① 《列宁选集》第1卷,人民出版社1995年版,第274页。

为精神力量，尽管不能代替物质力量的地位，但是，如果理论知识能为人民群众所掌握，能够为人民群众的社会革命和社会生产实践服务，它就能变成人们改造世界的强大物质力量。江泽民在党的十六大报告中指出："实践基础上的理论创新是社会发展和变革的先导。通过理论创新推动制度创新、科技创新、文化创新以及其他各方面的创新。"①可见，理论创新的先导作用至关重要。

邓小平曾经说过，社会主义事业建设是一项崭新的事业，党和国家不断在探索中前行，并创造一系列理论，指引着中国特色社会主义道路昂首向前。但如果不是这些探索性的理论创新，发展的社会思想意识不会成为我们国家的主旋律，发展观念也不会更新升级。正是理论创新为社会意识的转变和提升创造了良好的基础或者氛围，进一步激发了人民群众的热情，并积极把这种思想意识投入社会生产实践当中，更好地对社会存在做"超前"反应，预见事物的发展和社会的未来，为社会的发展提供理论指导，并转变为人们改造世界的强大物质力量，最终实现了社会更好的发展。从毛泽东思想到习近平新时代中国特色社会主义思想，每次都实现了理论创新的突破，这些理论创新转化为一个个目标，引发人民群众的思想共鸣并为之奋斗，促使中国逐步摆脱了"挨饿、挨打、挨骂"的境地，并在世界上拥有一定的国际话语权。

（三）理论创新是一种理性的创造，是对原有观念、认知、思想的突破与革命

思想背后蕴含着理论创新，理论创新丰富和完善着思想，思想为理论指引着方向和任务，理论为思想的丰富完善提供学理支撑。理论创新是人类在发挥主观能动性和创造性基础上，对社会历史发展规律的新概括、新揭示，因为人类的社会实践是不断发展的，不可能一直停留在某一个水平上。人们从来

① 《江泽民文选》第三卷，人民出版社 2006 年版，第 537—538 页。

不满足于现实世界，总是通过各种渠道、途径、手段来改造客观世界，这就需要理论创新，没有理论创新和工作就会陷入停滞不前，就跟不上时代前进的步伐。理论创新就是用一种新的认识取代旧的认识，是一种思想革命，是灵魂深处的一种革命，是认识和理念的脱胎换骨，因此，这是一种解放思想、大胆探索的精神。

理论创新一直是中国共产党所坚持和发展的优良传统，中国共产党百年党史就是一部理论不断创新发展的历史，坚持理论创新也是中国共产党能始终走在时代前列并取得伟大成就的诀窍。从马克思主义诞生到列宁主义、毛泽东思想、中国特色社会主义理论体系的创立和发展无不如此。比如，党的十八届五中全会提出了创新、协调、绿色、开放、共享五大发展理念，并把这五大发展理念视为我国改革发展的思想引领与行动指南，这就是一个重大理论创新，是我们党关于发展认识的继续深化，体现了我们党发展理论、发展思想的与时俱进。

四、观念创新驱动是思想革命的内驱力

观念是自身感受与前人经验的结晶，对人类社会实践发挥着导向和统率作用。观念一旦形成，对人们的行为就具有驱动、导向和制约作用。“观念创新就是要在人们已经形成的习惯思维定式中，在人们原习惯的社会思想和已普遍认同的思想观念中，提出一种新的思维方式，创造一种符合社会发展需要的新思想，新观念。”①即先经过一个“破”的过程，在“破”的基础上，逐步“立”新思想、新机制、新方法。进一步，没有创新的发展观念就没有创新的发展实践，人类实践活动都离不开特定的思维指导，思维方式的变革需要观念创新的引领，观念创新是人类思维活动最高级的复杂活动形式，人类社会的每一次重大变革，总是以思想的进步和观念的创新为先导，它是表明人类突破旧的思维

① 林娅：《自主创新与社会发展》，中国政法出版社 2009 年版，第 240 页。

模式、发现客观事物新的本质以指导人类自身社会实践活动向新的领域拓展的重要思维活动形式。因此，观念创新的实质是思想革命。人类历史的发展过程，也展示了观念不断更新、创新相伴而随的过程，这在一定程度上也显示了观念创新的过程是自我超越的过程，促使思想革命不断发展与完善。

（一）观念创新驱动产生思想革命

观念创新是其他创新活动的前提，思想观念是创新的总开关，只有思想观念解放了，才可以更好地冲破落后的传统观念和主观偏见的束缚，最终适应客观世界的发展和变化。另一层面来讲，“观念创新是思想革命不断深化的根本表现，思想革命就是不断使主观与客观相统一，不断创新观念”①。因此，在一定程度上，观念的创新与思想革命二者在方向上具有一致性，思想解放更有利于观念创新。观念的创新标志着人的主体精神的升华和自觉能动性的增强，它在人类社会的现代化发展过程中始终居于关键性地位，发挥着主导性作用。由此可见，思想解放会伴随社会发展不断发生，这也为思想革命注入“活水”。每一场浩大的思想浪潮，都始于一小部分人的思维模式转换，一小部分人的观念创新。因此，思想革命是历史前进的车轮，而观念创新则是车轮滚动的核心内驱力，是历史发展的精神动力。

观念创新其实只有一个字——“变”，而且不是被动的变，是主动的变，而变与不变在很大程度上取决于人们在观念上能不能接受。如果观念不创新，就很难有技术、制度和管理上的创新，观念落后，抱残守缺，其他创新也无从谈起。爱迪生发明电灯，盖茨搞微软，都是从突破“不可思议”和“不可能”开始的。改革开放后，深圳以解放思想、更新观念为先导，在马克思主义指导下，把党中央的方针政策同本地实际情况相结合，敢于大胆地试，大胆地闯，敢为人先，深圳特区不仅仅是对外开放的窗口，也是产生许多新观念的地方，邓小平

---

① 林娅：《自主创新与社会发展》，中国政法出版社 2009 年版，第 247—248 页。

说："深圳的重要经验就是敢闯。没有一点闯的精神，没有一点'冒'的精神，没有一股气呀、劲呀，就走不出一条好路，走不出一条新路，就干不出新的事业。"①这里说的"敢闯"，其实就是敢于解放思想，冲破种种思想障碍，敢于想前人所不敢想，敢于干前人未干过的新事业，开拓创新。这些就反映深圳特区成立早期深圳精神的观念。深圳的改革开放留给我们一个重要经验和启迪是，增加创新优势首先要增加思想解放新优势。正如习近平总书记所说："加快科技体制改革步伐，破除一切束缚创新驱动发展的观念和体制机制障碍。"②一切妨碍发展的思想观念都要坚决冲破，这也预示着思想革命奠定了良好的基础。

（二）观念创新驱动遵循"实践—认识—再实践—再认识"这一规律

观念是对客观对象的理性认知与概括，没有认识就没有理念，观念随着认识的深入而产生变革。人们对于一个具体事物或过程要获得正确的认识，通常不是一次就能完成的，往往要经过从实践到认识，再由认识到实践的多次反复才能完成。观念创新的实质是认识不断深化的过程，具有深刻性，进而对社会实践具有指导作用。因为认识总要受到各种主客观条件的限制。实践、认识、再实践、再认识，每一循环都比较地进到了高一级的程度。这个规律告诉我们不能躺在前人和别人的认识上，要在实践中不断进行认识和再认识。认识深化产生新观念，新观念取代旧观念的过程，就是观念创新的过程。实践和认识不断反复的过程，实际上是解决主观和客观矛盾的过程。观念陈旧、思想保守的人，最终会严重制约人们对于新思想、新事物、新方法、新环境的吸收和认同，从而导致个人或群体的行为与现实需要之间的严重差距。全新的观念，则是启发新思想、新方法的营养剂，促进人们与事业发展和社会变革的旋律保

① 《邓小平文选》第三卷，人民出版社 1993 年版，第 372 页。

② 习近平：《敏锐把握世界科技创新发展趋势，切实把创新驱动发展战略实施好》，《人民日报》2013 年 10 月 2 日。

持同步,从而创造出惊天动地的时代杰作。如果不首先解决思想问题,就不可能最后解决现实问题。不首先打破传统思维模式的束缚,就难以产生新颖而有意义的行动,社会上的一切创新也就无从谈起。进行观念创新不是脱离国情的异想天开,也不是闭门造车的主观想象,更不是毫无章法的莽撞蛮干,而是更好地实事求是,要坚持观念创新和实事求是的有机统一。

(三)观念创新驱动是社会变革的先导

人们的行为受思想观念支配,故正确的观念对促进人的成长、有效改造客观世界具有十分重要的作用,甚至在一定条件下起关键作用,因为观念是行动的先导,一定的发展实践都是由一定的发展观念来引领的。新观念的产生和发展是社会变革的前奏曲,观念创新规定和制约了其他创新的存在和发展,没有观念的变革,创新问题将无从谈起,新观念的深入人心则是社会先进的标志,观念的落后很容易导致社会的落后。每当社会大变革、大发展的时期,总是强烈地呼唤思想解放和观念创新,纵观整个中外历史,历史螺旋式发展的每一个关键节点,都由观念的演化作为先声。中世纪末的"人文主义"思潮开启了西方近代世界飞速发展的先河。中国春秋时期的"百家争鸣",是中国历史上第一次大规模的思想解放运动,有力地推动了中国的发展。

观念创新总是走在思想革命的前面,引领思想革命的方向。改革开放初期的"真理标准大讨论"就是一种决定中国前途命运的思想大解放,实事求是的务实观念如破晓之光,刺穿了混沌的乌云,让人们看到了黎明的曙光。这对于冲破各个领域里的禁区,打破思想僵化的沉闷状况,推动历史的发展,所带来的生产关系、上层建筑方面的伟大革命,就可堪称是这方面的典范。实事求是的全新观念带来了进一步的思想革命,"实践是检验真理的唯一标准"的方针赢得了大多数老一辈政治家的支持,打破了"以阶级斗争为纲"的观念,实现了党的工作重点的转移。传统观念认为,计划经济和市场经济是区分社会主义和资本主义的重要标志。在此情况下,如果不能彻底澄清社会主义与市场经济的关系，就无法明确经济体制改革的目标，中国的改革开放也将止步不前。1992 年邓小平的南方谈话，是一种新颖、独特的贡献，就是提出了社会主义本质论的新观念、新思想。从理论思维的最深层次上根本突破了支撑传统计划经济的苏联僵化模式的公式，即“社会主义本质=大一统的计划经济”，从而实现了社会主义观念上的根本创新，这就是不同的观念产生不同的效果。在改革开放初期，温州人能够独具慧眼就在于他们的观念更新快，思想得到了解放。温州人不等不靠，积极开拓进取，赢得了市场。观念更新快，就能想别人之不敢想，为别人之不敢为，自然就能够发现别人视而不见的机会。

第三节 社会发展动力系统运行机制的特点

在马克思恩格斯看来，人类社会是一个多因素的、动态的、复杂的系统，社会的历史运动同样也是一种系统的运动。任何系统，只有通过不断地与外部自然界进行物质和能量的交换，才能促使自身不断丰富和发展，社会发展动力系统亦是如此。进一步，每一系统在与外界交换时都有自身的运行机制，且随着社会环境的变化而不断变化。那么，要使社会系统良性、协调运行和发展下去，对社会发展动力系统及其运行机制进行研究就显得尤为重要，可以加深对社会运动及其发展规律的认识，有助于人类在社会实践中获得更大的能量和自由。基于此，要以归纳社会发展动力系统运行机制的新特点为着力点来加强对社会发展运行机制的进一步认识。具体主要表现为以下几点。

一、社会发展动力系统运行机制的整体性

社会发展动力系统是一个复杂的系统，而整体性是系统思想的核心，那么系统整体性也是社会发展动力系统最为鲜明、最为基本的特征之一。以此，社会发展动力系统的整体性是指，社会发展动力系统是由若干要素组成的具有

一定新功能的有机整体，各个作为系统子单元的要素一旦组成系统整体，就具有独立要素所不具有的性质和功能。贝塔朗菲创立的一般系统论认为，系统的性质和功能从整体上方能显示出来，因为系统的整体呈现了各个组成要素所没有的新特性，系统的整体性又被表述为"整体大于它的各部分总和"，用数学语言可简明地表示成"1+1>2"，系统的整体性揭示了系统的性能不是各组成部分性能的简单相加。如果系统的结构合理，1+1 之和会大于 2；如果系统的结构不合理，1+1 之和会小于 2，甚至是负数。我国经典寓言故事《三个和尚的故事》告诉我们，系统结构分配不合理，制度缺失，人多未必力量大，这个故事也折射了在工作中由于权责不明确导致了行政的缺位的现象。系统整体的各个要素的性质与功能不同于它们在独立存在时的性质与功能，它们同其他要素相互作用，并非仅代表独立的个体，而是作为整体的组成部分，一旦脱离其从属的社会整体，就会失去原社会整体所赋予的特质。因此，这就要求社会发展动力系统在运行时要注重系统结构观念和整体性优化的思想，以全局视角使每一个子系统、每一要素能在系统中发挥最大效能，占据最佳位置，达到社会和国家整体的最佳目标。

系统的整体性彰显了它是在相互联系、有机结合中存在与发展，并保持动态发展的整体特征。这就彰显了各社会动力系统在运行时具有整体性，要以整体、全局视角为出发点，注重团结协作。马克思在研究生产协作时分析指出：协作把许多力量融合为一个总的力量而产生的新力量。[①] 系统整体所获得的新的特性、新的功能是各组成要素在孤立状态时所没有的。"系统的整体性要求我们把所要研究和处理的任何对象，都作为一个系统去看待，从整体上去观察、考虑问题，在注意局部的同时，还要特别注意各局部之间的有机联系。"[②]系统的整体性的重要意义在于，在一定的人力、物力条件下，只要合理地进行组织、协同，就能发挥出更大的效益，这对人类能动地改造客观世界有

① 《马克思恩格斯文集》第 5 卷，人民出版社 2009 年版，第 379 页。

② 陈家环、邵公平：《系统科学与科学决策》，国防工业出版社 1988 年版，第 56 页。

着现实的指导作用。

社会的发展并不是单一的因素在起作用，而是社会各因素的合力在推动社会的进步。我们在实践中的一系列做法包括转方式、去产能、提效益、补短板、求全面、重公平、防风险等，也都是属于整体性发展的具体要求或做法，是我们“着力增强发展的整体性协调性”的表现。这里的全面发展，既要城市繁荣，也不让农村凋敝；既要物质丰裕，也要精神丰富；既要金山银山，也要绿水青山。这说明，当前，整体性发展的理念正在形成，党的十八届五中全会提出五大发展理念，是对发展观的创新，是一个有机整体，“创新”解决的是发展动力不足；“协调”解决的是发展不平衡问题；“绿色”解决的是人与自然和谐共生问题；“开放”解决的是发展内外联动问题；“共享”解决的是社会公平正义问题，它们不是彼此孤立的，也不能相互替代，虽然涉及不同领域，但它们之间是不可分割、相辅相成的。在这一充满活力的有机系统中，它们互为条件，互相促进。这些都体现了“全国一盘棋”“全社会一盘棋”的整体系统思维思想。只有从社会系统的整体性原则出发，研究和处理好现代化建设各个方面的相互关系，解决认识和实践中某些缺位和不到位的问题，才能使现代化建设全面协调可持续发展。

二、社会发展动力系统运行机制的动态性

动态性是由系统的有机相关性的动态性决定的，物质处于永恒的运动变化之中，是系统动态性的哲学根据。动态性可以简单表述为把握规律，抓紧时机，促进发展。由于矛盾贯穿于事物发展的始终，解决了原有矛盾，又出现新的矛盾，从而推动系统不断发展和变化。同时，系统也有自身的生命周期，以及遗传与变异的现象，系统一般都会经历一个从产生到消亡的过程。因此，系统各组成要素之间、系统与环境之间的有机联系亦是不断变化的，整个系统处于随时间变化的动态过程之中，而并非静态的、稳定不变的，正是这种内外互动的有机联系，构成了系统的结构和功能。进一步，系统中各动力子系统对社

会全面进步影响作用的大小、作用的方向也会在其具体实践中发生一些变化。随着社会的各个不同发展阶段发展任务和内涵的变化，社会发展动力系统中的子系统的地位和作用是会发生变化的。只不过有些系统变化明显一些，有些系统变化不是很明显，系统变化是绝对的，不变化是相对的。由于自然环境与社会环境均处在不断的变化中，因而系统具有动态性。然而并非所有系统都会持续生存下去，只有那些随环境变化而发生相应变化的动力系统，才能继续生存下去，正所谓“适者生存”。这种能使系统适合于其环境的变化称为系统的适应性。只有具有适应性的系统才能生存下去，反之，不适应环境则难以生存下去，因而社会发展动力就是一个需要不断适应环境的动态过程。例如科学技术，它在不同的社会形态中发挥的作用亦不同，原始社会时期，生产力水平低下，只能靠过往的生产经验来进行劳动，因此科学技术是生产力的理念几乎是不存在的。随着生产力的发展，到了奴隶社会和封建社会，科技开始崭露头角，有了一定的发展，甚至出现了脑力劳动者、科学实验等。这时的科学技术对社会的发展发挥了一定的推动作用。到了资本主义社会，随着海外贸易的不断发展，社会商品交换的范围亦随着不断扩大，社会经济得以迅速发展，还出现了现代科学实验，导致科学技术迅速发展并成为生产力发展强有力的支撑。特别是到了当下创新驱动的时代，科学技术可以说成为社会发展无可比拟的强大动力，并渗入各个领域，极大推动着社会的发展，同时，科技、教育、创新、人才对社会的推动作用越来越明显。

在新中国成立以后，我们党在不同的社会发展时期，都根据具体的任务确立了不同的目标。为了实现社会主义现代化，邓小平同志根据我国社会主义初级阶段的特征，提出了分“三步走”的战略思想，充分体现了在不同时期社会主义建设的分阶段目标。从邓小平的“两个文明”一起抓，到江泽民的经济、政治、文化“三位一体”协调推进，再到胡锦涛提出的经济、政治、文化、社会在内的“四位一体”，再到党的十八大报告明确提出大力推进生态文明建设，正式形成了“五位一体”总体布局。其中，经济建设是根本，政治建设是保证,文化建设是灵魂,社会建设是条件,生态文明建设是基础,这本身就是一个动态的实践演进过程。“所谓‘社会主义社会’不是一种一成不变的东西,而应当和任何其他社会制度一样,把它看成是经常变化和改革的社会。”①在动态中实现社会主义的自我完善、自我发展和自我革新。“五位一体”总体布局只有全面推进、协调发展,才能实现经济社会可持续发展,绝非五个板块各自孤立发展,也不是一条腿长、一条腿短发展。共同富裕是一个具有动态性、阶段性的目标,应认识到共同富裕作为中国特色社会主义的基本目标,并非一成不变的,而是会随人民群众由实现低层次的共同富裕需求向高层次的共同富裕愿景的迈进而相应变化,实现共同富裕这个基本目标需要一个漫长的过程,是动态波动的过程。

三、社会发展动力系统运行机制的优化性

所谓优化性,是指系统整体的状态、运动、结构和功能方面达到一个最佳的效果。这里的最优效果、最佳状态其实是一种理想模式,但它是每个系统期望达成的目标,并为之不断通过调整、完善、提高等方法或者手段来使自身达到最能适应环境的状态,最终促使系统良性、有效运转,社会发展动力系统亦是如此。社会发展动力系统的优化不仅是社会发展的基本目的,也是系统发展的一种趋势,实现社会优化是使人类这个大系统减少熵增、更加有序的有效途径。当然,这种趋势不仅仅存在于人类世界,同时存在于自然界自身发展中,譬如生物系统,不论何种生物,为了繁衍增殖个体,保续生命,都在长期发展过程中逐渐形成了最能适应环境的系统结构和优化的整体功能。通俗来讲,就是达尔文提出的生物进化论,所谓生物界的“优化”合乎科学的解释就是:物竞天择,适者生存。

与自然界活动目的性不同,人类的实践活动是具有目的性和主观性的

① 《马克思恩格斯文集》第10卷,人民出版社2009年版,第588页。

统一，社会发展系统的优化是人类自觉地、能动地认识世界、改造世界的实践活动的结果。以经济工作为例，实现经济发展目标首先要对经济系统整体进行优化，诸如对资源进行最优配置、人才择优选用、生产要素优化组合等，以保持系统运行的最佳状态，最后实现系统优化的目标。这些对于复杂、庞大的社会发展动力系统来说，达成或者实现整体最优化并非易事。比如，推动社会发展和前进的动力因素有很多，诸如社会基本矛盾、生产方式、阶级斗争、人民群众、科技创新的驱动等，它们均在社会发展中发挥不同的作用，每一动力因素都有自己的运作体系，它们共同构成了有层次、有结构的有机系统，相互作用、相互协调协同推进社会的进步，因此，要使社会发展动力系统良性运行，协调、把控各个层次动力的彼此关系至关重要，只有更自觉地去协调、优化社会系统中的各种矛盾，变无序为有序，才能推动社会的进步。

系统优化的实质，是最大限度地节约时间和空间，减少物质和能量的消耗，充分、及时地掌握利用信息，来达成最终目的。那么，系统为实现自身所要达到的目的，必须具备一定的能力，包括对环境的适应能力、协调能力以及自组织能力等。只有这些能力的不断增强，才能更好促使系统功能和结构的优化。在中国进入常态化疫情防控阶段后，为高效统筹疫情防控和经济社会发展，提高科学精准防控水平，面对困难挑战，各地区统筹疫情防控和经济社会发展，关键是持续优化机制，疫情要防住、经济要稳住，这是党中央的明确要求。有效的疫情防控是经济发展的有力保障，疫情防得住，经济社会发展才能平稳健康。因为有效的疫情防控最大程度减少了疫情对经济社会发展的影响，为经济平稳健康发展创造了良好条件。这就需要政府正确引导社会公众参与到疫情防控决策过程中，重点是坚持依法防控、联防联控、群防群控，压实属地责任，完善社区治理，统筹疫情防控和经济社会发展，提升疫情防控科学决策能力和水平。

四、社会发展动力系统运行机制的开放性

所谓系统的开放性，是指系统与周围环境之间进行着物质、能量、信息交换。“从系统理论的角度来看，只有开放系统才能与外界进行物质能量的交换，才有可能从外界流入足够大的负熵流，才能降低自身的熵增，增强系统的整体功能。”①因此，可以说，开放性是系统存在与发展的必要条件。这一特质同样适合于复杂且庞大的社会发展动力系统。因为任何系统都存在于一定的环境之中，都不能脱离它的环境而孤立存在，都要与环境进行物质、信息、能量的交换，并且要通过外部输入的物质、能量、信息促使这个系统维持在原有结构基础上的有序、稳定、平衡，从而表现出自己的整体性能，维持着自身的有序性和有组织状态。即通过与外部环境的交换可以更好优化各个构成要素，增强结构的稳定性和有序性，减少不确定因素，最终促进系统的发展和进化。总之，社会发展动力系统与环境的相互联系、相互作用，是其存在和发展的必要条件。

社会发展动力系统的发展是系统内部各要素之间相互联系、相互作用的结果。但系统与环境之间的相互联系、相互作用同样发挥着不可忽视的作用，处理得当，将促进系统发展，处理欠妥，则会阻碍其发展。正如一个工厂想要生存发展下去，生产的产品得以销出是维持下去的根本，与此同时，如果不从外界购买生产的原材料、获取相关的能源和信息，那么工厂再生产、生存将难以持续。人的机体同样如此，人体内既要摄取食物和热量来获取生命的根本能量，也要接收周围环境的信息，新陈代谢，排除废物，这样才能得以健康生存下去。一个国家、一个社会的发展亦是如此，坚持自力更生的同时也要对世界其他国家开放。马克思指出：“过去那种地方的和民族的自给自足和闭关自守状态，被各民族的各方面的互相往来和各方面的互相依赖所代替。”②这说

① 李祖扬、柳洲：《创新原理与方略》，天津人民出版社 2007 年版，第 288 页。

② 《马克思恩格斯选集》第 1 卷，人民出版社 2012 年版，第 404 页。

明了社会从封闭状态走向开放的和更加开放的状态，人类越来越成为命运相连的共同体。所以任何系统要得以存续就必须以开放之势同环境发生关系，促使系统在演化过程中能够通过自我调节不断向更好地适应外部环境的方向变化。

世界历史发展到今天，不论是社会性质，还是国家大小、贫富或强弱，都要积极发展对外关系，根据自身需要吸取外界资源，通过与外界联系为国家、社会发展创造更加有益的、适合的生存条件，可以说，对外开放已成为时代发展的潮流，这一形势促使国与国之间形成了经济联系密切，相互依存的态势。中国历史上曾经是对外开放的国度，追溯历史，中华民族的形成与发展就是对外开放与对外交融的历史。可是，从明朝中叶特别是从清朝康熙年间起，中国经历了二三百年的闭关自守的历史，这种闭关锁国的政策，清朝政府拒不接受外国的新生事物，反对引进国外的先进生产技术，拒绝同外国经济文化交流，最终导致国运中落、封建王朝的结束。这一政策给中国人民带来深重的灾难，也让国人认识到：封闭就会落后，落后就要挨打。1984 年，邓小平在总结中国历史上偏离世界发展主流的教训时指出："现在的世界是开放的世界。中国在西方国家产业革命以后变得落后了，一个重要原因就是闭关自守。建国以后，人家封锁我们，在某种程度上我们也还是闭关自守，这给我们带来了一些困难。三十几年的经验教训告诉我们，关起门来搞建设是不行的，发展不起来。"①所以，社会发展动力系统的运行首先要打破"关起门来搞建设"的禁锢，以开放之势吸纳国外的先进技术以及管理经验，这样才能更好地抓住科技发展带来的机会，更好促进社会分工和生产专业化的发展，促使产业结构和发展布局达到最优状态。

开放期往往是发展的机遇期，谁搭上开放期的增长快车道，谁就能更容易实现经济腾飞和崛起。没有把握住历史性的发展机遇期，即使是世界上最强

① 《邓小平文选》第三卷，人民出版社 1993 年版，第 64 页。

大的国家也会一步步地落后。党中央在2013年提出的“一带一路”倡议，表明了中国扩大对外开放，构建合作共赢新秩序的胸怀，坚持了开放式的区域合作精神，也将为全球自由贸易体系完善和开放型世界经济发展注入新活力。通过“一带一路”倡议的实践，进一步扩展开放与合作，大力开创中国与相关国家互利共赢新局面、积极发挥中国对外交往的优势、创造中国经济发展的新优势。

五、社会发展动力系统运行机制的虚拟性

社会发展动力系统机制的虚拟性主要是指生产与消费虚拟化，包括虚拟工厂、虚拟产品、虚拟商店、虚拟交易等，但最重要的是这种虚拟的东西最终会变成现实的东西。只是比传统经济条件下的同样的过程时间短、成本低、成功率高而已。虚拟生产（Virtual Production）只有在利用信息技术的条件下才能产生和发展。虚拟化的企业可以不必具有传统的企业实体，把分属不同国家、不同地区的现有资源迅速汇集起来，形成一种没有围墙隔阂、打破空间约束，以电子网络为联系手段的组织形式，来统一指挥经营实体。并且这种新型的虚拟生产方式可以以最快的速度高效率推出高质量、低成本的新产品。随着市场竞争的白热化，虚拟的生产方式越来越受到欢迎，甚至在一些企业之间形成了以信息技术（特别是网络技术）为连接手段的临时性的动态联盟形式的虚拟组织。

随着互联网的发展，经济活动逐渐趋向数字化、网络化，这一趋势打破了传统地点限制。一方面，越来越多的交易活动可以通过网络方式进行，诸如网上营销、网上合作以及外汇交易等，出现了诸如微信、淘宝、支付宝等不少的网络交易平台。另一方面，出现了多种类型的虚拟经济实体，诸如虚拟研究中心、远距离的多主体的虚拟合作等。这种虚拟的经济主体具有低成本、高效率、灵活快速的特质，这种优势越来越受人们的追捧。当然，虚拟的经济主体并非跟实物毫无关联，事实上，它跟电子商务的运营离不开配送体系一样，虚

拟经济的发展也必须以实物经济为基础。所谓虚拟生产，是指按市场需求运用计算机进行产品的开发研制，重点掌握产品的核心软件技术，而产品的硬件则主要通过向社会上的有关企业提出技术、成本和生产进度要求，由它们加工制造出来。

虚拟消费是与现实中的实体消费相对应的一种消费形式，是人类社会中一种新的消费实践。具体来说，虚拟消费在立足点、消费体、消费手段和消费场所等方面与实体消费都有明显的差异。如通过“互联网+”，可以展开网上虚拟交换，购物、转账汇款等无须外出，无须纸张及支票等，通过电脑、手机等设备即可完成，大大减少了交换时间和交换频率。提高了金融市场的运行效率，有效地降低了市场运行交易成本。虚拟交换是以互联网为基础，把资金流的货币运动变为信息流的比特运动，打破时间、地点、服务对象等多重因素的限制，省去印钞、存储、搬运、销毁大量费用开支，这种形式极大提高了资金的周转速度、交易效率，资金的利用率，扩展了交易范围，减少了交易成本，因此，虚拟货币将是未来货币发展的趋势。虚拟消费将越来越成为人类必不可少的生活内容，虚拟生活将越来越成为我们生活中的一个组成部分，这些都是一种必然的趋势，也是社会发展动力系统运行过程中出现的新特点。

新冠疫情的蔓延加速了人类社会虚拟化进程。突如其来的新冠疫情，深刻地影响着我们的生活，从生产、生活方式的角度看，疫情使得各类经济社会活动虚拟化加速演进，整个世界都会处于迈向虚拟化的进程之中。武汉市启动建设的火神山、雷神山两大医院，中央广播电视总台对施工现场进行了24小时的不间断实时直播，千万名网友纷纷打卡云监工为武汉加油。而在线下各行各业因疫情停业损失之时，线上各行各业快速发展，短视频、游戏、线上教育、远程办公、互联网医疗、云娱乐等更受青睐。3D打印、5G、AI等这些技术不断趋于成熟，用户量大幅提升，线上行业如火如荼，人气较高的，有各大“云博物馆”，得益于网络和VR全景技术的发展，不少博物馆推出了“云展览”。

在足不出户的日子里,摆脱空间时间的限制,不仅可以多角度观看展品,还有文字或语音简介。国内外疫情防控和经济形势正在发生新的重大变化,我国经济发展也面临新的挑战。但我们也应当看到,危与机总是同生并存的,如果能够化危为机,把握住疫情中出现的新的发展机遇,我们就能加速培育经济复苏的新动能。

第五章 中国社会发展动力系统的现状与对策

关于社会主义的发展动力问题，是社会主义发展的重要问题，能否恰当地认识社会主义发展动力，直接关系到社会主义发展道路的选择和发展目标的达成。当前我国改革与发展进程已迈入紧要阶段，新情况、新问题不断涌现，影响社会稳定的诸如社会结构、内部矛盾等发生了深刻的变化，这表明，在今后的现代化进程中还将面临纷繁复杂的挑战。社会发展动力同样存在着一个再认识、再发展、再丰富的过程，社会发展动力理论及其实践仍带有较大的探索性。因此，在中国特色社会主义的实践中，切实做到从群众来到群众中去，以全面考虑社会成员的利益为基点，集结各方力量，调动一切可以调动的积极因素，打造良好的社会创造活力氛围或者平台，为创造更多社会财富而不断努力，最终使得人民群众的各类需要得以满足或实现。同时，不断探索、创造性解决社会突出矛盾并从中获取新的、有价值的经验，并将其升华为新的思想和观点，深化对中国特色社会主义建设的认识，加快建设反映时代精神和指导社会主义实践正确发展的科学社会主义动力理论，从而丰富和发展中国特色社会主义理论。

第一节　中国社会发展动力系统运行情况及其新变化

社会的发展与其自身的动力呈正相关,即社会的动力愈足,其发展速度愈快;反之,一个缺乏必要动力源的社会,其发展速度极易停滞不前。深入来讲,社会发展动力驱动效能的发挥,需要主体付诸于实践。从人类社会发展进程来看,影响社会发展的动力并非单一因素,或者某几个因素,它是一个系统,具有多重性。这点亦可在马克思主义思想理论中得以印证,他认为,社会是一个有机整体,其发展是总体推进的过程,因此,衡量社会发展的标准理应综合化、全面化。

一、中国社会发展动力系统在整体上运行良好

社会发展动力系统运行良好,就是指社会发展动力系统能良性运行和协调发展。社会发展动力要素之间相互协调、相互促进,这些要素与环境之间不协调、不适应的现象比较少,且动力运行机制发生障碍和阻滞的现象被控制在比较小的范围内和比较低的程度上,社会发展动力的整体功能较充分地得到发挥。在新中国成立70多年的历程中,以马克思主义社会发展动力理论为指导,经过历代领导集体的艰辛探索,从总体上看,社会发展动力系统运行态势良好,我国社会主义现代化建设取得历史性成就,社会整体上实现了快节奏的发展,社会稳定发展并不断进步。我国在进行经济结构的战略调整,经济运行的质量和效益不断提高,保持了经济稳定高速增长,国家经济实力明显增强,人民生活全面达到小康,科技教育和各项社会事业得到发展。

(一)中国经济呈现高质量发展的新特征新趋势

衡量一种社会发展运行效率的高低,本质上由其解放、容纳、激活以及推

进生产力的功能大小来决定。社会不断向前发展,随之要求先进的生产力与之相匹配,落后生产力被取代或淘汰,且取代、淘汰的速率呈现加速化态势。谁(民族或国家)掌握了先进的生产力,谁就位居优势地位。进一步说,社会良性运行,显示了生产力与生产关系、经济基础与上层建筑之间的高匹配性。马克思认为,社会全面发展需要丰富的财富作为物质基础,物质基础的积累来源于生产力的发展,大力发展生产力才能为“以每个人的全面而自由的发展为基本原则的社会形式创造现实基础”①。改革开放政策的实施,促使中国经济飞速发展。我国经济在高质量发展上迈出重要步伐,经济的“含金量”逐步提升,发展的质量底色更加彰显。到2022年底,全年国内生产总值121万亿元,稳居世界第二大经济体。无论是国家财政收入,还是城乡居民的平均收入,均有大幅度的提高,到2020年农村贫困人口全部实现脱贫,全体人民共享改革发展成果、实现全面建成小康社会。生产力的快速发展也创造了大量的、前所未有的新产品,这些产品不仅拓展了市场消费范围,亦正在形成新的消费模式,影响着消费习惯,引领社会不断前进。

(二)社会呈现出繁荣与稳定、协调与有序的状态

社会的繁荣与稳定、协调和有序程度是检验社会动力系统运行绩效的又一重要尺度。所谓社会稳定,是指将社会秩序维系在一定的范围内,保持社会的有序动态平衡。社会稳定与否是判断一个社会是否健全的一个重要标杆,改革开放政策实施后,国家对政治、经济、文化、思想、生活等各个领域进行改革,并致力于实行全面改革,经过40多年的奋斗,各个领域相互协调,紧密联系,社会呈现出和谐、稳定、有序的状态,民主不断得以发扬,社会各界的利益关系更加协调,人民安居乐业,生活水平不断提升。正如马克思所言,社会主义代替资本主义,主要是前者扫清了生产力发展障碍,建立了社会成员共同占

① 《马克思恩格斯全集》第23卷,人民出版社1972年版,第649页。

有生产资料的制度，诸如劳动者与劳动资料之间，生产劳动与全面的自主活动之间形成了良好的协调关系，为社会实现全面发展提供了良好的环境。进入新发展阶段，党团结带领人民立足新发展阶段、贯彻新发展理念、构建新发展格局，推动高质量发展。我们实现了第一个百年奋斗目标，在中华大地上全面建成了小康社会。又要乘势而上开启全面建设社会主义现代化国家新征程，向第二个百年奋斗目标进军。

（三）为人的全面发展创设了良好的环境

人的全面发展是社会主义生产的根本落脚点，社会发展的主体是人，经济的发展、政治的稳定、文化的繁荣、社会的进步，归根结底都是为了人的发展。发展经济是为了改善人们的物质生活条件，最终目的是促进人的全面发展。真正和终极意义上的社会发展只能是其主体的发展，即人的发展，人的全面发展是整个发展思想体系的归结点，其他的发展只是为其服务的条件或者手段。以马克思主义理论看来，人的全面发展内涵十分丰富，不仅包括需要、个性、价值，亦含社会关系的丰富和发展。只有发展生产力才可以为人的全面发展提供丰富的物质基础，同时敦促人们物质和精神生产能力不断取得进步。正如马斯洛需求层次理论所认为的那样，当人自己的需要被满足后会追求更高层次的需要，发展着自身的需要，甚至改变需要的性质、内容以及形式。“艺术对象创造出懂得艺术和具有审美能力的大众，——任何其他产品也都是这样。因此，生产不仅为主体生产对象，而且也为对象生产主体。”①

社会主义较之资本主义的优越，主要体现在对“人”的态度上，探寻分析马克思经典学说以及社会主义的具体实践，不难得出社会主义把“人”放置在前所未有的高度上，“代替那存在着阶级和阶级对立的资产阶级旧社会的，将是这样一个联合体，在那里，每个人的自由发展是一切人的自由发展的条

① 《马克思恩格斯选集》第2卷，人民出版社2012年版，第692页。

件"①。可见，社会主义以人的自由而全面发展为终极目标，在资本主义社会，私有制分配方式占据主导地位，工人阶级受制于资产阶级，受其剥削和压迫，资本家也因利益驱使，受金钱的奴役，因此，在资本主义社会很难实现人的全面发展。社会主义坚持以人的全面发展为价值目标，发展生产力以满足人们生活所需，提高人们生活水平为根本目的，为实现人的全面发展奠定物质基础。改革开放以来，中国在坚持共享发展理念的同时，亦坚持居民收入与经济增长同步，劳动报酬提高与劳动生产率提高同步，基于此，在稳定就业，提高最低标准等政策影响下，居民收入呈现出稳步上升的态势。

二、国家实施创新驱动发展战略

实施创新驱动发展战略成为当代社会发展的必然选择。针对这一国际潮流，我国亦积极响应。2012 年 11 月，正值我国改革发展的关键时期，"实施创新驱动发展战略"被正式写入党的十八大报告，十八大以来，习近平总书记围绕这一发展战略，提出了许多有意义的新思想，诸如科技是国家强盛之基，创新是民族进步之魂，创新才能发展，进而建立起适合中国国情，并与国际接轨的创新大环境，更有利于推动中国加快建设创新性国家。2013 年 9 月，习近平总书记在中央政治局集体讲话中指出："科技兴则民族兴，科技强则国家强。"②2015 年，中共中央、国务院印发了《国家创新驱动发展战略纲要》，提出到 2020 年进入创新型国家行列，2030 年跻身创新型国家前列，到 2050 年建成世界科技创新强国的"三步走"目标。

实施创新驱动发展战略，不只是对一般经济发展规律的反映，更是在新的历史条件下实现发展动力转换、实现经济跨越发展的一次伟大实践。创新驱动是引领发展的新型动力，是促成我国实现从制造业大国走向"创新强国"的

---

① 《马克思恩格斯选集》第 4 卷，人民出版社 2012 年版，第 647 页。

② 中共中央文献研究室：《习近平关于科技创新论述摘编》，中央文献出版社 2016 年版，第 23 页。

新引擎。目前，我国的创新能力还不够强，科技对经济增长的贡献率犹未达到世界发达国家水平；中国经济保持长期快速增长，综合国力显著增强，但发展中的不平衡、不协调、不可持续等问题依然存在，经济"大而不强""快而不优"，使转方式、调结构、提升经济发展的质量和效益，成为实现全面协调可持续发展的必要选择。鉴于此，实施创新驱动成为当务之急。只有依靠科技创新才能进一步调整产业结构、转变发展方式，进而更好地解决我国重要资源占有量不足、利用率不高，生态环境脆弱等重大瓶颈约束。概括而言，实施创新驱动发展战略，就是要把创新提升到国家战略层面，通过顶层设计和制度改革创新，完善和优化国家创新体系，充分释放市场微观主体的创新活力，发动创新驱动"新引擎"，提升全社会创新意识和创新自觉。

第二节　中国社会发展动力系统运行中存在的问题

社会发展动力系统运行中存在的问题主要表现为社会发展动力系统运行机制不完善，社会发展动力系统各要素间存在一定程度的不协调、不适应，最终致使社会动力机制出现秩序紊乱，出现各种失衡现象。改革开放以来，我国经济发展迈上新台阶，总体来讲，给我们进一步发展提供了千载难逢的机遇。但是，随着社会的前进，一些矛盾也凸显出来，比如，安全事故、贫富差距以及医疗、教育问题等。面对波谲云诡的国际形势、世界公共卫生安全的极大挑战、艰巨繁重的改革发展稳定任务，这些问题有时交织在一起，社会问题不断涌现，要始终保持高度警惕，既要高度警惕"黑天鹅"事件，也要防范"灰犀牛"事件。世界各国发展历史表明，几乎没有哪个国家和地区的社会发展是一帆风顺的。在社会发展过程中，总会出现或多或少、这样或那样的问题。在社会生活中，影响社会结构基本功能正常发挥，破坏社会结构功能整合的因素时常发生，这些因素有些来自外部世界，更多的则是来自社会生活本身，来自社会系统结构与功能之中。当前我国正值社会转型加速期，经济、政治、文化及制度等均处于较大幅度的变动中，可以说，任何一次社会转型都是一场深刻的社会变革。当前中国的社会转型以改革开放为时代背景，在中国共产党的领导下，当下时期的社会转型在广度、深度和难度上是史上前所未有的，各种新旧体制、制度等处于快速的交替状态。同一群体往往共同利益或相近利益较多，不同群体之间利益差异则相对较大，或存在较多利益冲突。

一、社会发展动力功能存在一定程度失调

社会发展动力系统是由相互联系、相互作用的众多要素、子系统构成的统一体，维持社会整体平衡离不开系统中每一要素发挥相应的功能。一旦某一因素或某些因素发生偏颇或产生新的因素，社会整体原有稳定架构就会被打破，进而失去平衡而无法发挥正常功能，最终社会发展动力功能就会失调，社会结构预定的社会功能则会随之遭到破坏，或功能萎缩退化，或扭曲变形，发挥反向功能，最终产生社会问题。涵盖其意，社会发展动力功能失调是由于社会结构存在某些障碍或病变而没有发挥出应有的功能而产生的问题。此外，人类社会是在不断变迁和流动中运行的，在运行过程中，各组成部分并非总能协调一致地向前发展，而不协调问题一时难以解决，因此产生了社会失调现象。这种失调现象一旦影响社会的正常发展、影响社会的共同生活以致引起了人们的普遍关注，则会演变为社会问题。当然，我们也应清晰地知道，社会在不断变化发展，各类社会关系等亦在不断更新，因此社会发展动力失调现象有其产生或存在的必然性和客观性。

（一）社会发展动力功能缺位

社会发展动力功能缺位是指由于社会结构体系中的某一部分出现了问题，使得本应产生的功能不能顺利地发挥作用，导致社会体系的运转出现故障，社会发展动力功能缺位。社会发展动力系统是一个庞大的系统，涵盖政

治、经济、社会等各个相对独立的子系统，每个子系统内部均以一定方式排列组合而成一个结构，且结构的优化程度与整体功能的优化程度呈正相关。但系统结构并非始终处于优化稳定状态来满足人们需要，并非始终对社会秩序起到强有力的整合和控制作用。譬如，当社会发展动力的结构失调则会导致社会发展动力功能缺位，进而致使其不能正常地发挥作用，从而不能满足社会生活的需求。如果整个社会结构体系是协调的，那么，由于社会结构体系的自我调节能力和自我修复能力，其他社会结构则会协助出现问题的那部分社会结构进行调节和修复，功能缺失则不会对社会体系的运转造成严重的影响。

社会发展动力功能并非自始至终发挥其正向作用，亦会产生负面消极作用，诸如引发功能缺失，所谓功能缺失主要表现为某项制度实施后降低了社会系统活力和适应力，其内部协调稳定关系被破坏，致使社会系统无法良性运行等。譬如，在经济发展中，工业化生产好处主要表现为工业生产量的快速增长，加快经济发展，促进第二、三产业的发展，城镇化水平和国民消费层次全面提升，提高区域整体发展水平，利于城乡交流和缩小城乡发展差距等。但是同时也会带来一些反功能，工业生产所排放的“废水、废渣、废气”，给人类生存的环境造成了破坏。在工业化初期，反功能表现得并不十分突出，但到了后期这些反功能则会对人类生存造成严重威胁。再如，之前的计划经济体制，国家在生产、资源分配以及产品消费等各方面均由政府事先进行计划，它使得在有限的国民经济范围内，能够有效地、合理地利用财力、物力、人力，减少资源浪费、实现最大限度的宏观经济效益，但共同劳动背景下，人们干好干坏，干多干少，都能享用国家的“大锅饭”，这种“一刀切”的形式极大损害了劳动的积极性，经济发展、国家繁荣富强变得有心而力不足。这种经济制度不仅影响社会经济的发展，同时亦深入各个领域，极大阻碍了社会主义建设的进程。因此，必须进行经济体制的调整或改革，使之能适应生产力的发展。的确，这样，社会主义的社会制度的优越性才能进一步地得到体现。为了搞好当前进行的体制改革，我们还应清楚地看到如前所述的道理：在同一社会里，各种社会因素是相互联系、相互影响甚至相互依存的，一方失调则会波及整体。

功能缺位导致了社会调节功能减弱。经济利益是人们生存和生活的前提，它的变化涉及每个社会成员的切身利益，因此它的变化经常引起人们的高度关注。当社会经济利益发生变化，也就改变了人们的占有和分配关系，这种变化一旦超出了相关人群可接受的范围时，利益受到损害的人群就会发出保护自身利益的呼喊。社会转型以“变革”为手段和目的，表现为淘汰旧制度，迈向新制度。但新旧制度更替并非无缝衔接，二者之间往往会出现断层，因为制度很难与实践的变化速度协同发展，最终表现为制度的缺失或不尽合理。制度的缺失或不合理需要改革来解决，然而改革并非一蹴而就，改革措施难以一步到位，改革目标的实现亦是循序渐进的过程。因此，面对这些空白区域或缝隙，需要进行社会调节。此时，社会调节功能的发挥也面临着巨大挑战，调节得当，矛盾则会演变为社会发展动力，反之，矛盾则演变为社会动乱的根源。由此可见，社会发生“动乱”还是顺利发展与社会调节有着直接关联，纽带作用发挥得当，社会则利，发挥不当，社会则乱。因此，可以说功能缺位在一定程度上减弱了社会调节功能的发挥。

制度功能缺位导致了行为规范失效。制度是人们行为的规范，但并非所有人都可按制度行事，为了有效维持社会正常秩序，制度必须加以干涉，对偏离或背离制度的成员实行与其行为相匹配的措施加以教育、惩罚甚至制裁。可以说，制度通过行为规范指引人们哪些该做，哪些不可以做，对违反规定的强制其接受相应惩罚。这种指引和强制作用对保证社会秩序发展发挥着至关重要的作用。进一步来说，经济基础决定上层建筑，制度的制定必须以一定的社会发展水平为基础，不同阶段均应以当下社会发展的要求为自身内容。当生产力的水平、生产关系已进入新的阶段时，新的制度亦应更新升级。制度功能缺失可表现为：其一，旧制度依然存活在社会新的状态下。新制度往往无法及时与实际需求相匹配，具有滞后性，因此，旧的制度依旧发挥余热，然而面对新问题继续沿用过时的、旧的制度并不被大众所接受，因为这些制度本身已失去科学性、合理性，如果强硬要求人们去执行它，不但难以奏效，甚至会阻碍社会进步。就像把计划经济的东西灌至市场经济一样，显然不合时宜。其二，缺乏与新问题、新情况相匹配的制度。社会不断向前发展，特别是当前我国处于社会转型期，新问题、新情况层出不断，然而面对这些新的挑战，没有相应制度保驾护航，致使社会和谐、有序受到挑战。

政府监督功能缺失在一定程度上导致了腐败，进而阻碍社会发展。当前，很多重大改革已经进入推进落实的关键时期，改革任务越是繁重，越要把稳方向，正如邓小平所言，“摸着石头过河”，种种因素致使相应的政府监督不够完善的地方，对党、对社会构成了一定程度的威胁。诸如，政府公信力受到损害。腐败是影响我国社会稳定和制约社会发展的一大消极因素，它与社会发展方向背道而驰，是社会发展的阻力。从本质上来看，腐败是行政公权的异化，因此，一旦无相应的控制机制加以监管监督，或新的控制机制不完善，就会留下空隙、漏洞或薄弱环节，进而为滋生腐败创设了“温床”。政府的宗旨是为人民服务，腐败实际上与大众利益背道而行，基于此，政府公信力易受大众质疑，公共权力无法正常运行，危及国家政权的稳定。再者，扰乱社会稳定。特权群体一方不劳而获，社会弱势群体一方难上加难，两方之间存在较大的落差，弱势群体这种落差感、“相对剥夺感”极易引发负面情绪，很容易爆发非理性的群体事件，甚至衍生极端的反社会行为，冲击着社会稳定。又如，扰乱经济秩序。腐败在经济上主要表现为权钱交易，打破了经济正常运行规律，最终波及经济建设。除此之外，腐败在思想、文化等领域也深受其扰。自2012年以来，党中央坚持反腐败无禁区、全覆盖、零容忍，坚定不移“打虎”“拍蝇”“猎狐”，反腐败斗争取得一个又一个胜利，人民群众幸福感和获得感不断增强。

（二）社会发展动力功能冲突

功能冲突是指社会发展动力系统诸要素所产生的功能不是相互补充、相互耦合的，而是互不相容、相互矛盾的，社会结构体系的自我调节与自我修复能力受到了极大的破坏，很难再发生作用。本质上来讲，利益属于社会范畴，每一个社会成员都有自身的利益，因此形成不同的利益主体，各主体之间为维护自身利益常常发生冲突。也正是这些冲突的产生推动了社会变迁。按照社会冲突理论，"一个社会系统的各要素间彼此相互关联，在社会系统运行的过程中，由于各要素对整个系统的适应程度不一样，难免造成相互间运动和反应的不协调，进而使整个社会系统的运行出现紧张、失调乃至冲突。其实，冲突是社会运行的一种形式，没有哪个系统总是处于完全协调的状态，否则会使系统因缺少变化而失去活力"①。因此，社会系统形成和运行，不单单需要和谐因素，同时亦需要冲突，一个完整的社会是二者之间既对立又合作，不断变化的结果。可以说，不论是何种社会形态，冲突都会存在，即使在一个新的社会形态建立之后也有冲突，尽管当新的生产方式在一个社会形态中居于社会主导地位后，会形成与之相适应的政治结构、文化和意识形态，使得社会呈现出稳定的状态。但是即使在社会的稳定期，冲突仍然存在，因为它是利益结构的分化期和新的社会结构的成长期，也是冲突的多发期，而这一时期的社会冲突常常由人们利益问题引发。

功能冲突的一个表现是制度之间的冲突。新的制度代替旧的制度在一定程度上也会引起社会发展动力功能冲突，因为新旧制度交替并非一蹴而就，它们之间有缓冲期，相当一部分旧制度不得不在一定时间、范围内继续存在和运用。新制度刚刚萌芽，虽在人们的社会生活中有逐渐增多的趋势，但立即取代旧制度还不太现实，因此不能及时发挥预期效用，在这个过程中，两种制度交互发生作用，共存于社会。由于制度不同，它们会从不同角度下达不同的指令来指导和控制社会成员的活动开展，二者之间不可避免地激化矛盾，产生冲突。自改革开放以来，我国的重点任务是"以经济建设为中心"，解放和发展生产力，始终坚持发展是第一要务。为此，国家对体制进行了一系列大刀阔斧

① 云立新：《冲突与和谐——透视转型时期中国的社会冲突问题》，兰州大学出版社 2012 年版，第 102 页。

的改革。诸如对经济方面，建立了市场经济体制，由市场来决定资源的配置；对政治，国家逐步明确政府与市场、社会的行为边界，转变政府职能，改善宏观调控；除此之外，国家对文化、生态、社会体制等方面也进行了相应的改革。尽管新制度设计是合理的，但社会生活、社会关系具有复杂性、多样性，社会发展很难将一切社会关系、社会活动囊括在可调节范围内，因此，不可避免会产生漏洞。这些漏洞难以根据制度予以消除，最终会给社会发展带来负面影响。譬如经济体制的改革要求国有企业进行重组，这一体制具备了合理性，因为只有这样才能增强国企的市场竞争能力，更好发展下去，但国企格局变更致使许多职工面临下岗、失业的境况，如果社会保障制度不能及时有效解决下岗职工的这些困境，社会的稳定会受到极大的挑战。

功能冲突在社会转型期表现得更明显。所谓社会转型，是指社会结构和社会运行机制从一种形式向另一种形式转换的过程，是由社会诸要素及其相互之间关系发生根本性变化而导致的新旧社会发展模式的更迭，一般指社会从传统社会向现代社会的整体性转变，社会生活各方面开始了一个逐渐变化的过程，社会转型是社会进行全面性、根本性的变革，变革过程的发生和完成并非单一因素所能够支撑的，它必然是众多因素共同作用的结果，是一个动力系统，因此任何一次社会转型都可称为一场真正的社会革命。中国社会转型是指中国社会从传统社会向现代社会转变，目前我国社会进入了一个新的加速转型时期，社会转型的速度、深度、难度等均前所未有，这就使国家治理面临重大挑战，在这个特殊时期，社会结构的调整以及社会机制的不断转变，导致社会冲突层出不穷。

从我国目前的社会转型看，随着社会的变迁和发展，人们的生活方式和行为方式也发生巨大变化，一些旧的行为规范被冲破了，原有社会规范不再具有引导与制约社会价值观与社会行为的功能。而与经济社会发展相适应的新的行为规范体系并未完全建立起来。“规范真空”与“控制失灵”成了社会发展过程中比较常见的社会失调的现象。随着中国经济转轨和社会转型，开启了从计划经济体制到社会主义市场经济体制的步伐，现在国家以经济建设为重点，很容易形成以利益导向为中心的社会动力系统，各个企业、部门、社会组织和个人很难逃脱物质利益动力的作用。比如，在市场经济中，一旦经营者的局部利益与社会整体利益发生冲突，而这个时候一旦缺乏有效的引导和控制，经营者对自身的特殊利益的无限制追逐就可能不择手段，以此获得利益最大化。在此转型过程中，社会运行机制不稳定，处在不断地转换过程中，这一时期的社会控制显得更为复杂也更为重要。

二、社会发展创新动力不足

创新就是力量，创新就是财富。发达国家与发展中国家的经济差距将主要不是发生在资本密集型领域，而是发生在知识密集型领域。“创新鸿沟”“高科技人才鸿沟”将成为发达地区控制不发达地区的主要手段。虽然中国的经济总量不断扩大，但仍存在发展方式不合理，经济发展竞争力不高的问题，这主要是因为创新动力不足，经济增长大部分的贡献来自大量的资金、人力等要素的投入。经济强国的一个重要表现就是拥有一批创新力强、具有全球影响力的企业，它们代表了一个经济体的系统创新水平和竞争能力。虽然中国也有多家企业进入世界五百强，但科技型的企业不多。科技体制、教育体制有些不能适应创新驱动发展的需要，比如科技与经济脱节，科技资源大多集中在高校与科研院所，游离于企业之外，研究成果与市场脱节，缺乏市场化、产业化的基础，所谓技术经济“两张皮”的现象便是这样形成的，直接影响到创新活动的实施，也制约了高科技产业化的发展。

虽然国家已经在持续关注和重视创新型国家的建设，然而整体创新能力有待加强，创新对中国经济发展的驱动作用有些不足，比如面对“创新动力不足，不想创新”“创新风险太大，不敢创新”“个人创新能力有限，不会创新”“创新融资太难，不能创新”等的阻力。创新主体动力不足，传统体制下创新系统的配置方式，既造成主体创新动力的低下，又造成了各主体之间功能分割的局面,虽然科技人员总量居世界前列,但是人均产出效率落后于发达国家,尤其是科研领军人才,高端创新型人才稀缺,原创性的科学创新不足困扰和阻碍着我国自主创新事业发展。上述各种因素并非彼此孤立的,而是相互渗透、彼此掣肘,最终形成了一种阻滞创新的系统机制。具体来说,我国创新体系建设主要面临以下挑战。

(一)企业自主创新动力不足

企业以追求更多营利为目标,这是企业生存根本,亦是它实施自主创新的原动力。企业实现自我发展的同时也面临着外在的激烈的市场竞争,这是其发展的外在动力。就目前我国企业而言,有些企业缺乏自主创新的动力和压力,对传统经济增长方式和原有企业发展模式的依赖仍很强,这是在国际市场竞争中处于低端位置的根源。现阶段,中国企业整体的创新水平不高,在很多方面存在问题,其中很大一部分原因是企业创新动力不足,管理者或决策者对于企业发展往往追求“稳”,稳中获利,谋求短期“政绩”,不愿承受自主创新带来的潜在风险,意识对物质具有反作用,因而对技术创新的投入比重较少。此外,企业往往把经营的方向集中在争取优惠政策或构造各种关系上,通过这些外在的因素来定位企业发展方向,而非集中精力打磨自身,通过创新活动提升自身价位。有些企业会在创新层面进行投入,但其创新的决策能力和组织能力薄弱,基本处于小打小闹,以跟踪和模仿为主,难以形成重大课题、重大成果,更不能形成发展的良性动力系统,原创性创新少。不少企业满足于从国外引进先进技术,进行简单模仿而不是对技术进行消化和二次创新,由于创新需要大量投入,而投入无法立竿见影,快速获得回报,因此必然影响短期利益,而模仿的成本低、效益好。我国一些企业仍在追求短期效益,创新投入的资源基础薄弱,难以静下来做踏踏实实的创新。

作为自主创新主要主体的有些企业缺乏创新意识,仍滞留在原来的落后的生产技术和产品工艺上,一方面是由于没有从思想上把创新与市场紧密联系起来,另一方面相应的具体落实措施不完善、不到位,在一定程度上反而挫伤了企业技术创新的积极性,有些认为创新投入大、风险大、短期收益低,甚至为维持现有利益不想或不愿进行自主创新,缺乏创新精神,导致了自主创新动力不足。企业往往首先会根据自身的行业特点及与高利润行业的联系来发展相关业务,并逐步向高利润行业渗透。比如某些行业或产业利润高、吸引力大,即便某企业自身现有业务与该产业并无关联,在巨大利益的诱惑下,也会驱使其转战进入该产业,进行与其自身业务无关的多元化经营。党的十八大以后,中共中央提出了新的经济和社会发展战略,即新型城镇化的发展方向。中国城镇化建设的这一大背景,为房地产行业带来了良机,房地产行业一跃成为重要产业。房地产的造富效应有目共睹,同时亦对很多人或者企业产生了负面影响。大量的大企业、知名企业已无太多心思再去做制造业,更别说发展新兴产业了,一窝蜂进军挣钱快的行业赚取超额利润,自然无心做需要长期投入才能有收益的研发。

(二)创新主体资源分布不平衡

创新型人才区域发展不均衡。我国的高校和科研院所资源多集中在东部地区,中西部地区相对不多,从城市的角度来看,我国的科教资源过分集中在省会城市和直辖市,非省会城市的科教资源,尤其是高水平科教资源非常稀缺。创新资源在空间上的分布不均,也就是不同主体创新资源分布不平衡。虽然中国的科技人力资源总量稳居世界第一,但高层次创新型科技人才严重不足,我们不仅缺乏原始创新的科技人才,缺乏战略科学家工程师,缺乏高科技前沿领军人才,同时也缺乏解决企业核心技术的技术人才,缺少怀揣创新创业梦想的科技创业人才规模化群体,善于创造、勇于创业的能力不足,鼓励创新、宽容失败的良好环境需要继续完善。

人民群众对创新的认识不同。有人把创新理解为自然科学的事,认为与自己无关,这种认识和观念是有偏颇的,因为创业、创新不仅仅是自然科学工作者的事，同时也是社会科学工作者的事，也是人民群众的事情，是社会全面发展的必然要求。追溯历史，我国曾经长期处于单一的农业经济时代，并推崇“重农抑商”的国家政策，这一政策制约了商品经济和生产力的发展，同时对科技的发明和应用也极为不利。1840 年鸦片战争后，当中国的刀矛弓箭遇上西方列强的坚船利炮强有力的打击下，创新思想和行动才得以觉醒。创新驱动发展是中华民族实现伟大复兴的重要途径，习近平总书记提出了“择天下英才而用之”，充分体现了党和国家求贤若渴、广纳贤良的决心。能否实现创新驱动，与有无创新人才有极强的关联度，可以说，创新驱动归根结底是人才的驱动，提高自主创新能力关键要素也是人才，是具有创新活力和创新技术的人才，这些人是提高我国技术研发能力、技术成果产业化能力的排头兵。

（三）创新机制不完善

纵观我国高新技术企业发展情况，呈现出“自主创新能力不强、创新速度不快”的态势，其原因，首先表现为制度、体制二者没有很好配合。这一矛盾对高新技术企业的发展极为不利。其一，高新技术企业在引进、吸收、消化后，适时提出配套创新方案不够，得到的相应政策支持较不完善。基于此，创新方法或模式极易淹没在萌芽中，无法推广至大众。其二，随着经济全球化以及市场经济的进一步深入，当前我国与世界接轨的企业制度不完善，产权结构不合理加上我国对知识产权保护措施不足，对原创技术的发展保护不力。为实现创新，企业投入大量的人力、物力、财力、精力等，最终因制度不健全被侵权者随意复制、使用。这种不良的态势致使原创技术毫不费力地被复制粘贴，企业所有付出极易顷刻间毁于一旦，因此企业更无心、不愿意投入创新活动中。此外，企业创新的过程始终面临着风险，这项极具危险的冒险之旅迫使企业承受巨大的压力，如果创新成果难以受到合法保护，享用高额利润的时光转瞬即逝，势必削弱企业创新的积极性。

其次，科技与经济二者之间的结合还没很好解决，科技成果向现实生产力转化的道路还没有完全打通。科技体制改革的任务之一是解决科技与经济脱节的问题,但目前二者存在“两张皮”现象。良好的体制或机制是企业实施创新的有力保障,也是关键环节。目前就我国基本情况而言,第一,从事低水平重复性的基础科学研究依然存在,诸如科研人员或教育科研单位因缺乏产业支撑等因素往往以现有研究成果为基础进一步深入,较少另辟蹊径开拓新的领域,因此最终难以提供有价值的技术成果。第二,就企业来讲,不论是独立自主研究与开发角度,还是引进技术加以消化吸收与创新角度,都缺乏人才的支撑。因此,即便产生新的技术成果也只能成为摆设,无法深入转移至生产程序。这两种结果产生两种不良循环:科研机构因为缺乏产业的有力支持而陷于不良环境,产生人才浪费,而企业因缺乏人才、技术创新不足而导致生产的不景气。

科学在其知识形态上只是“一般生产力”,只有进入生产过程才能“变成直接生产力”。并不是有了科技成果,生产力就会自然而然地上一个等级,这中间还需要把科技成果转化为生产力,但科技成果转化为生产力是一个十分复杂的过程,它包括相互联系的诸多环节,需要充分发挥主体能动性。习近平总书记在分析明末清初以来我国科技落后的原因时就指出:“科学技术必须同社会发展相结合,学得再多,束之高阁,只是一种猎奇,那就不可能对现实社会产生作用。”①归结科技和社会发展脱节的原因,体制方面是其中之一,现行制度导致科技资源条块分割,各部门各司其职,缺乏有效衔接,资源配置方式缺乏协调等现象,这些体制难以与创新形势相适应。其二,高校作为知识的推广者、传播者,学校招生、课程设置、培养计划等有些偏离企业需求轨道,日常所学知识大多来源课本,与知识使用企业对接较少,传授形式多以灌输式为主,缺乏知识创造式的教育。这种境况,一方面致使一些毕业生难以找到合适的工作岗位,另一方面企业因难以招到匹配的人才而出现职位空缺。此外,相

① 习近平:《在中国科学院第十七次院士大会、中国工程院第十二次院士大会上的讲话》,人民出版社 2014 年版,第 14 页。

关机制不健全的情况确实存在，诸如资源不能有效配置、缺乏公平有效的要素投入分配机制，因此，极大地削弱了知识技术载体人的创新主动性，限制了高技术人才在企业内和企业间的有效流动。这就需要政府制定相关政策，以全局视角干预和引导。

最后，创新力量缺乏有效组织。创新涉及多个部门、多个环节，然而各部门之间，各环节之间力量比较分散，没有很好衔接。具体主要表现为：高新技术企业创新的合力和运行机制尚未真正形成，官、产、学、研之间没有很好的密切合作，有些部门甚至各自为营，整合效率较低，此外，各部门之间对彼此定位分工缺乏清晰化的认识，难以形成有效的协调机制，这对产业的发展及创新能力的提升极为不利。接着，技术转移和联系机制不健全，导致研究机构和高校的创新成果难以向企业特别是向民营企业和中小微企业转移，大批有使用价值、可形成规模经济的高校科研成果因无法转移，进入生产程序，被束之高阁。同时，各部门之间发生联系，有时需要中介牵线搭桥，我国的科技中介行业目前尚未形成有效的体系，且具有整体规模小、功能单一、服务能力薄弱等特点，难以发挥较好的桥梁作用，对于创新动力的产生和发展，这些因素无疑是其绊脚石。

三、社会发展动力优化机制不完善

社会发展动力机制的优化是一个通过社会变革以重新安排社会资源，“调整社会生产，塑造社会价值的过程，其实质是一个生产关系不断调适、构建以适应生产方式发展需要的过程。确立科学的机制建构目标、采取科学的手段和方式、按照科学的程序和步骤实施，是保证社会发展机制建构取得成功的决定性环节”①。目前来说，我国社会发展动力优化机制仍存在薄弱环节。其原因主要表现为：首先，人们对社会主义的错误认识及其不顾客观规律对现

① 王晓林：《社会发展机制优化论：关于现代社会发展机理的一种建构性研究》，中央民族大学出版社 2007 年版，第 73 页。

实生活进行人为设计,是阻碍社会发展动力优化的直接原因。其次,社会主义社会有机体的新陈代谢,社会基本矛盾的运动,是阻碍机制产生的主要原因。生产力是不断变化发展的,发展至一定程度会突破现有社会关系的稳定状态,生产关系、上层建筑由适应生产力转至为不适应,最终演变为阻碍力量。具体而言,社会发展动力优化机制不完善主要表现为以下几个方面。

(一)多元化的社会整合机制有待完善

社会整合主要是国家通过各种方式对社会中的各种利益、动力、目标和结构进行整合,保证社会的稳定性、协调性和一体化,使社会良性运行和协调发展。"社会整合的最基本的功能是保持社会的秩序化、规范化,防止社会结构的各个部分因缺乏亲和力而导致发展失控、引起整个社会的混乱和无序,使社会体系内各因素、各部分达到'相对和谐'、'相对均衡'的状态。"①其目的源于对社会稳定的诉求,防止社会结构因缺乏整合而散乱无序,引发社会冲突,甚至陷入混乱。社会整合是一个国家在执政条件下利益表达功能、政治社会化功能的集中体现,也是保持社会政治稳定与巩固党的执政地位的有力保障。但我国当前的社会整合机制在一定程度上尚未满足社会发展的需要,由此可能会引发社会失序、制度失范、价值多元、利益分化等社会分化现象,这些均不利于社会的稳定与发展。

社会利益整合机制有待加强。社会整合的核心是社会利益的整合,随着我国社会利益主体多元化、利益需求多样化、利益获取多元化,经济社会发展中的利益诉求超出以往。人与人之间的利益关系直接决定着社会的发展与稳定,因此,利益整合的实质是对人们以利益为核心所形成的各种社会关系的调整。不同的利益群体对各自特定利益的追求,使得他们在经济利益分配上形成了诸多矛盾,利益整合重在强调利益关系的均衡、和谐和秩序化状态。合理

① 张凤玲、贾玉生:《社会整合视域下的统一战线》,甘肃文化出版社 2012 年版,第 59 页。

的利益差别如在恰当范围内，它将会是人类社会发展的内在动力，分化差距过大或超过一定限度，它将成为社会稳定的破坏性力量。利益整合机制应该是由利益平衡与利益制约等诸方面构成的一个利益管理体系，充分调动利益各方面的积极因素，有利于政府部门及时了解社情民意，迅速、有效地化解社会矛盾，加强党和政府同人民群众的联系。共产党人同其他无产阶级政党不同的地方是，共产党人强调和坚持整个无产阶级共同的不分民族的利益。政府应注重不同阶层、各个群体的利益关系之间实现和谐与融合，努力缓和矛盾冲突。当前，社会利益整合机制不完善导致人们的利益表达渠道不畅，已经成为影响我国社会和政治稳定的薄弱环节。

在财富获取上，既有个人能力和努力程度的差别，也有国家宏观政策的影响，也有机遇和社会大环境的因素。新中国成立初期国内现状一穷二白，想要共同致富难度大，经过“先富带动后富”政策的实施，我国经济社会发展带来了巨大飞跃，在快速发展的同时也面临贫富差距的问题，如果社会群体之间贫富差距过大，社会失去奋斗动力，这个社会的利益协调机制就是不到位。我们已经如期全面建成小康社会，有效地缩小了贫富差距，并且我国一直把共同富裕作为目标。

利益表达呈现不均衡性。随着国家对教育投入的比重不断加大，城市化进程的不断深入，我国的受教育数量不断攀升，城市人口越来越多。但低层次文化水平的人群依然存在，他们依然处在表达意识的薄弱地带。据资料显示，城市人口在受教育环境、信息获取的渠道等方面具有优势地位，使得他们利益表达渠道明显强于农村，这在一定程度上加重了利益的不均衡。总之，这种正常的利益诉求表达渠道不畅，直接影响国家各阶层之间的利益协调，同时也阻碍了中国梦的实现。一旦压制利益诉求超过了利益主体的心理预期能力和承受能力，势必激发矛盾，影响社会的稳定。譬如贫富差距一旦超过一定限度，势必导致社会利益机制失调，进而严重影响社会良性发展。通俗来讲，利益宛如一个巨大的吸铁石，拥有强力的磁场吸引众人为之奋斗。维护好它，人们的干劲会越来越强，一旦分配有失，极易击退群众的积极性，因此，运用合理利益调节机制，是调动人民群众积极性、发挥其创造力的必要方法。

（二）纠错机制失灵

人非圣贤，孰能无过。容错纠错机制的建立是为了激励体制内的党员干部敢于做实事、做好事。党的十八大以来，中央领导多次强调要建立和完善容错纠错机制，党的十九大报告首次提出要“建立激励机制和容错纠错机制”。纠错机制失灵主要是由于错误的意识，在片面强调自身利益的前提下，不能尊重客观规律造成的，主要表现为权大于法，导致主观意志被无限夸大，个人权力欲望极度膨胀，没有尊重社会发展的客观规律，或是过分夸大主体在社会发展过程中作用。犯错是每个人的必修课，我们自小受的教育即为知错能改，尤其是领导人、执政党的决策决定整个国家的走向，因此，一种有效的纠错机制必不可少。探寻人们在认识事物本质上常发生错误的原因，不难得出，关键在于欠缺认识复杂事物的能力，进而致使主观无法认清客观，主观与客观，认识和实践相脱离。按照马克思主义的认识论，人们对事物本质的认识大体要分两步，第一步是开始接触外界事物，属于感觉阶段。第二步是将感觉的材料加以综合整理和改造，属于概念、判断和推理阶段。虽说对感觉的材料加以去粗取精、去伪存真、由此及彼、由表及里的改造制作，从感性认识跃进到理性认识，是认识事物本质的主要环节，但是“只有感觉的材料十分丰富（不是零碎不全）和合于实际（不是错觉），才能根据这样的材料造出正确的概念和论理来”①。回顾中国共产党走过的历程，之所以能够从小到大、从弱到强，不断从胜利走向胜利，就在于崇尚真理、与时俱进、敢于纠错，就在于能够依靠自身的力量认识自己的错误、纠正自己的错误。实践证明，在党内建立和完善纠错的机制，更具有根本性、全局性、稳定性和长期性。

---

① 《毛泽东选集》第一卷，人民出版社 1991 年版，第 290 页。

目前纠错机制失灵现象在一定程度上存在，主要症结表现在，现行容错政策过于笼统、缺乏可操作性。我国现行的关于试错免责的有关政策多是指导性文件，而关于具体的实施细则、对于容错机制的适用情形和界定标准没有一个明确具体的规定，比如在有的试错免责管理办法中提到："在改革实践过程中，大胆探索、积极创新的，如出现失误或错误，可以从轻、减轻或免除处理"，虽然对容错机制的适用情形作出指导性的规定，但在实施过程中却难以对大胆探索、积极创新进行明确的界定，何种失误或错误才能适用于免责也没有做出具体说明，因此可操作性较差。

四、社会不平衡不充分的发展

当代中国社会的发展过程中，社会发展动力的运行本身就是一个逐渐展开的创新过程，期间难免会显现各式各类的问题。中国还处于社会主义初级阶段，中国现代化还处于起步阶段，中国改革正处在一个关键的历史时期，目前虽已全面建成小康社会，但全面建设社会主义现代化国家任务依然艰巨。发展不平衡不充分的一些突出问题尚未解决，发展质量和效益还不高，创新能力不够强，实体经济水平有待提高，等等。另外，随着经济的发展、社会的进步，一些矛盾和问题日渐突出，社会的发展还存在不科学以及不完善的地方。尤其是在社会转型期，所谓转型期社会问题，主要是指在当前社会转型过程中，由于存在若干导致社会发展失衡、社会结构失调等，危及相当一部分社会成员的切身利益的问题。譬如党的执政能力同新形势新任务尚不完全适应等一系列重大问题，社会中形成了不同的利益群体，各种利益冲突日益明显，社会不公平现象突出，出现群体性事件……这些问题均是我们在发展中亟须妥善处理的问题。总之，当前社会存在棘手的社会转型期问题。具体可表现为：

首先，没有更好地遵循经济发展规律。当前，我国经济实力和综合国力显著增强，国内生产总值稳居世界第二位。但这些骄人的成绩并未改变我国的基本国情、社会主要矛盾以及最大的发展中国家的事实，随着改革开放的不断深入,我国社会经济发展节节攀升,群众也从中获得不少的切身实惠。诸如,2003年取消农业税,2017年两会着重提出取消全国漫游费等等,深受百姓拍手称赞,社会更加和谐稳定。但欣欣向荣的景象下,并非各个方面均协调发展,社会发展的精力一度集中在经济建设上,非常重视GDP发展,忽略了社会问题,造成了潜在的社会不稳定因素。此外,中国是人口大国,人口基数大,人均资源占有量低下,资源匮乏且利用率低,技术较为落后,经济发展长期以粗放型经济为主要增长方式,这些境况加大了对环境及生态的破坏,最终影响经济社会可持续发展。鉴于此,如不从根本上改变传统的发展战略和增长模式,忽视经济发展规律,将难以实现社会主义现代化强国的宏伟目标。当前,我国经济发展正面临需求收缩、供给冲击、预期转弱三重压力。稳字当头、稳中求进,各地区各部门都要担负起稳定宏观经济的责任。同时经济全球化遭遇逆流,保护主义上升,新冠肺炎疫情带来广泛而深远的影响。在这种情况下,强化国内经济大循环,有利于增强经济发展韧性。

其次,面临不平衡不充分的发展。我国发展不平衡、不协调、难以可持续性等问题依然存在,特别是区域发展不平衡、城乡发展不协调、产业结构不合理、经济和社会发展"一条腿长、一条腿短"等问题。此外,社会各阶层之间、各行各业之间收入差距不断拉大,贫富分化严重,不利于民族凝聚力的加强与社会的发展。具体而言,社会发展失衡首要表现为区域发展不平衡,进一步,我国的区域经济发展不平衡主要表现在东中西部经济发展不平衡上。东部沿海地区轻重工业以及第三产业发展迅速,且经济社会发展一直处于领先地位,而中西部地区受产业结构、政策环境体制以及地理位置、自身发展基础等因素的影响发展进程明显落后于东部地区。国家为促进共同发展,陆续出台了西部大开发、振兴东北老工业基地等战略政策,鉴于中西部传统、地域等条件的限制,三大经济带发展仍存在差距,此外,在经济发展总体水平、人均收入等方面的差距有拉大的趋势。尤其是西部地区,一些地方属于民族自治地区或山区地带,基础落后,自我发展能力较弱,缺乏资金支撑,难以吸引人才、技术等发展关键因素的进驻,这一境况与东部地区大量人才争相涌入形成强烈的对比,致使东西部发展存在差距。这在很大程度上为社会协调发展带来不良影响,对我国实现一体化目标、全面建设社会主义现代化国家更加不利。

最后,主要表现为城乡发展不均衡。城乡和区域发展不平衡现在不是在扩大而是趋于缩小。这种不平衡不充分的问题需要进行协调。计划经济体制时期,户籍制度把城乡居民分列为两种不同类型的身份,形成"城乡二元结构",国家给城市投入大量资源,而乡村的资源就相当有限,有些乡村只能自给自足,城乡分割形成显著的差别,城市有国家支撑前途一片光芒,乡村自己承担加上少量的恩惠,如迟暮老人缓慢前行,逐渐形成城乡发展不平衡。随着城市化进程的发展,大量农村剩余劳动力流动至城市,城市建设也加速发展,而农村青壮力的转移使得自身更趋于边缘化,加上发展基础薄弱,农村发展明显滞后,而城市发展却占有发展先机,占有大量的资金、人才、技术等发展资源,最终致使城乡分化扩大化,这已成为我国经济社会发展中亟待解决的突出问题。习近平总书记在党的十九大上首次提出实施乡村振兴战略,并将其作为决胜全面建成小康社会、全面建设社会主义现代化强国的战略之一,乡村振兴体现了党对中国农村向何处去的问题的新思考,有利于改善城乡之间发展不平衡不充分的状态。

第三节 中国社会发展动力系统优化路径

当前,我国社会正处于重大转型的过程中,社会发展动力系统的优化和建构仍是一项长期、艰巨的任务。需要不断探索、大胆实践,并根据实践和社会环境的变化,适时做出相应的调整和优化。回顾改革开放发展的历程,我们可以探寻出,改革开放的实质,就是在实践中不断探索和建立适当的制度和体制,从而优化机制并促进社会良性运行。群众力量是无穷的,毛泽东群众路线亦告诉我们要从群众中来,到群众中去,健全的优化机制、社会的良性运行同样不能脱离群众的力量，因此要尊重人民群众的首创精神，调动一切可以调动的积极因素，挖掘社会创造潜力，激发社会创造活力。通过深化改革、体制创新等途径，激发社会创新激情，把个人创业同国家创新驱动发展目标相挂钩，行径相一致，与经济繁荣、社会进步相结合，全社会共同发力，形成以创新为主要引领和支撑的经济体系和发展模式，为建设创新型社会提供强大的动力支持。

一、增强创新驱动的动力组合

纵观人类发展史，不难发现，创新对于社会现代化进程发挥着至关重要的作用，在一定程度上可以说是现代化的发动机。重视创新的国家和民族能为其发展注入强有力的支撑，而忽视者则发展缓慢，甚至走向衰败。可以说，增强创新能力是国家充满活力的动力所在，一个国家不管现在处于何种地位，如不重视自主创新，均有可能面临被淘汰出局的挑战与危机。我国是创新大国，已经具备很强的创新能力，但仍然不是创新强国，因此，国家必须提升创新意识，不断创新，才能真正实现和拥有核心竞争力，使之保持经久不衰的旺盛生命力。也就是形成以企业为主体，使之成为技术创新的真正领航者，以高校、科研机构为依托，充分发挥其作为创新源和知识库的作用，采用市场导向、政府推动、社会参与的广泛的区域创新合作机制。

（一）协同创新主体之间的互动

从系统论的观点来看，一个系统由各个部分构成，各个部分都有自身专属的功能，如果各个部分结构合理，相处和谐，功能运转协调，那么整个系统呈现协调、运行良好的态势，产生“1+1>2”的功效。反之，各个要素相处不和谐，难以运转协调，系统就会出现问题。同理，如果把建设社会主义社会当作一个系统工程，那么每个社会成员便是构成这个系统的要素，各个成员相处和谐、围绕着共同的目标而努力，就必然激发出创造社会财富和伟大事业的巨大活力。在国家创新体系中，政府、科研机构、大学、企业中介组织等都是主体，他们各有分工,又密切配合,形成有机整体,政府在创新驱动发展战略的实施过程中起着调控和引导作用,具有服务与保障职责。企业是创新的主体,研发部门的科研人员,是创新人才的支撑。政府、企业、研发部门与科研人员等共同构成了创新的主体,只有创新主体协同合作,才能统筹整个创新驱动发展战略的布局和实施。

同时,在现实中创新主体之间在运行过程中可能存在各种各样的系统缺陷,即企业之间以及企业与高校或科研机构之间互动过程中的障碍。这些障碍主要包括创新系统参与者之间交流与合作机制的障碍、知识产权保护和技术研发的外部性等问题,这些缺陷会导致知识共享困难以及技术合作受到限制,进一步影响到系统的创新能力。当创新主体之间不能进行良好而通畅地互动的时候,国家的整个创新就会受到阻碍,这就需要政府有针对性地采取措施,建设以企业为主体、市场为导向、产学研相结合的技术创新体系,使企业真正成为研究开发投入的主体,增强国家自主创新能力,鼓励更多有实力的企业、高校和科研院所从长远考虑,选择自主创新模式。只有这样才能从根本上提高我国创新主体的创新能力,提高创新成果产出质量。

企业是经济增长的主体,企业在创新中一直扮演着重要的角色,尤其是技术创新,企业是责无旁贷又不可取代的主体。为什么企业是技术创新的主体呢?美籍经济学家约瑟夫·阿罗斯·熊彼特(Joseph Alois Schumpeter)在《经济发展理论》一书中提出了创新理论。他认为,技术创新是推动资本主义经济周期发展的关键力量,强调技术创新是生产的"函数",是生产要素或生产条件的新组合。这种新组合包括下列五种情况:"(1)引入一种新的产品或提供一种产品的新质量;(2)引进新技术,即采用一种新的生产方法;(3)开辟一个新的市场;(4)采用新的原材料或控制原材料的新供应来源;(5)实行一种新的企业组织形式,如建立一种垄断地位或打破一种垄断地位。"①

① [奥地利]约瑟夫·熊彼特:《经济发展理论》,何畏等译,商务印书馆1990年版,第76页。

从以上创新的内容我们可以看出，他所理解的创新实际上是企业创新，是企业内部的生产变革活动，是企业家依靠个人素质主导的创新，他把创新当作影响经济变动与周期的内生变量。企业是技术创新的主要投资者，通过向市场提供产品和服务而获得自身的利益回报。企业可以被视作创新的最终的实施者，但是创新需要协同创新主体之间的互动，只靠企业自身力量解决全部创新问题是不现实的，如大学及科研机构提供人才与技术支持，金融机构提供资金保障，以及政府部门提供制度建设和法律保障等。随着创新的投入越来越大，风险也随之增加，单一的创新主体已很难独立地担负起创新的任务，而需要寻求更多地合作伙伴。

在整个创新驱动的过程中，政府作为创新实施的"牵头者"，凭借组织能力参与协同创新的活动，政府对于宏观资源的整合以及国家创新体系的优化起着不可磨灭的关键作用，可以说创新活动离不开政府对于创新系统参与各方的宏观政策协同。在整个创新驱动中，政府既是一个领导者，又是一个协调者，正是这种双重角色的扮演使得政府在整个创新机制中成为一个大主体。不仅需要提供促进协同创新各主体间良好合作的政策环境，引导和激励其他创新主体的创新行为，协调不同创新主体间的利益关系，充当中间协调者的角色，有力保护知识产权，而且需要搭建优质的创新资源和成果共享平台。但"如果只'领导'不'协调'，就无法打通各个子系统的创新接口，大大降低创新绩效；如果光'协调'不'领导'，就难以带动各个子系统形成创新的合力，从而失去前进的方向"①。宏观来看，政府在协同创新的过程中充当着引领者的功能，既不能越位也不能缺位，既不能代替企业进行自我创新活动，亦不能干扰市场的调节作用，但要为其发展提供完善的国家创新体系。

高校和科研院所是创新驱动的排头兵，是创新驱动系统的核心。高校和科研院所学科相对齐全，具有学科交叉、渗透与交流的优势，在国家经济发展

① 陈劲：《协同创新》，浙江大学出版社 2012 年版，第 211 页。

中发挥着知识更新、传播和转化的关键作用,它们的功能主要体现在人才培养、科学研究和社会服务上,不仅是培养出大量受过良好训练、具有创新能力的学生的地方,亦是培养高级人才和创业者的摇篮。不仅能够很好地整合知识的创造、加工、传播和应用,而且能与产业部门互相依托、互相促进,它们已成为知识经济的发动机。不难发现,许多带动国民经济发展的重大科技突破都是由高等院校研发出来的,进而将成果应用到各个领域转化为现实生产力,最终促进社会经济更快更好发展。

此外,创新主体协同发展、交流,同样离不开中介结构的牵线搭桥。中介机构以它专业的知识和技术服务为依托,向创新主体提供知识、信息、人才、技术、资金等发展资源的流动服务,是有效促进多元化创新主体产生互动的一个重要环节,如技术转让与扩散,在国家创新体系中发挥着重要的纽带及辅助作用,与此同时,还支持中小企业,为其提供支撑性服务,帮其有效降低创新行为的风险、加速创新成果的转化。

(二)实施人才驱动发展战略

创新驱动的本质是人才驱动,只有大批创新人才的涌现,创新才有可能实施,创新成果才有可能实现。"国以人兴,政以才治",一个国家如果培养不好人才,使用不好人才,留不住人才,吸引不了优秀人才,国家就难以发展,民族就难以进步。纵观现代社会,创新和创新人才已经成为一个国家综合国力的重要组成部分,关系到国家的发展和民族的前途和命运。马克思主义关于生产力和人的发展理论认为,在社会的各种资源中,人才资源是经济社会发展的动力源泉,应在创新驱动过程中发现人才、培养人才、凝聚人才。在创新人才评价机制上,人才评价是选人用人的基础,至关重要,确立开放、公平、公正的人才选拔使用机制,建立以能力和业绩为导向的人才评价机制,有利于优秀人才脱颖而出、建立充分施展才能的选拔任用机制,鼓励年轻人敢于探索、敢于创新、敢于超越。在创新人才使用机制上,机制是创新创业的重要方面,人才的活力取决于机制和环境，要建立有利于自主创新、人才成长的机制制度。选人用人不论资排辈，建立有利于优秀人才脱颖而出、充分施展才能的选人用人机制，让更多人才“无后顾之忧”，让各类人才大胆想、敢于闯，投身创新创造不背包袱、没有负担。要以更积极、更开放、更有效的政策引进和用好海外人才。不光要吸引华人人才回流，使留学人员回到祖国有用武之地，还要把目光放到全世界，凝聚和引进海外智力，延揽国际性人才。

（三）善用情感动力激发创新活力

情感是人类生命的重要组成部分，美好情感赋予了人民继续前进的勇气，对人民的行为产生长期、稳定的推动作用。积极面对一切的朝气和不轻易言败的锐气，通过激发人的积极性、创造性，把对人与事物美好的追求转变为活跃的行为，产生情感动力，激发人的活力和主体力量，并将动力化为创新实践动力。在创新创业实践中，对于创新型人才不仅要提高物质待遇，还应加强人文关怀，就是要善用情感动力激发创新活力，建立与他们联结的情感纽带，激发创新创业人员的热情和干劲。因为在创新创业的过程中，尽管创新型人才往往拥有过人的智力和能力，但也会遇到不同的困难和挑战，也有情感的烦恼，如果处理不好就会成为创新的阻力。情感动力为创新型人才提供了积极性和主动性，坚定了创新创业的决心，强化了创新创业的热情，从而反作用于认知活动，创新型人才就会坚持自己创业的决心和想法，这时的情感动力就为创业者们打下了强心剂，鼓励创业者们继续前行。各级党委政府部门要准确掌握人才的现实需求，投入真情，拿出真招，在政治上关怀、工作上支持、生活上关爱、精神上鼓励、增强他们对组织的归属感，尽心竭力办好暖心事，才能更好地激发出他们干事创业的激情与活力。

（四）健全法律法规，加强知识产权的保护

创新是引领发展的第一动力，保护知识产权就是保护创新。创新驱动发

展与知识产权一脉相承，是“鸟之双翼、车之两轮”，必须齐头并进。知识产权为实现创新驱动发展提供了相应的制度和政策规制。习近平总书记在博鳌亚洲论坛2018年年会开幕式主旨演讲中深刻指出：加强知识产权保护“是完善产权保护制度最重要的内容，也是提高中国经济竞争力最大的激励。”① 习近平总书记把知识产权保护提升到了前所未有的高度，发出了知识产权保护的时代最强音，要在现有知识产权体系的基础上打造知识产权保护“升级版”，大力实施创新驱动发展战略和知识产权战略。在我国深入实施创新驱动发展战略新形势下，加强知识产权保护，不仅是维护中外企业及知识产权权利人合法权益的重要举措，也是营造稳定公平透明营商环境的重要方面。尤其是在各国政治、法治环境存在较大差异的背景下，知识产权制度的输出因其独特性成为开展经贸合作的重要突破口。

知识产权制度是保护创新成果、激励创新投资、促进成果转化运用的重要制度。创新驱动发展和知识产权越来越呈现出相互促进和相互推动的发展势头，自主创新能力不强的国家，初期主要是以模仿创新为主，此时的知识产权保护制度力度不大。随着自主创新对技术进步的作用逐渐凸显，知识产权保护将更有利于创新的发生，而经济发展的动力由之前依靠劳动和资本转向依靠自主创新能力的提升加强知识产权特别是具有实用性和先进性的知识产权的保护，将激励社会大众的创新热情实现全民创业，营造尊重创新的良好氛围。这就需要做好体制机制的顶层设计，大力营造有利于创新的法治环境。没有保护，就没有创新。通过知识产权保护，确保发明创造者的应得利益，才能最大限度激发人们的想象力和创造力，激励科研机构、高新技术企业和广大科技人员积极参与创新活动。充分发挥司法保护知识产权主导作用，不断增强知识产权保护的国际影响力。加大对知识产权的保护力度，站在新起点上，我们要准确把握新技术、新业态的新要求，积极探索“严保护、大保护、快保

① 《习近平谈治国理政》第三卷，外文出版社2020年版，第195页。

护、同保护”的中国特色知识产权保护模式。

（五）加快体制改革为创新驱动发展提供动力源泉

创新驱动发展的引擎，需要用改革的火炬来点燃，抓改革就是抓发展，谋创新就是谋未来。习近平总书记指出：“多推有利于增添经济发展动力的改革，多推有利于促进社会公平正义的改革，多推有利于增强人民群众获得感的改革，多推有利于调动广大干部群众积极性的改革。”①深化科技体制改革，为我国实施创新驱动发展战略奠定了坚实的体制机制基础，也将为创新型国家建设提供持久动力。钱学森先生认为，“创新型人才不足是现行教育体制的严重弊端，也是制约科技发展的瓶颈”。解决这一瓶颈，要从源头机体机制障碍着手，建立有利于创新资源高效配置和创新潜能充分释放的体制环境。人才是推动创新发展的关键因素，也是社会经济发展的首位资源。因此，必须深入人才体制机制改革，建立健全完善的人才政策体系，尤其要建立适应科技人才成长规律的人才政策体系，重点是人才流动、评价、使用、激励政策更加完善，最大限度地激发人才创业的活力，为人才打造更好的软硬环境吸纳更多的人才汇聚到创新型社会的建设中来。

根本改变束缚生产力发展的经济、政治、文化体制，建立起充满生机活力的社会主义体制。社会主义改革是社会主义制度的自我完善与发展，是一种制度创新，用新体制来取代旧体制，通过调整、变革不适合生产力发展要求的体制来实现该社会形态的自我发展和自我完善。当前，我国创新管理体制上还存在一些不足、有待解决的问题，极大影响了创新驱动发展的进程及成果，诸如服务体系不完善、市场资源配置作用的发挥有待加深，竞争机制不健全等等。实现创新驱动的发展，最根本的是打破思想观念和体制机制的束缚，营造有利于创新的体制机制和政策环境，最大限度解放和激发科技第一生产力蕴

① 《习近平谈治国理政》第二卷，外文出版社 2017 年版，第 103 页。

藏的巨大潜能，真正打开这一束缚的绳索，亟须改革的实施。进一步“实施创新驱动发展战略的顶层设计，增强改革的系统性、整体性和协同性”①。因此，可建立公开透明、长期稳定的激励机制，营造良好的创新环境，调动全社会投入到创新队伍中，形成大众创业的良好氛围，制定激励创新的普惠性政策，让创新类人才充分享受政府的政策带来的实惠。

建立鼓励创新、适度容错的政策机制。创新是一种创造性的行为，能创造出与现存事物不同的新事物，因此，可以说它是一种高风险的行为，发生错误的概率较大，但创新对促进社会经济发展发挥着至关重要的作用，也是适应当下形式而采用的重要改革措施，因此，鼓励创新的氛围和容错机制的建立，将有利于从制度上保障创新行为，增强创新的动力。鼓励创新氛围主要表现为认同、认可这一行为，鼓励大胆改革创新的有益尝试，探索出更多更好的、可复制的经验和做法，以创新提升社会活力与动力。并对创新过程中产生的错误抱以宽容的态度，允许错误的产生，并给予客观、公正的评价。

二、形成“大众创业、万众创新”的新常态

“大众创业、万众创新”时代的到来，也由此引发了崭新的创业热潮，这使得创新创业演变成一种价值导向、生活方式以及时代气息，此外也象征着崭新的发展动力正式形成。2014 年 9 月，李克强总理在天津召开的夏季达沃斯论坛开幕式上，首次提出了“大众创业、万众创新”，由此，祖国大地上一股“大众创业”“草根创业”的新浪潮正在袭来。借改革创新的“东风”，民众的创业精神正在焕发，社会上各种创业类型的活动接踵而来，甚至激发了一批潜在的创新群体，他们纷纷跃跃欲试，筹划着进军创新行业，并寄希望从中分得一杯甜羹。诸如“草根阶层”，他们个人势力虽然较弱，但人数较多，他们积极发挥“三个臭皮匠胜过一个诸葛亮”的精神，不畏艰难，踊跃参与到创新创业中，为

① 白春礼:《以“四个全面”统领创新驱动发展》,《人民日报》2015 年 3 月 19 日。

社会创新贡献自己的力量。可以说，当下，创新创业正逐渐演变为时尚的生活方式以及推动经济发展的发动机。此后，李克强去创新创业基地考察时，总是要与当地年轻的“创客”会面。我国是人口大国，多9亿多的劳动资源，人人发挥聪明才智，人人参与，那么社会将蕴藏着无限的创新源泉。因此，归根到底，推动社会发展，重要措施之一就是调动人们的积极性、创造性，不断增强创新意识，使创业创新成为全社会共同的价值追求。

就业是民生之本，创新是活力之源，党中央、国务院历来高度重视创新，历数国务院常务会议，“简政放权，创新活力与大众就业、创业”等相关的话题多次出现。同时，为消除就业、创业的发展障碍，减轻其发展压力，国务院2015年印发了《关于大力推进大众创业万众创新若干政策措施的意见》，该意见对如何推动大众创业、万众创新的总体思路等做了系统阐释，并提出了一些优惠政策。李克强总理还强调，当前，我国发展进入新常态，要以大众创业、万众创新这一结构性改革激发全社会创造力，打造发展新引擎。两年多来，围绕“双创”这一结构性改革，国务院及有关部门出台了一系列支持“双创”的政策举措，并把“双创”改革与简政放权、放管结合、优化服务有机结合，积极为创业创新清障搭台。随着政府一系列措施的出台，创业环境必将得以较大优化改善，经济发展的引擎也会随之升级换代。

（一）“大众创业、万众创新”是实施创新驱动发展战略的必然选择

推进大众创业、万众创新就是要鼓励大众创业者应用新技术、开发新产品，为经济发展注入源源不断的动力和活力。目前，就国内外形势来讲，世界经济正处于深度调整之中，低增长、低需求、高失业等风险交织，经济不稳定性依然突出等。国内社会经济发展进入关键转型期，增长速度亟须新的档位匹配，发展动力同样亟须转换。仅就国内状况而言，当前，我国以数量型人口红利为代表的传统红利正逐渐消退，改革和全球化红利仍在不断释放能量，国家经济发展增长趋势已呈现放缓节奏的新姿态。确保缓中更进一步突破，亟须

创新注入新的活力,实施创新驱动发展战略。历经长期持续的快速发展后,国内外竞争格局、供需结构等条件发生显著变化,为避免经济增长出现无序下滑、产业结构无法升级的困境,必须及时转换经济增长动力,实现从依靠要素投入的粗放型增长向依靠创新驱动的集约型增长转变。因此,综上所述,大力推进大众创业、万众创新,实现众创发展是适应新常态和引领新常态的必然选择。除此之外,大众创业、万众创新也是百姓赞赏的举动。当下,大量的技术创新不断深入到日常百姓家,不断充斥着百姓的感官,改变着人们的生产生活方式,在很大程度上为大众提供了方便,节约了更多时间,因此,百姓乐于接受创新给自己带来的方便,越发寄希望产生更多的成果,也愿意投入其中,享受创新带来的成就感。当然创新不仅仅影响微观个体,亦对宏观经济产生重要影响。

推进大众创业、万众创新,就要充分发挥个体的主体能动性,在发挥尊重个体的同时,也要注重集体的力量,千千万万个人行动起来,把潜力发挥出来,必将汇聚成发展的巨大动能,人人都有成功出彩的机会,让中国经济始终充满勃勃生机。在"大众创业,万众创新"导向下,国内正在出现个人创新创业的新高潮。在国家创新驱动发展战略的引领和"揭榜挂帅""赛马"等制度的激励推动下,一批具有国际竞争力的青年科技人才脱颖而出,"嫦娥三号"探测器系统总设计师孙泽洲、中国空间站系统总指挥王翔和万米载人潜水器"奋斗者"号系统总设计师叶聪等,重大科技攻关任务中担重任、挑大梁。可以说,未来中国创新驱动发展中,组织化与个体性的创新主体都将蓬勃兴起,在创新链上发挥出各自的功能,共同驱动经济社会的快速发展。

(二)"大众创业、万众创新"有利于促进社会公平正义

推动大众创业、万众创新,这既可以扩大就业、增加居民收入,又有利于促进社会纵向流动和公平正义。大众创业、万众创新具有包容性,它既可以是推动人类技术进步的顶尖发明,也可以是服务草根等社会大众的"微创新"。在

汇聚民智的基础上,可以通过培育思想市场更好地激发创新。尤其是在中国等发展中国家,创新成果不仅仅只由其发明者或高收入人群独享,普通创新者也可受益,创新应能提升社会整体福利。创新创业是将来社会各阶层上升的常态化通道。其区别于旧时代的特点在于,过去的科举通道、体制通道,命运有时候不是掌握在自己手中,而创新创业这一通道,是将命运掌握在自己手中。“大众创业、万众创新的根本目标就是要给人民群众创造出满足人生需求、实现人生价值的发展渠道,让自主发展的精神在人民当中蔚然成风,让社会的每一个细胞都保持着不断追求卓越的积极心态和精神风貌。”①科技创新、文化创新、制度创新等只有转化为全民的创业活动,转化为各个领域创业活动的普遍化、密集化、高级化,才能形成推动经济社会健康发展的现实力量。

(三)“大众创业、万众创新”应注重发挥互联网的引擎效能

“互联网+”是指互联网与其他传统行业相融合,产生出的新业态和新商业模式的新引擎,备受国家及社会的支持,可以说“互联网+”目前在我国呈现蓬勃发展之势且有不断上升趋势。这种理念目的是充分发挥互联网优势,将互联网与传统产业深入融合,以产业升级提升经济生产力,最终目标是增加社会财富。这种理念顺应了当前我国产业转型升级的需求,代表着一种新的经济形势。2014 年,李克强总理在参加互联网大会时指出,互联网是“大众创业、万众创新”的新工具,可以称为中国经济增效提质的新引擎。由此可见它的重要性。互联网打破了地域界限、空间界限以及信息垄断,政府、企业、院校等各类要素资源集聚、开放与共享,大大降低了门槛,为大众创业提供了良好的平台,使大批小微企业成为创新的生力军。普通老百姓眼中,创业只是有钱人、有才能的人才可以做的事,这种思想遏止了潜在的创业力量,“互联网+”的形式让普通老百姓创业成为现实。众多家庭妇女、农村妇女、无业人员、退

---

① 万钢:《以改革思维打造大众创业万众创新的新引擎》,《光明日报》2016 年 3 月 26 日。

休人员近两年纷纷拿起手机做起了微商,不仅仅添补了家用,也在很大程度上丰富了人们的生活、扩展了自身的视野。互联网还催生了大数据、云计算等新兴业态,并逐渐成长壮大为新的主导产业。

现在政府一边推出简政放权、放管结合的进一步措施,做实行政审批、市场壁垒和各种“路障”的“减法”,一边做好市场空间、创业天地的“加法”,激发市场活力,让更多的人在大众创业、万众创新中充分涌流,这一“减”一“加”中,去除了对创新的束缚。大量的实践证明,我国小业主企业吸纳了大量的劳动者,诸如一些互联网平台为劳动者智慧和创造力的发挥,提供了极好的展示舞台,有力地推动了我国改革开放事业的发展。这也从另一个方面诠释了马克思主义的一个基本观点,即人民群众是历史的创造者,是真正的英雄。

(四)通过“大众创业、万众创新”最大限度释放人民的创造潜能

尊重群众的首创精神,就是鼓励人民群众进行开创性的探索,并将其中的成功经验加以总结,作为制定方针、政策,提出工作计划、方案、措施的依据,让全体人民进一步焕发劳动热情、释放创造潜能,通过劳动创造更加美好的生活,最大限度释放人民的创造潜能。人民群众,作为社会实践的主力军,无时无刻不在进行实践活动,长期以来积累了丰富的经验和智慧。人民群众是社会实践的主力军,也是开展一切创新活动的主体力量,更是创新驱动发展的源头活水。他们改造自然和进行社会实践过程,也是不断创造新事物、新经验的过程。在改革过程中遇到的困难和难题,只有依靠人民群众才能得到解决,中国最早的农村经济体制改革中实行的农村联产承包责任制,正是人民群众的首创。1978 年底,小岗村 18 户农民冒着极大的风险搞起了“大包干”,成为农村改革的先驱。这一举动不仅仅影响了农村,更奏响了中国改革的序曲。邓小平指出:“我们改革开放的成功,不是靠本本,而是靠实践,靠实事求是。农村搞家庭联产承包,这个发明权是农民的。农村改革中的好多东西,都是基层

创造出来,我们把它拿来加工提高作为全国的指导。”①正是人民群众不断的创造性实践,为党的领导集体制定决策提供及时的、有效的、丰富的、实用的素材,拓宽理论创造的视野。可以说,完善、成熟的理论体系,离不开人民群众的智慧和经验,因此我们要善于把握和总结、提取群众的经验和创造。

社会发展必须把人民作为改革的主体,充分尊重人民群众的首创精神,把人民的利益作为改革的出发点和归宿。人民群众的力量是无穷的,如果能够最大限度地调动人民群众的积极性和创造精神,社会将会充满无限活力,快速向前发展,一旦受到压抑,社会发展就会缓慢,停滞不前,甚至于衰落。改革的一个重要方面就是要解放劳动者,改变原有体制下劳动者的创造力受到压制、聪明才智受到限制的状况。大众创业、万众创新强调的是每一个普通人的贡献,人民的智慧是无穷的,群众的才能是不竭的,鼓励“大众创业、万众创新”,则是要让群众当主角,推动生产力解放和社会发展,归根到底还得靠人民群众,不能把目光仅仅盯在少数几个大企业、大项目身上。就业是民生之本,而创业则是富民之本。实践证明,凡是发动群众广泛开展,由群众创造的实践活动,群众的接受程度、吸引程度就越高,引起的反响越大。长期以来,中国的创业和创新只属于大多数眼中的“冒险”“不守规矩”“高大上”的代名词,遵循前辈的轨迹才是正道,随着电子商务平台的发展,其凭借技术难度小、进入门槛低、初始资金需求量少等优势,迅速帮助千百万普通民众实现创业梦想。

三、协调社会发展动力系统以求合力的最大化

马克思认为,社会发展动力是一个动力系统。因此,推动社会发展离不开各个动力要素协同发展,只有协同并进才能发挥“1+1>2”的整体作用。在当代,这一思想对于促进我国社会实现可持续发展同样具有重要的理论价值和现实意义。所谓社会发展动力系统合力最大化是指社会内部各领域、各要素

① 《邓小平文选》第三卷,人民出版社1993年版,第382页。

的作用功能都能得到最优化、最充分的发挥，从而使社会各系统各要素激发出应有的积极力量，以形成推动社会健康有序发展的强大合力。

（一）增强改革的系统性、整体性、协同性

党的十八届三中全会提出全面深化改革，全面改革就要全面创新，这就超越了仅针对经济体制改革的局限性，扩大了改革的领域，开拓了创新的空间，这就需要改革整体性推进，改革是个系统工程，涉及各个领域，经济、政治、文化等各要素之间并非独立存在，而是相互影响、相互作用。其中任何一项改革都会波及其他方面，对其他改革产生影响，因此，改革不能孤立进行，不能仅针对某一领域或某一方面，而要在相互协同配合中推进改革、全面改革。当前，我国改革已迈进深水区和攻坚期，各种新情况、新问题和各种利益关系错综复杂，交织在一起，治理呈现复杂化的态势，碎片化改革已无法解决问题，必须以全局角度，协同配合才能更好为发展扫清障碍。

当然，协同发展、系统发展并非要求各项改革方骖并路、全线出击，改革本身由不同要素组成，各要素自身又有子要素，本身架构具有层次性。第一，在规模和速度上保持大致均衡的关系，既要抓重点，增强改革的牵引力，又要相互衔接，相互配套，整体推进，使改革沿着有序化方向发展。第二，随着改革程度的不断深入，利益分化、城乡断裂、社会流动凝固等社会问题相伴而生，严重威胁着社会的进一步发展，因此，下一步的改革势必触及深层次的社会关系和利益矛盾，由此可见，全面深化改革是项复杂的系统工程，客观上要求对改革进行整体谋划，站在全局视角，对改革进行顶层设计，加强改革的系统性、整体性、协同性。进一步，加强改革的系统性、整体性、协同性要求我们增强前瞻性，积极谋划，争取更多主动权；树立全局意识和整体意识，将各个要素纳入改革体系，进行全面改革；注重协调发展，做好各环节的衔接和贯通，激发潜在“联动效应”，形成良好的发展格局。第三，注重思想建设。改革设计面广、情况复杂，基于此，思想建设至关重要，要形成改革行为的自觉性，达成改革共

识，培养社会改革的全局意识。第四，改革开放是前无古人的崭新事业，必须坚持正确的方法。现在改革进入了深水区的攻坚阶段，社会存在着种种矛盾和问题，体制机制的深层次矛盾日益显现，改革也遇到了所谓既得利益集团的阻滞，必须坚持正确的方法。

毛泽东曾指出："我们的任务是过河，但是没有桥或没有船就不能过。不解决桥或船的问题，过河就是一句空话。不解决方法问题，任务也只是瞎说一顿。"①方法正确，改革就会事半功倍，事业就会破浪前行。改革是一项综合性的系统工程，毫无疑问，改革的方法也应是系统的方法、整体的方法。全面深化改革，不仅要求有清晰的目标和正确的方向，还要有科学的方法。一方面，改革必须与创新结合起来才能更好地发挥作用。改革创新即具有创新性的改革，作为一种基础动力机制，具有重要的理论和实践意义。注重汇集群众力量，鼓励群众大胆尝试，从实践中探寻规律，不断获取新点子、新方法。另一方面，在坚持正确方向，充分论证方案后，就要敢于打攻坚战，整体推进，才能取得实质性进展。

（二）发挥好社会发展动力系统之间的合力

所谓"合力"，是指在社会发展中个人之间、群体之间不同的甚至相互冲突的力汇合为总的推动历史前进的力量。社会历史的发展不是某一个人，或者某一些人活动的结果，而是由每个单一个体的活动，每个人的力量相互作用产生的合力推动而成的。在整个人类社会史的进程中，各种力量都曾发挥过实际作用，但是它们的作用程度却是大有差异的。不同的利益主体按照自身需求、利益、价值取向等作用于客观世界，他们施展着不同的力量，成为"合力"中的一分子。时代不同、阶段不同，力量发挥的作用亦不同，譬如战争，在阶级斗争达到最大化时，它在社会转型期具有不可替代的作用，纵然战争是残

---

① 《毛泽东选集》第一卷，人民出版社 1991 年版，第 139 页。

酷的,但它在一定阶段占据主导地位,支配着历史进程,也是社会发展的"合力"中的"一员"。再如改革开放,它在一定社会发展阶段中也是推动社会进步的不可替代的力量;科技在现代社会中俨然成为首位生产力,是现代社会的"发动机"。由此可见,我们讨论任何一种动力因素,都不可以任意抬高它们的历史地位,历史发展的总的合力是由不同要素之间相互影响、相互作用而形成的。

恩格斯指出:"人们总是通过每一个人追求他自己的、自觉预期的目的来创造他们的历史,而这许多按不同方向活动的愿望及其对外部世界的各种各样作用的合力,就是历史。"①在这种"合力"中,每个人的意志都不等于零,这种贡献是不能等量齐观的,有的对历史起推动作用,有的对历史起阻碍作用。从量的差别看,每个个体对历史所起的作用,所作的贡献有大小之分,领袖和杰出人物通常在历史事变、历史转折关头具有举足轻重的作用。合力作用的结果就是社会历史发展的方向和必然趋势,在合力论中,最终的结果表现为社会历史发展的必然性、规律性,它揭示出社会历史发展的基本轨迹。但总的说来正向力大于反向力,最终形成了历史的合力从而推动了社会的发展。

四、发挥好动力、平衡和治理三个机制的作用

当前,我国进入机遇叠加的黄金阶段和争先发展的决战阶段。面对这一关键时期,如何更好地抓住历史机遇、迎接挑战,优化体制机制至关重要。通过优化机制,有效缓解制度障碍带来的摩擦,为经济社会发展提供强劲的动力。进一步,对一直发展着的社会来说,社会顺利持续向前发展离不开动力的支持、对平衡力度的把控以及有效的治理。因此,把握这三大基本要素,是解决当前问题的主要路径之一。其中,社会发展动力机制是指推动社会系统运动、变化、发展的内外部力量的作用方式,是使系统诸要素、部分、环节在互动

---

① 《马克思恩格斯选集》第4卷,人民出版社2012年版,第254页。

中形成整体良性运行的结构和功能，是人类社会及其历史运动、变化、前进之源和推动力量，以及它们产生、传输并发生作用的机理和方式。可以使社会系统的整体的运行从自发走向自觉、从被动走向主动。平衡机制是指“一个社会的各个组成要素和部分之间如何协调相互关系，保持平衡，以有序、稳定状态运行的机理和方式”①。可以说，一个社会能否得以顺利运转均是建立在动力机制和平衡机制之上的，动力机制是不断推动社会继续前进的力量，平衡机制能维护社会各部分力量平衡，当然，动力与平衡的良性互动离不开国家的治理。

（一）协调好社会发展动力机制与平衡机制

一个社会假如发展动力强劲而平衡能力较差，那么这个社会发展所呈现的发展状态可能是快速的，但由于不平衡最终会致使社会发展难以持久。诸如，资本主义发展早期，资本家大力发展生产力，在不足百年的时间里创造了大量的财富，社会得以快速发展，但资本家追逐利益的特性，致使尖锐的阶级矛盾相伴而生，社会问题比比皆是，最终爆发无产阶级革命。反之，如果一个社会平衡能力较强而发展动力弱，那么社会发展则会呈现缓慢态势，甚至僵化、停滞，表面上虽公平、平等，但最终会导致利益协调失衡，普遍的贫穷、落后，社会陷入不稳定乃至动荡的怪圈中。任何一个社会，社会发展的动力机制与社会发展的平衡机制缺一不可，每个社会都存在这两种机制，只不过侧重点不同，有的向动力方向偏颇，有的向平衡机制偏颇，要想社会得以快速发展，就必须在上述两者之间找到一个平衡点，形成社会发展动力机制与平衡机制的良性互动。

发挥动力机制，首要的就是重视发挥群众力量，调动群众的积极性、主动性，最大限度地激发社会成员的创新能力，使社会的各个方面充满活力。这也

---

① 李忠杰：《论社会发展的动力与平衡机制》，《中国社会科学》2007 年第 1 期。

是检验动力机制状况的重要标准。进一步,激发群众的能量,要力求做到价值观趋于一致,这样才能凝聚人心,有效整合各界力量。其次,要做好群众工作,理顺矛盾,大力支持群众参与创新,为社会挖掘有创造力的人才创设良好的人文氛围。再次,重视上下结合,左右互动。即以中央的政策为指导路线,坚持落到实处,真正将其变为群众的实惠。最后,制定、完善相关政策满足人的需要,有了制度的保障才能更好地汇聚强大的动力源。而强大的动力源的稳固,维护好社会成员之间的利益平衡是关键。社会是一个复杂的系统,是社会人与他们之间的经济关系、社会关系、文化关系等构成的系统,在这一有机整体中,涵盖了不同的利益个体或群体,他们各自都有自身的利益诉求。因此,处理好不同利益主体的关系是社会稳定的重要前提,亦是社会进步的重要象征。我国是社会主义国家,与资本主义不同,我们国家、集体、个人三者在利益层面从根本上是一致的,做好三者的平衡相对比资本主义有着优越的条件,但也绝非易事,解决好三者之间的关系首要前提就是建立一个良好的利益平衡机制,促使人们可以普遍、长期获得正常的利益获取方式,并使得正当利益长期、持续地实现快速增长。进一步,从具体实施和全局角度来说,政府和组织应对利益主体进行比较、甄别和选择,通过政策加以干预,全面协调、统筹兼顾,调控利益分配格局,使其更加合理化、和谐化。但在调配利益时,要坚持国家利益高于一切,个人利益要服从国家利益和集体利益,同时,国家和集体要积极保护和发展社会成员的正当利益。

(二)发挥好国家治理机制

党的十八届三中全会提出全面深化改革的总目标为“完善和发展中国特色社会主义制度,推进国家治理体系和治理能力现代化”,首次把国家治理体系和治理能力与现代化联系起来,一方面展示了我们党完善和发展中国特色社会主义制度的坚定决心,另一方面表明了我们党对治国理政规律和社会主义现代化内涵的认识和把握到了一个新的高度,国家治理就是使国家各个系统运行更加制度化、科学化、规范化、程序化。国家治理的提出丰富了社会主义现代化的内涵，为其建构了包括经济基础和上层建筑在内的完整体系，将发展的目标与制度相结合。

推进国家治理体系和治理能力现代化，首先要进一步理顺各治理主体的协调匹配，正确处理好政府、市场的关系。国家治理更强调多元主体在国家社会事务中的共同参与。就现实中国而言，国家治理涵盖政党治理、政府治理、市场治理、社会治理等类型。治理强调合作与参与，以主体多元化为显著特征。除了人们所熟知的执政党和政府外，种类繁多的第三部门、市场组织、企业甚至包括公民个人都是国家治理的主体。其次，国家治理必然是一个内部权限分工合理、职责范围有限、高效运转、与市场良性互动的政府体系。全面推进国家治理体系和治理能力现代化是一项复杂的工程。鉴于此，国家治理之路必须注重系统性、整体性、综合性、长远性，这就需要不同治理主体相互作用，以独特方式发挥自身不可或缺的作用。另外，做好价值、制度、行动三大国家治理要素的有效衔接。发挥价值的指导性作用，注重指导思想的民主性、科学性、法治性；建立良好的制度环境，更好地规范处理政治事物的方式以及对公共资源的管理。

第六章　双向互动：走向创新驱动新时代

创新驱动作为新时代的核心发展战略，顺应当今世界发展的时代潮流，为我国未来发展指明了努力方向，体现了我国对社会发展规律的深刻认知和把握，开创了马克思主义发展理论的新境界。一个国家是否强大不仅取决于经济总量、领土幅员和人口规模，更取决于它的创新能力。党的十八大以来，不论是重要会议还是地方考察，习近平总书记在不同场合反复强调创新的重要性，频频谈创新，事事讲创新，处处谋创新，将创新置于发展全局的重要位置，创新是引领发展的第一动力，从某种意义上说，中国共产党的历史就是一部生动的创新史。党的十九大明确提出，“从二〇二〇年到二〇三五年，在全面建成小康社会的基础上，再奋斗十五年，基本实现社会主义现代化。到那时，我国经济实力、科技实力将大幅跃升，跻身创新型国家前列”①。党的二十大报告指出：“必须坚持科技是第一生产力、人才是第一资源、创新是第一动力，深入实施……创新驱动发展战略，开辟发展新领域新赛道，不断塑造发展新动能新优势。”“加快实施一批具有战略性全局性前瞻性的国家重大科技项目，增强自主创新能力。”②创新驱动是适应新时代经济发展进入新常态、我国发展

① 《习近平谈治国理政》第三卷，外文出版社 2020 年版，第 22 页。

② 习近平：《高举中国特色社会主义伟大旗帜　为全面建设社会主义现代化国家而团结奋斗——在中国共产党第二十次全国代表大会上的报告》，人民出版社 2022 年版，第 33、35 页。

中的突出矛盾和发展短板而提出的,反映出党对社会发展规律认识的不断深化。当前中国经济的发展要求具备强大的创新能力,必须在发展中始终牵住创新这个“牛鼻子”,走好创新这步“先手棋”。

第一节　中国特色社会主义为创新驱动提供了广阔的空间

中国特色社会主义是把科学社会主义基本原则与中国国情创造性结合的产物。改革开放以来,我们取得一切成绩和进步的根本原因,就是开辟了中国特色社会主义道路、形成了中国特色社会主义理论体系、确立了中国特色社会主义制度、发展了中国特色社会主义文化。中国特色社会主义为创新驱动提供了广阔的空间,同时中国特色社会主义就是在创新的过程中不断开拓前进的,创新驱动是中国特色社会主义的“加速器”“推动器”,创新驱动给中国特色社会主义注入了不竭的动力。

一、中国特色社会主义道路为创新驱动发展提供正确的引导

方向决定道路,道路决定命运,道路问题直接关系党和人民事业兴衰成败,走自己的路,是党的全部理论和实践立足点,更是党百年奋斗得出的历史结论。不同国家国情不同,所处发展阶段各异,决定了各国创新驱动的发展模式和路径也不尽相同。中国特色社会主义道路是科学社会主义基本原则与中国实际和时代特征相结合的产物,这一道路根植于中国大地,反映了中国人民的意愿,适应了中国和时代发展进步的要求。这条路是把我国建设成为世界科技强国和社会主义现代化强国的新道路,是一条既顺应世界科技发展潮流、遵循科技发展规律,又紧密结合我国国情、符合我国实际的创新道路。

(一)坚定不移走中国特色自主创新道路

中国特色社会主义道路是历史的选择,是人民的选择,是不断提高我国自主创新能力和促进实现中华民族伟大复兴的正确道路。从创新是引领发展的第一动力,到全面实施创新驱动发展战略,到坚持把科技创新摆在国家发展全局的核心位置,把科技自立自强作为国家发展的战略支撑,中国特色自主创新道路越走越宽广。只有把核心技术掌握在自己手中,才能真正掌握竞争和发展的主动权,“不能总是用别人的昨天来装扮自己的明天。不能总是指望依赖他人的科技成果来提高自己的科技水平,更不能做其他国家的技术附庸,永远跟在别人的后面亦步亦趋。我们没有别的选择,非走自主创新道路不可”①。才能从根本上保障国家经济安全。如果一个国家在关键核心技术上长期受制于人,就很难跻身强国之列。习近平总书记指出:“实践反复告诉我们,关键核心技术是要不来、买不来、讨不来的。只有把关键核心技术掌握在自己手中,才能从根本上保障国家经济安全、国防安全和其他安全。”②实现关键核心技术自主可控,才能把创新主动权、发展主动权牢牢掌握在自己手中。

深圳的变迁之路也反映了中国特色社会主义道路的自主创新。深圳作为中国改革开放的窗口,见证了中国40多年的发展变迁,从小渔村到国际大都市,深圳无疑是中国改革开放伟大成就的一张亮丽名片,从经济特区再到先行示范区,深圳也走出了一条中国特色发展道路的特区模式。创新始终是深圳发展的“密钥”,是创造深圳奇迹的关键所在。建市之初,深圳还是一个“科技荒漠”,如今已经走在了创新前沿。过去40多年,深圳作为改革开放的先行者,不仅为全国提供了先进经济体制改革的范本,而且在效率公平、开放创新、

① 《习近平谈治国理政》第一卷,外文出版社2018年版,第122页。

② 习近平:《在中国科学院第十九次院士大会、中国工程院第十四次院士大会上的讲话》,人民出版社2018年版,第11页。

开拓进取的思想观念上取得巨大转变,深圳精神、深圳口号也赋予了这座勇于创新、敢于开拓的城市更多独特的魅力。未来,深圳作为先行示范区,自然也承担着探索、实践、创新、丰富中国特色社会主义道路的重任。《深圳市自主创新能力建设"十四五"规划》指出,到2025年,深圳力争科技和产业自主创新能力达到世界一流,基本建成具有全球影响力的现代化国际化创新型城市,成为粤港澳大湾区国际科技创新中心核心引擎。深圳之所以被称为先行示范区,一个重要目的就是首先让深圳发展为一个繁荣、民主、法治、美丽的城市,再将自主创新能力建设经验逐步推向全国,从而在全国范围内实现社会主义现代化。

(二)建设创新型国家是走中国特色社会主义道路的必然选择

创新型国家是以科技创新为主要推动力实现工业化和现代化的国家,国家发展不仅仅是通过要素驱动,更是通过自主创新实现经济社会持续和协调发展,这具体体现在创新投入、知识产出、创新产出以及以我为主的创新能力等方面远远高于其他国家。中国人口众多和受资源、环境的瓶颈制约,决定了我国必须走创新型国家的发展道路。在发展的过程中,必然面临着劳动就业压力加大、城市人口迅速膨胀、社会老龄化、公共卫生与健康等一系列重大挑战。各国经验表明,建设创新型国家是应对挑战、解决瓶颈约束的根本途径。创新不仅是引领发展的第一动力,而且具有强大的精神力量,创新型国家的追求与实践,传达着自强、真实、创新、创造的价值诉求。在建设创新型国家的过程中,自强、真实、创新、创造的价值理念愈发深入人心,能进一步遏制伪科学、反科学、迷信乱象、愚妄蒙昧问题。

只有加快建设创新型国家,在经济社会发展的全过程充分践行创新、协调、绿色、开放、共享的发展理念,才能加速向主要依靠知识积累、技术进步和劳动力素质提升的内涵式发展转变,要通过实施创新驱动发展战略,进一步激励企业家、科学家、人民群众等进行创新创造。还要培植适合创新的土壤,允许失败,促进创意种子的生根发芽,使社会创新越来越多。让他们敢于创新、勇于尝试,在自信自强的氛围中实现创新、求得发展,进而建成富强民主文明和谐美丽的社会主义现代化强国。中国已全面建成小康社会,解决了困扰中国人民几千年的问题。在航空航天上,中国也取得了让世界瞩目的成就。"蛟龙"下海,"慧眼"上天,北斗卫星在全球组网,5G技术率先取得突破。这些科技成就足以让世界上大多数国家望洋兴叹。无论是国防实力、科技水平,还是人民生活水平,都取得了飞跃性的进步,一个关键原因在于中国走出了有中国特色的不断创新、自立自强的创新自主发展道路。

二、中国特色社会主义理论体系的思想创新为创新驱动发展提供广阔思维空间

中国特色社会主义理论体系是指导党和人民沿着中国特色社会主义道路实现中华民族伟大复兴的正确理论,是与时俱进的科学理论。中国特色社会主义理论体系不仅是在创新驱动下逐步形成和发展起来的,创新驱动又给中国特色社会主义理论体系打上了深深的"创新烙印"。

(一)通过推动理论创新为实践发展提供依据和指明方向

理论创新是社会发展和变革的先导,理论创新为实践创新提供了科学的行动指南。创新是理论发展的永恒主题,也是社会发展、实践深化、历史前进对理论的必然要求。中国共产党人在实践基础上的理论创新,不仅体现理论创新的连续性及其一脉相承的特色,而且使理论创新上升到把握社会主义建设规律的层面,从而为社会主义在中国的创新发展并形成其历史逻辑进路、理论逻辑进路以及实践逻辑进路提供了理论前提。中国特色社会主义理论符合当今时代特征和中国发展趋势,符合广大人民群众的愿望和要求,是富民强国之路,也是实现中华民族伟大复兴的必由之路。习近平总书记强调指出:"只有聆听时代的声音,回应时代的呼唤,认真研究解决重大而紧迫的问题,才能

真正把握住历史脉络、找到发展规律，推动理论创新。”①理论创新成果形成之后又对实践创新提供理论指导，同时也必须在实践基础上不断推进理论创新，形成与新的实践相统一的新理论，如此才能丰富和发展中国特色社会主义理论体系。然而，当今国内外形势日趋复杂，以致我们前进道路上的各种风险和不确定性日益增多。正如邓小平所指出的：“世界形势日新月异，特别是现代科学技术发展很快。现在的一年抵得上过去古老社会几十年、上百年甚至更长的时间。”②只有在时代发展进程中实现实践到理论、理论到实践的相互促进，才能实现理论与实践共同迈进。实践证明，理论创新不仅要以实践创新为基础，还要发挥科学的指导作用“反哺”实践。实践如果没有正确理论的指导，也容易“盲人骑瞎马，夜半临深池”。理论对规律的揭示越深刻，对社会发展和变革的引领作用就越显著。

（二）坚持与时俱进的理论品质

与时俱进就是根据日益发展的人类实践活动，更新我们的观念，形成新的理论，实现新的发展目标。世界是无限的，发展是无限的，因而解放思想是无止境的。这就要求我们与时俱进。与时俱进的精神实质在于创新，集中体现为理论能够把握时代主题，回答时代所提出的问题，而不是由理论到理论做学究式的推演。纵观人类发展史上的各个时代都总是有着属于这个时代特有的问题，能否为这些问题找到正确答案，成为检验理论科学性的试金石。马克思主义的强大生命力和影响力，就在于它具有与时俱进的优秀品质，就在于它能够根据不断变化的时代条件同各国具体实际相结合。可以说，马克思主义与时俱进的优秀理论品质决定了马克思主义中国化实现的历史必然，与时俱进要用创新的理论推动实践的深入发展。中国共产党在指导思想上的与时俱进是党的事业开拓前进的先导，在中华民族从站起来、富起来到强起来的历史进

① 习近平：《在哲学社会科学工作座谈会上的讲话》，人民出版社2016年版，第14页。

② 《邓小平文选》第三卷，人民出版社1993年版，第291页。

程中，党的指导思想不断与时俱进，并同中国革命、建设和改革的任务紧密结合起来。从毛泽东思想到中国特色社会主义理论体系的产生与发展，都是马克思主义与时俱进的必然结果。中国共产党指导思想创新所体现的基本特征是，不断推进马克思主义中国化时代化，不断推进理论创新、进行理论创造。理论是行动的先导，正如革命导师列宁所说："没有革命的理论，就不会有革命的运动"①。如今，我们已全面建成小康社会，脱贫攻坚取得伟大胜利，改革开放也在越走越深，在中国特色社会主义道路下，遇到的新问题、新挑战也在不断推动着理论的创新，使之更适应当今时代、中国社会的发展。

（三）坚持理论创新与实践创新的统一

创新驱动不仅仅停留在观念上，而应不断地转化为实践创新。坚持理论创新与实践创新的统一，就要理论创新与实践创新良性互动，理论一旦脱离了实践，就会成为僵化的教条，失去活力和生命力。习近平总书记指出："要根据时代变化和实践发展，不断深化认识，不断总结经验，不断实现理论创新和实践创新良性互动，在这种统一和互动中发展21世纪中国的马克思主义。"②理论创新和实践创新都不是相互隔离、独立进行的，而是在双方的交流互动下共同向前。理论创新与实践创新之间存在良好的、积极的相互作用和相互影响，在尊重规律的基础上发挥人的主观能动性，是使互动过程呈现良性运动状态的基础保障，也是顺利实现创新发展的关键。通过理论创新推动制度创新、科技创新、文化创新以及其他各方面的创新，不断在实践中探索前进，是我们的治党治国之道，是坚持和发展马克思主义之道。没有创新发展，就没有中国革命、建设与改革开放的成功，也不可能在一个一穷二白的国家建设社会主义。毛泽东在马克思主义指导下，潜心于中国革命和建设的实际，在中国革

① 《列宁全集》第2卷，人民出版社2013年版，第445页。

② 《习近平在中共中央政治局第二十次集体学习时强调　坚持运用辩证唯物主义世界观方法论　提高解决我国改革发展基本问题本领》，《人民日报》2015年1月25日。

命的实践中找到了一条以农村包围城市武装夺取政权与广泛的统一战线相结合的正确的革命道路，取得新民主主义革命胜利。新中国成立后，毛泽东及时地领导了对生产资料私有制的社会主义三大改造，建立了社会主义基本制度。

三、中国特色社会主义制度集中力量办大事的优势使创新驱动跃上新台阶

创新驱动发展是以制度为保障的，没有完善的制度作为依托，创新驱动很难可持续进行。中国的创新驱动始终建立在中国特色社会主义制度之上，依靠制度的优越性，推动创新持续健康发展。不创新就要落后，创新慢了也要落后。中国只有集中力量实施创新驱动发展战略，才能在世界之林占得一席之地，赢得先机。

（一）充分发挥我国社会主义制度集中力量办大事的巨大优越性进行创新驱动

集中力量办大事彰显社会主义制度巨大优越性，集中力量办大事通过运用国家力量迅速整合全社会的资源，坚持全国一盘棋，调动各方积极性，协调不同的创新主体，形成创新的强大合力。纵览新中国成立70多年的历史进程，我国在重大战略实施、重大科技攻关、重大工程建设过程中，集中力量办大事的制度优势贯穿始终。“在推进科技体制改革的过程中，我们要注意一个问题，就是我国社会主义制度能够集中力量办大事是我们成就事业的重要法宝。我国很多重大科技成果都是依靠这个法宝搞出来的，千万不能丢了！”①新中国成立初期，在经济面临困难、技术基础薄弱、帝国主义封锁等严峻条件下，我们依靠发挥社会主义制度的优势，无数科研成果喷涌而出，党中央集中

① 中共中央文献研究室：《习近平关于科技创新论述摘编》，中央文献出版社2016年版，第48页。

一切力量研制"两弹一星"、核潜艇、杂交水稻、大型喷气客机、微电子、计算机、航空航天技术等,这些科学技术都是世界顶尖的科研成果,办成了一系列涉及国计民生的大事,为奠定我国的大国地位作出了不可磨灭的贡献。改革开放后相继建成三峡水利枢纽、载人航天、高速铁路网、西气东输、南水北调、特高压电网等许多国家重大工程,实现了关键核心技术领域的高效率发展,增强了国家核心竞争力。在一些关系国计民生的重要领域和关键行业,须举全国之力才能推进。社会主义"集中力量办大事"的制度优势是资本主义不可比拟的,但这并不是说,现存的社会主义制度已经达到至善至美的境界,无须进一步完善和发展,当代中国的制度创新就是在坚持和发展中国特色社会主义的道路上,不断推动国家治理体系和治理能力现代化。

(二)坚持科技创新与制度创新双轮驱动

科技迸发力量,制度产生力量。习近平总书记强调:"科技创新、制度创新要协同发挥作用,两个轮子一起转。"①科技创新离不开制度创新,制度创新又会推动科技创新。这两个轮子,相互支撑,就会推动创新的发展。科技创新存在着诸多体制机制关卡,要重视制度创新对科技创新的保障作用。要逐渐由政府包揽向政府企业合作创新转变,激发科技创新活力,通过一系列制度设计完善使国家战略性科技力量、高精尖科技人才、高效能组织管理机制等众多创新要素协同发力,确保科技核心力量的突破,不断健全符合科研规律的科技管理体制,增强科学防控自主创新能力,用制度创新充分释放科技创新活力,促进两者双向良性驱动。比如在新冠肺炎疫情防控这场人民战"疫"中,只要人民同心,用好制度,世界同向,科学胜"疫"就能早日实现。仅仅依靠科技创新战胜疫情是远远不够的,还要通过制度创新破除体制机制障碍、消除一切制约科技创新的制度藩篱。围绕疫情防控暴露出的短板弱项,要总结经验、科学

① 《习近平谈治国理政》第二卷,外文出版社 2017 年版,第 273 页。

谋划、乘势而上，完善突发公共安全事件的预警机制、重大疫情防控体制机制，健全公共卫生应急管理体系，应急物资保障体系等，预测获取有效信息，及时统筹规划，开展配套行动，全面增强应对重大疫情和公共卫生安全事件的能力。

人才是科技创新第一要素。除了在制度上为科研提供必要保障，还需加大对科研人员的培养，建设一支规模宏大、结构合理、素质优良的创新人才队伍，激发各类人才创新活力和潜力，使优秀人才在关键时期能发挥所长，为国家所用。要以高校科研力量和众多科技工作者为重要基础，发挥好人才评价的指挥棒作用，遵循科技人员工作特点和规律，为社会发展提供科技支撑。要促进完善科技人才职称评审制度，加大创新型人才培养力度，激发科技人才潜力。要改革创新人才收入分配机制，实行以增加知识价值为导向的分配政策，进一步提高科研人员成果转化收益分享比例，激发科研工作者的工作热情。

四、中国特色社会主义文化能够激发人民群众创新驱动的内生动力

创新是中华民族最深沉的民族禀赋，中华民族是富有创新精神的民族，我们的先人们早就提出“周虽旧邦，其命维新”“天行健，君子以自强不息”“苟日新，日日新，又日新”等，无论是秦朝时的统一度量衡、统一货币，还是统一文字，无一不是具有超前意义的创新。我们的先人们发明了造纸术、火药、印刷术、指南针等为世界贡献了无数科技创新成果，也使我国长期居于世界强国之列，让人类提前数百年时间脱离了原始野蛮的生活状态，跨进文明社会。把中国传统文化中这种求新求变的禀赋与新时代的大变革大转型有机结合起来，让优秀的传统文化的品质焕发出时代的光辉。我们的文化有足够的空间能让创新历久弥新、活力焕发。

(一)要大力提倡敢于创新、敢为人先、勇于竞争和宽容失败的文化氛围

创新发展的社会文化是更基础、更深沉、更持续的力量。发展创新文化，努力培育全社会的创新精神。创新文化就是要激活企业的创新热情，撒下创新种子，人民群众可以自觉主动地投入创新驱动发展之中。在创新文化的引导下，能为人民群众创造出更好的创新环境，实现从“要我创新”到“我要创新”转变。要我创新已是全社会的价值共识，我要创新也渐渐成为方方面面的自我认同。三百六十行，行行出状元。人民群众积极主动地投入创新中来，自发地挖掘自身的创新潜能，发挥自己的聪明才智，不仅是为企业发展做贡献，更是为自己的未来奠基。一个地方、一个民族或国家形成浓厚的创新文化氛围，也就能形成崇尚创新的氛围，对敢于做前人没有做的事情、具有开拓性和创新性的冒险行为就会给予支持，如果缺乏创新文化，对冒尖的行为“枪打出头鸟”，那人们的创新热情就会大大地被压抑。因此，我国加强创新文化环境的塑造，改变创业环境中求稳求妥的保守思想，对创新者不能求全责备，束缚创新者的手脚，更不能一票否决，要允许创新者试，包容创新者错。

创新文化是指与创新有关的社会意识形态、文化氛围，其基本特征和目标，是要创建一种激励创新、崇尚创新、支持创新、勇于创新的社会氛围、环境和精神状态。创新文化不管对个人、企业还是社会都有着深远的影响。首先，个人方面。创新的客观要求可以理解为“崇尚创新、宽容失败、支持冒险、鼓励冒尖”，所以不管是高才生还是普通老百姓，不管选择偏好、行为方式如何。只要敢于创新，打破陈旧，哪怕失败，都是值得称赞的。它极具包容性，一旦形成文化氛围，社会成员创新激情将被点燃，使不同利益追求、不同背景、不同身份的创新主体和要素组合起来，形成合力，促进自我以及创新型社会的发展。其次，企业方面。每年不少企业注册成立，最终成活下来的企业不是很多，这些存活下来的企业大多有一共同点就是在经营管理、生产、营销等方面进

行了或多或少的创新,因此,创新俨然已成为企业生死存亡主要的竞争力之一。最后,社会方面。主要体现在整个社会对待创新者及创新活动的态度和氛围,以及相应的国家创新体系,尤其是推动创新投资体系产生与发展的不同制度安排上。因此可以说,创新文化孕育创新事业,创新事业激励创新文化。

创新文化提倡敢冒风险,形成"奖励成功,宽容失败"的社会氛围。创新过程在客观上存在诸多不确定的因素,有风险必然有失败,对于失败,必须采取宽容的态度,所谓宽容,是指要容忍创新可能带来的后果,营造人人想创新、处处有创新的氛围,建构起一整套保护和鼓励创新精神与创新人才的社会法律保障机制。创新之路从来都不是一条平坦大道,充满艰难和风险,对于创新人才应多鼓励、多支持,少添乱,允许他们自由畅想、大胆假设,着力营造有利于尊重人才、尊重创造、鼓励创新、宽容失败的氛围。反之,如果缺乏创新文化,对创新成功的大加嫉妒,那么,人们的创新热情就会大大地被压抑。因此,一个缺乏创新文化的国家和民族,必然会因安于现状、因循守旧而失去创造活力和发展动力。

(二)尊重群众创造精神是中国特色社会主义文化能够创新的动力之源

没有中华文化的繁荣兴盛,就没有中华民族的伟大复兴。不同的地域、不同的时代背景、不同的社会条件,会产生出不同特色的文化。群众创造文化,文化在群众的生活中,文化在群众创造历史的实践活动中。人民群众是创新主角,是共和国的坚实根基和强党兴国的根本所在,要拜群众为师,离开了人民群众的创造精神,创新就失去了动力和源泉。激发人民群众中的创造伟力要注重对人的主体性的充分释放,把各方面人才更好使用起来。要向群众学习,问政于民、问需于民、问计于民。在文化的物质形态、制度建设以及精神价值层面坚持以人民为中心的价值取向,使全社会各类文化人才焕发创造激情,坚定不移地走创新兴国、创业富国、创优强国之路,就必须发扬创造精神,重视保护好人民群众创新创业创优的主动性、积极性和创造性。

创造独具特色、富有生命力的文化,百花齐放是文化建设的基本原则,历史是人民创造的,文化是人民群众的文化。在改革开放和现代化建设中,我们面临许多特殊问题,有的涉及传统模式的影响,有的受世界发展模式影响,而邓小平之所以能大胆开拓创新,主要来源于解决这些特殊问题的实践,而群众的实践孕育着巨大的创造力,人民群众的实践又不断创造着历史运动的新形式,要尊重群众的实践。改革开放 40 多年来,从包产到户的探索创新,到乡镇企业的异军突起,再到数字经济的蓬勃发展,改革开放在认识和实践上的每一次突破和发展,无不来自人民群众的实践和智慧。要树立起创新发展是全民参与、全民推动的事业的理念,健全激励创新的体制机制,倡导敢为人先、勇于冒尖的创新自信,使创新成为一种价值导向、生活方式、时代气息。

第二节 创新驱动促进人的全面发展

创新驱动发展不仅仅是为了推动经济社会发展,提高国内生产总值与国家的综合国力,更是为了民生福祉。创新驱动发展为实现人的全面发展解决发展动力问题,把人的发展的基点放在创新上,就能提升创新人的发展方式。“科技是国之利器,国家赖之以强,企业赖之以赢,人民生活赖之以好。”①创新驱动发展突出体现了以人民为中心的发展思想,强调创新发展的主体是人民,创新发展的目的是增加人民福祉。

一、创新驱动践行人民至上的核心价值

创新驱动发展不仅仅是为了 GDP 数位的攀升,不仅仅是为了综合国力

① 《习近平谈治国理政》第二卷,外文出版社 2017 年版,第 267 页。

的增强，更是为了民生福祉。创新驱动是人民群众的事业，人民群众是创新驱动的主体，一切发展最终也是为了人民群众，而这一切成就的取得都在于人的自身发展。在马克思和恩格斯看来，社会主义是超越资本主义的社会，社会主义的本质特征就是人从异化状态的解放，就是人的本性的回归，每个人都能得到全面发展，能过一种创造性的生活。显然，按照马克思主义观点，人民群众的创造性、创新驱动发展以人力资源为核心要素，是“以人为本”的发展。人的全面发展，就要关切人民的利益诉求、价值实现等。通过实施创新驱动发展创造出一个人们安居乐业、生活美好的社会，从而实现自身的发展。

创新驱动的发展最终目的是有利于更好增进人类的福祉，尤其是新技术研发既能够推动产业变革和经济发展，又可以实现社会可持续发展。创新驱动发展回答了“依靠谁、为了谁”的问题，其实质是以人为中心的发展，也就是“依靠人、为了人”的发展，把面向人民美好生活作为科技创新的重要目标，比如把创新的成果转化到与老百姓的衣食住行、教育、医疗、就业、环境等关系密切的活动中，达到降低成本、提高效益、改善生活质量的目的，直接服务民生、造福百姓，温暖舒适的衣物、安全营养的食品、节能环保的住房、方便快捷的交通、优质高效的医疗，这些都离不开创新。中国科技界将以高水平的自立自强，坚持科技向善，肩负起科技为民的天赋人责，加强科技伦理建设，倡导负责任的科研，鲜明提出中国科技界的创新主张和道义坚守，携手创造人类社会的美好未来。

二、创新驱动创造的巨大财富为人的全面发展提供了坚实的物质基础

人的发展最根本的前提是生产力的高度发达，创新驱动增强了人们认识自然、改造自然、谋取生活资料的能力，大大改善和提高了人们的物质生活条件，日益显示出它巨大的价值，创造出辉煌无比的物质财富和丰富多彩的精神

产品。在创新驱动时代，人们不再靠天吃饭，而是运用创新的力量进行人为干预和改变，极大地提高了社会生产力的水平，而生产力的发展，必然引起社会生产过程中生产关系的重大变化。科技革命能不断扩大劳动对象，开辟新的产业部门，把过去不能改造的自然客体转化为可改造的劳动对象，从而创造出许多新材料。电脑和相关电子产品成为了这个时代人类生活的必需品，高效的批量化的工业生产和个性化的产品越来越丰富，随着科技的发展不断更新产品的式样，产品追随流行的风格不断更新换代，造型变得越来越富有时代感，人们的生活已经进入高科技产品的包围之中。

科技进入生产领域后，在创新驱动影响下人们的劳动强度很大程度上减轻了，高科技带来的劳动的全面自动化把人们从大量的劳动中解放出来，人们的劳动时间也减少了，人们用比过去少得多的劳动，却获得了比过去多得多的产品。人们再也不必像过去那样主要依靠自己的体力劳动，去获得少量的仅可以维持生存的生活资料，而是利用科技含量很大的机械工具，通过有组织的劳动，获得日益丰富的生活资料，人们逐渐从繁重的体力劳动中解放出来，改变了以工作为主的传统生活模式，给予了人们越来越多的闲暇时间以自由支配，为人的自我发展提供了充分的空间。人们将有更多的时间学习以提高文化素质和技能，也将有更多的时间来发挥自己的兴趣和特长以进行更多的创造和自我实现，才能使人的全面发展成为可能。

三、创新驱动实现人与自然和谐共生

人与自然和谐共生，体现了人民对美好生活的追求，既要求发展又要求生态优美，两者完美结合的主要驱动力是创新驱动。创新驱动发展改变了过去那种以生态破坏为代价的经济发展模式，绿色发展已经成为一个重要趋势。在过去的经济社会发展中，我们为了追求经济高速增长，获取更多的经济利益，不顾自然环境的承载能力，用“绿水青山”换取“金山银山”，从而加剧了生态环境的恶化。恩格斯指出：“我们不要过分陶醉于我们人类对自然界的胜利。对于每一次这样的胜利,自然界都对我们进行报复。”①在经济发展处于低水平时,人民期待解决温饱问题,因而也会容忍破坏环境和生态的发展方式。当人们温饱问题解决并达到全面小康水平后,人民对美好生活的期待就突出表现。

当今中国,人们不仅期待安居、乐业、增收,更期待天蓝、地绿、水净;不仅是金山银山,还需要绿水青山。实际上生态和环境也是财富,干净的水、清新的空气、绿色的环境是更宝贵的财富。绿水青山就是自然财富、生态财富、社会财富、经济财富的总和。老百姓不仅需要获取更多的物质财富和精神财富,还需要获取更多的生态财富。良好的生态环境对于人们心智的培育能起到潜移默化的作用,能最大限度地发挥人的智力、潜力和创造力。人们在良好的生态环境中则会身体健康、精神愉悦。同时,良好的生态环境有助于建立良好的人际关系,并在此基础上促进社会文明的进步。坚持人民至上的价值取向,牢固树立保护生态环境就是保护生产力、改善生态环境就是发展生产力的理念,以建设生态文明为己任,从而更好地建设美丽中国。

生态兴则文明兴,生态衰则文明衰,我们党全力推进的社会主义生态文明建设,顺应了时代发展潮流。这就是在经济发展过程中,大力倡导绿色发展理念,积极推进生态文明建设和生态惠民工作,不断满足人民群众日益增长的生态产品和生态环境需求,在此背景下,实现生态文明建设就显得尤为重要,习近平总书记提出的“绿水青山”就是“金山银山”新理念,是对马克思主义生产力理论的升华和发展。科学技术发展的日新月异推动了经济的快速发展,这极大地改善了人们的生产、居住的条件。科技创新不仅是人类认识自然、改造自然而获取自由的工具,也可以成为保护自然、改善自然而收获幸福的手段。

为什么要如此重视生态环境建设?因为生态环境没有替代品,用之不觉,

① 《马克思恩格斯文集》第9卷,人民出版社2009年版,第559—560页。

失之难存。现在我国环境承载力已达上限,资源匮乏已构成发展瓶颈。中国是资源需求大国,在面对经济增长、人们生存的需要,我们必须开发新能源和寻找可替代能源,创新驱动无疑是开发新能源和寻找可替代能源的重要手段,无论是对造成环境问题的传统产业进行改造,还是发展对环境不构成威胁的高新技术产业,或是促成循环经济和低碳经济的运行,都需要创新驱动。另外,还需要大力发展绿色产业,其中包括新能源、环保产业、生物技术产业等,逐步将绿色技术渗透到传统产业的各个环节,在兼顾经济效益的基础上,提高新能源和可再生能源比重,形成绿色消费引导绿色技术创新,为促进绿色科技创新提供巨大牵引力,充分发挥清洁能源作为制造业的规模效应,从而依靠更多的创新驱动建设天蓝、地绿、水清的美丽中国。

第三节　加快创新驱动发展,成就伟大中国梦

中国梦的具体表现是国家富强、民族振兴、人民幸福,要实现这个具体目标,必须发挥创新驱动对经济社会发展的支撑和引领作用,坚定不移地贯彻科教兴国战略和创新驱动发展战略,坚定不移地走科技强国之路。中国梦连着创新驱动,创新驱动助推中国梦。实现中国梦,创新驱动是动力,要先行而且要当先锋。实现中华民族伟大复兴的中国梦,都是前所未有的新实践,没有路径可依、没有模板可仿,只有靠不断探索与创新。墨守成规、停滞僵化是没有出路的,唯有创新,才能走自己的路,闯出一条新时代中国特色社会主义发展的新路子。中国梦让中国软实力更强大,一个国家如果硬实力不行,可能一打就败;而如果软实力不行,可能不打自败。

一、创新驱动贯穿于中华民族从站起来富起来到强起来伟大飞跃的全过程

历史的车轮滚滚向前,落伍者必将被历史所淘汰。中国是世界上最大的

发展中国家,发展是解决中国所有问题的关键。而人类历史发展的进程表明,创新是引领发展的第一动力,贯穿于人类社会经济生活的各个领域,人类社会生产力的每一次巨大飞跃、生产方式的每一次重大变革,都与创新密不可分。新中国成立以来,中国共产党历代领导集体始终高度重视并充分发挥创新作用,始终坚持走科技进步与经济发展相互融合的道路,始终强调经济发展依靠科学技术、科学技术面向经济建设的发展方针,先后提出了“四个现代化,关键是科学技术的现代化”、“科学技术是第一生产力”、建设创新型国家、实施创新驱动等重大战略,初步形成了适合中国国情和社会主义市场经济要求的新型科技创新体制机制,为实现经济社会发展的全面创新、推动国家创新体系建设、早日建成创新型国家奠定了坚实的基础。过去那种要素驱动、投资驱动的模式已不适用于我国的发展。必须加快从以要素驱动发展为主向创新驱动发展转变,中国共产党是勇于实践创新、善于理论创新的党,创新驱动为中国特色社会主义提供强大动力,绝不是自然而然地发生的,也不是中国共产党人简单地、纯粹地、被动地应用新科技革命成果的产物。

从“吃水不忘挖井人”的科技为民情怀,到“向科学进军”战略布局科学技术发展,党带领人民在“一穷二白”的基础上创造了以“两弹一星”为代表的重大成就,奠定了中华民族昂然屹立于世界民族之林的深厚基础。要实现中华民族伟大复兴中国梦,需要强大的科技创新力量做支撑。中国梦能否实现最终取决于我国生产力的发展水平,而科学技术是支撑生产力发展的最为重要的力量,直接推动生产方式的革命,推动我国生产力水平的迅猛发展,为伟大中国梦的实现贡献最为积极的力量。因此,实施创新驱动发展战略,就是要推动以科技创新为核心的全面创新。工业化以来的发展历程表明,越是创新活跃的地方,就越容易形成产业革命的广阔舞台。

二、创新驱动把个人梦与国家梦有机结合起来

民族复兴的国家梦和中华儿女的个人梦是有机统一的。实现民族复兴的

国家梦,有赖于中华儿女矢志不移、凝心聚力创新图强,习近平总书记多次强调,中国梦既是中华民族的梦,也是每一个中国人的梦,是国家梦和个人梦的有机统一。习近平总书记将国家的梦想和个人的梦想进行了紧密结合,也就是实现中华民族的伟大复兴需要每一个人发挥积极性、创造性。现实中,有些人将创新驱动与经济的繁荣、国家的强大相联系,而未将其与个人的自我价值的实现联系起来,比较少与中国梦的实现联系起来,事实上,创新驱动既能实现国家的强大,又有助于实现中国人自己的梦想。实现民族复兴的国家梦,有赖于中华儿女矢志不移、凝心聚力创新图强,而强国富民的国家梦的实现又会为每个人的梦想的实现创造环境和条件,每个人梦想的实现最终又会为国家梦想的实现汇集智慧和动能。创新发展的过程也是中国梦的实现过程,创新为中国梦的最终实现提供了源源不断的强大动力。

创新驱动可以使社会活力竞相迸发,一个合理且充满活力和创造力的社会,应该是充满机遇的社会。创新驱动为个人提供了一个实现梦想的好环境,提供了通过奋斗实现愿望、获取成功的环境,从而有利于个人梦想的实现,每个人都有梦,中国梦是激励中华儿女为实现中华民族伟大复兴而奋斗的强大精神力量。在创新驱动的过程中,创新起到了解决问题、推动社会发展的作用,创新者精神上的愉悦是成就创新的必要条件,按照马斯洛需求层次理论的最高层次即为自我实现,超越生理、安全、情感和尊重。谋创新就是谋未来,让创新成为国家意志和全社会的共同行动,走出一条从人才强、科技强到产业强、经济强、国家强的发展新路径。

三、创新驱动坚持人民需求与时代发展"同频共振"

创新的目的是发展,而发展的目的是人民。党的一切工作的出发点和落脚点都应该以人民为中心,不仅要充分尊重人民的首创精神,更应该向人民学习创新经验,依靠人民群众开展创新。始终坚持创新依靠人民、创新为了人民,让所有中国人在共同创新奋斗中共享创新成果。满足人民的需求和呼唤,以创新促进共享发展。依靠创新扩大有效供给，满足人民群众的多样化消费需求升级。创新作为动力与人们的需求相结合时，就会爆发出势不可当的革命性力量。科技创新加快了生产力的更新升级；制度创新引发生产关系的变革，为形成新的生产力创造广阔空间和良性环境。

人民群众的美好生活需要是新中国发展进步的牵引力。人民群众对美好生活的需要、对幸福生活的追求，是社会发展进步最持久的牵引力。习近平总书记指出："人民是历史的创造者，是决定党和国家前途命运的根本力量。"①伟大成就离不开伟大力量，伟大力量来源于伟大人民。新中国的发展进步充分印证，人民群众是推动事业发展的力量源泉，是推动社会变革的决定性力量。马克思、恩格斯指出："人们为了能够'创造历史'，必须能够生活。但是为了生活，首先就需要吃喝住穿以及其他一些东西。因此第一个历史活动就是生产满足这些需要的资料，即生产物质生活本身"②。广大人民群众对美好生活的需要，汇聚成强大的合力，推动着社会发展进步。新中国成立以来，我们党始终坚持以人民为中心，把人民放在最高位置，顺应人民对美好生活的向往，顺应我国社会主要矛盾的变化，在不断增强人民群众获得感、幸福感、安全感的过程中，推动着社会发展进步。习近平总书记多次强调，人民对美好生活的向往，就是我们的奋斗目标，人民的美好生活需要是历史的、具体的、全面的，是不断丰富、持续提高的无止境过程。满足人民美好生活需要的过程，就是解决社会主要矛盾的过程，就是社会不断发展进步的过程，为建设富强民主文明和谐美丽的社会主义现代化强国提供源源不竭的动力。

---

① 《习近平谈治国理政》第三卷，外文出版社 2020 年版，第 16 页。

② 《马克思恩格斯选集》第 1 卷，人民出版社 2012 年版，第 158 页。

结语

关于社会发展动力问题,既是一个深刻的理论问题,也是人类如何正确地认识自己的过去,自觉地创造自己的现在和未来的一个重大的实践问题。这个问题虽然不像许多千古之谜那样扑朔迷离、扣人心弦,但是它却与现实社会的发展休戚相关,紧密相连。马克思认为,不在于解释世界而在于改造世界。改造世界是历史唯物主义理论的最终目标指向和归宿。社会发展动力理论要服务于、担负起改造世界的历史任务,就不能只停留于理论研究上,因此,要探讨利用社会发展动力规律,开发和强化社会发展动力的利用机制,用这些理论来指导实践。世界潮流,浩浩荡荡,惟创新者进,惟创新者强,惟创新者胜。社会发展绝不会停滞不前,不可能永远停留在一定的发展阶段,而是必然经历一个发展过程,社会进步就体现在社会发展动力中。

第一,社会发展动力系统是由要素、结构、功能等方面,相互联系、相互作用来形成一个有机的整体。贝塔朗菲是首先提出来系统论的,他认为,看待一件事物和现象要有系统存在观,用整体的观点来把握问题,不要只注意某一个的功能和作用。从系统的整体出发,从整体与要素之间,要素与要素之间以及系统与外部环境之间的相互联系、相互作用中精确地考察对象,以达到最优化的目的。根据系统性原则和方法,系统论不把事物、过程看作是实物、个体、现象的简单堆积,而把它们看作是一个统一的整体。在系统论看来,系统是诸多要素相互联系的整体，或者说系统是相互作用的诸要素所构成的整体，它具有不同于它的组成部分的特性。马克思主义的社会发展动力理论认为，社会历史的发展是社会多种动力共同起作用的结果，各个动力既有各自相对独立的运动规律以及独特的职能作用，同时各个要素又相互影响、相互作用，按一定规律有机地结合成一个整体——动力系统，并以一股强大的“系统合力”推动社会前进，因此，社会发展动力系统整体性是系统最基本的特性。

结构是系统各组成要素相互联系的一定方式，系统结构合理、各种比例关系协调，系统就能有效地发挥其功能和正常发展；反之，就会导致系统功能降低和不能正常发展。“在一个系统中，系统整体不等于各孤立要素的部分之和，系统整体的特性和功能在原则上既不能归结为组成它的要素的特性和功能的总和，也不能从有关组成成分中推导出来。系统整体特性和功能，是各组成要素在孤立状态下所没有的，只有当它们作为整体存在时才表现出来。”① 社会发展有多种动力，社会基本矛盾、阶级斗争、创新驱动、改革等都是动力，一个历史事件的发生、发展和结局，都是各种动力因素交互作用的结果，不是简单地只有一种因素作用，而是由这些多层次的动力相互联系，组成一个总的合力。在这个合力中，社会基本矛盾的运动又根源于生产力的发展，生产力的发展是社会历史发展的最终原因，是动力的动力。通过对人类认识社会发展动力的历史的考察，以前很多的研究者试图用某一个因素去解释社会的发展，这就显得简单化、片面化。社会历史的发展是合力作用的结果，这种合力是无数相互交错的动力汇合形成的。因此，我们在考察社会主义社会的发展时，应该将社会这个有机体的运动，看成是诸多系统矛盾运动合力作用的结果，这样才能避免主观性和片面性。因此需要认真研究、全面阐释马克思主义社会发展的系统动力思想，需要在前人研究的基础上进一步深入、全面研究社会发展的动力问题。

① 乌杰：《系统辩证学》，中国财政经济出版社 2003 年版，第 140 页。

因此,研究社会的发展动力时,应该采取多角度、多层次、开放型的立体思维的方式,如果仅仅把社会的发展动力归结为某一种或少数几种因素的作用,对社会动力的认识和把握,就会失去客观性和整体性。党的十八届三中全会实施了全面深化改革,而改革是由经济、政治、文化、科技等组成的社会复杂系统工程,是涉及社会生活的方方面面的一个不可分割的整体,需要整体推进,配套进行,不能搞单项突破,不然很难达到预期目标,往往是顾此失彼,甚至造成某种畸形发展。因此我们观察和处理问题必须着眼于事物的整体,把整体的功能和效益作为我们认识和解决问题的出发点。

第二,创新驱动理论是对社会发展动力系统的进一步深化和拓展。创新驱动的本质是现实的人有目的的创造性活动,主体是人民群众,是有目的的高级实践活动,创新驱动使人类在认识和改造世界过程中形成新的质的飞跃,社会主体的创造力是推动社会发展的不竭动力,社会发展程度越高,社会主体的创造力就发挥得越充分。无论是过去、现在或者是将来,创新已成为经济社会发展的重要驱动力。创新日益成为社会生产力解放与发展的重要标志,创新逐步成为一个企业、民族乃至国家的希望。人类历史上的每一次重大创新都会从本质上改变原有历史发展的进程,推进和改变整个社会的发展速度;每一次重大创新都成为整个世界从野蛮到文明、从落后向先进转化的里程碑。正是由于各种各样的创新,才推动着生产力和生产关系、经济基础和上层建筑矛盾的运动,实现了人类社会由低级到高级的发展,所以创新的数量、质量和速度影响着人类发展进步的幅度和速度。

第三,判断是不是社会发展的动力标准主要看是否有利于促进人类社会全面协调可持续发展。哪些是社会发展的动力,哪些又是社会发展的阻力?马克思、恩格斯对这些并未作出明确、严格的规定,社会的发展是各种因素交互作用的结果,是动力与阻力相互抗衡、较量、斗争的产物,怎么样辨别哪个是动力,哪个又是阻力,那就要看是不是有利于促进人类社会全面协调可持续发展,凡是有利于或推动社会全面协调可持续发展的,就是社会发展的动力,反之，则是阻力。全面协调可持续发展之所以能够成为衡量是不是社会发展动力的标准，是由它本身所具有的一些基本特性决定的，社会全面发展本身是一个综合性的系统，涵盖了经济、政治、文化、社会、生态等，它包括各要素功能发挥的程度，社会发展水平、速度、效益等综合指标。人类社会全面协调可持续发展才可以使人得到全面发展，而人的全面发展才是社会发展的本质。

以往有的把社会发展动力的标准理解为"赚钱标准""产值标准"等，这些都偏重经济总量的增速，这些理解和做法在一定程度上没有全面反映社会全面发展的本义，没有全面展示出经济增长的社会成本，以及为此付出的资源环境代价，也没有全面反映出社会全面发展水平，导致了一系列经济、社会、环境问题，加剧了我国经济社会发展的"不稳定、不平衡、不协调、不可持续"。而在实际中，要防止和反对片面地用某个方面或某项指标来代替综合性标准，绝不能简单地用产量、产值、利润、速度等局部发展状况，去衡量社会发展动力标准。坚持这个标准对于我们进一步解放思想、深化改革，对于促进中国特色社会主义事业的建设以及全面建设社会主义现代化国家，都具有重要的指导意义。如果远离了这个标准，就会在社会主要矛盾和社会建设的根本任务上出现偏差。

马克思主义的最高目的就是要实现共产主义，而共产主义是建立在经济社会全面发展的基础上的。经济社会发展具有客观性，它是现实的具体的物质存在，具有看得见、摸得着、实实在在的物质标准，用它作为界定社会发展动力的标准具有科学性，它比社会的其他标准带有更根本的性质，在社会发展中，具有最终的决定性作用。比如中国现在推行的全面深化改革，既是对社会生产力的解放，也是对社会活力的解放；不仅促进经济社会发展，而且也给人们带来实实在在的收获，因此，改革是社会发展的强大动力。

无论是生产力、生产关系，还是上层建筑，它们是否先进，就看它们有没有促进人类社会全面协调可持续发展，一个先进的社会制度也必然是在本质上表现为具有与经济社会全面发展相一致的合理的生产关系、政治关系以及思想文化关系等社会结构，最终推动经济社会全面发展，社会主义制度优于资本主义制度的根本标志就应当是比资本主义更能促进经济社会全面发展，社会主义不可战胜的最根本源泉应当是有比资本主义更高的社会发展动力。

第四，创新驱动是未来社会发展的必然选择。当今时代，随着经济社会不断发展，创新的地位和作用日益提升，创新已成为经济社会发展的第一驱动力，实施创新驱动发展战略，是根据世情、国情的新变化做出的战略部署，具有重要意义。当前，西方发达国家在抢占创新驱动发展先机，美国提出了先进制造伙伴计划、先进制造业国家战略计划；德国发布了“工业 4.0”战略；欧盟实施“欧洲 2020 战略”。中国只有抓住这次机会，才能实现跨越式发展，这对于实施创新驱动发展战略、建设创新型国家具有十分重要的现实意义。我国改革开放以来取得了举世瞩目的伟大成就，尽管在众多领域有所突破和发展，但我们也要看到，中国还是一个发展中国家，能源高消耗，部分核心技术受制于人的状况并没有根本改变，低附加值的劳动密集型产业还是存在的，而纵观世界发展格局，国家实力竞争的核心就是自主创新能力的竞争，谁在科技创新方面占据优势，谁就能够在发展上掌握主动。美国、日本、德国等创新型国家，占得了很大的发展先机，他们以最小的代价，获取了最大的实惠，国际学术界把这一类国家称为创新型国家。这些国家的共同特点是把创新驱动发展作为基本发展的战略，在世界市场上获得了突出的竞争优势，创新综合指数明显高于其他国家。现阶段，我国要保持稳定发展的势头就必须依靠提高自主创新能力，我国现在的发展水平与发达国家相比依然存在差距，因此，面对新技术革命的挑战，对我国来说，任务艰巨，意义重大，它关系到中国在世界格局中的地位，关系到中华民族的前途命运，面对实现建成社会主义现代化强国奋斗目标的历史任务和要求，要实现以上发展必须大力推动经济进入创新驱动发展轨道上来，加快实施创新驱动发展战略，用创新驱动打造经济社会全面发展的新引擎。

第五，创新驱动为解决人类社会发展动力问题贡献中国智慧。当今世界面临的不稳定性不确定性突出，地缘冲突、通胀高企、粮食危机、能源危机、健康问题、气候变化等人类面临许多共同挑战。大时代需要大格局，大格局需要大智慧。创新驱动为解决人类社会发展动力问题贡献中国智慧。理论创新、制度创新、科技创新和观念创新以及其他创新，一起发力、一起给力，共同构成了创新驱动的整体内涵，指明了我国发展的方向和要求，代表了当今世界发展潮流，也体现了我们党对发展规律认识的深化。

以科技创新赋能疫情防控。人类战胜大灾大疫离不开科学发展和技术创新，在与疫情抗击博弈的过程中，新技术、新产品、新业态因势而生，红外测温、远程办公、视频会议、非触经济等迅速从新鲜事物变为生活常态。新冠肺炎疫情暴发以来，全民抗击疫情不但凝聚了空前的中国力量、检验了“万众一心、众志成城”的国家精神，也催生了大批新理念、新产品、新模式、新业态，尤其是在智慧应急、智慧教育、智慧医疗领域迎来了重大变革。“互联网+医疗”显著优势初步得以显现，线上问诊、远程医疗发挥着强大的作用，无人机、机器人、疫情防控“小帮手”有大作为，应用云计算、大数据、人工智能等新技术聚力复工复产。中国的这次疫情防控果断而迅速，赢得了世界绝大多数国家的理解和支持，再一次向全世界展现了中国模式、中国方案和中国智慧。中方同世卫组织和国际社会加强沟通协调、同世界各国开展抗疫经验分享和交流、向有需要的国家派遣医疗专家队、向国际社会提供力所能及防疫物资援助，用实际行动诠释和展示了高度负责的大国担当和应有姿态，中国经验为全球战疫提供有益借鉴。

理论创新提出人类命运共同体理念。当今世界正经历百年未有之大变局，构建人类命运共同体是新时代促进世界和平与发展的中国方案，彰显中国的全球视野、世界胸怀和大国担当。人类命运共同体是在中国特色社会主义进入新时代的过程中提出来的一个重要命题，为解决全球性治理难题提供了体现中国立场的中国方案、中国理念、中国智慧。是在经济全球化时代对马克思主义理论的创新和发展，是当代中国共产党人以全新的视野探索人类社会发展规律的新成果。人类命运共同体理念的核心价值是超越西方现代化道路、理论和制度，站在全人类命运的角度提出的关于未来世界秩序的一种构想，建设一个更加美好的世界，这主要由中国提出，但是属于世界。将中国自身发展与人类前途命运紧密联系起来，为解决人类问题贡献中国理论、社会主义理论和中华文明精华。习近平总书记指出："我们要继承和弘扬联合国宪章的宗旨和原则，构建以合作共赢为核心的新型国际关系，打造人类命运共同体。"①为应对全球气候变化、能源资源短缺、粮食和食品安全等共同挑战，我们应该在人类命运共同体理念下，秉持平等和尊重，摒弃傲慢和偏见，共同推动人类社会可持续发展。

① 《习近平谈治国理政》第二卷，外文出版社 2017 年版，第 522 页。

参考文献

一、经典著作类

[1]《马克思恩格斯选集》(第1—4卷),人民出版社2012年版。

[2]《马克思恩格斯文集》(第1—10卷),人民出版社2009年版。

[3]《马克思恩格斯全集》(第46卷上、下),人民出版社1979、1980年版。

[4]《资本论》(第1—3卷),人民出版社2004年版。

[5]《列宁专题文集》(第1—5册),人民出版社2009年版。

[6]《列宁选集》(第1—4卷),人民出版社1995年版。

[7]《毛泽东选集》(第一—四卷),人民出版社1991年版。

[8]《毛泽东文集》(第一—八卷),人民出版社1999年版。

[9]《邓小平文选》(第一—三卷),人民出版社1994年版。

[10]《江泽民文选》(第一—三卷),人民出版社2006年版。

[11]《江泽民论科学技术》,中央文献出版社2001年版。

[12]《胡锦涛文选》(第一—三卷),人民出版社2016年版。

[13]胡锦涛:《坚持走中国特色自主创新道路　为建设创新型国家而努力奋斗》,人民出版社2006年版。

[14]《习近平谈治国理政》(第一—四卷),外文出版社2018、2017、2020、2022年版。

[15]中共中央文献研究室:《习近平关于科技创新论述摘编》,中央文献出版社2016年版。

[16]中共中央宣传部:《习近平总书记系列重要讲话读本》,学习出版社、人民出

版社 2016 年版。

二、国内著作类

[1]霍福广:《马克思主义哲学原理》,中国人民大学出版社 2013 年版。

[2]霍福广、陈建新:《中美创新机制比较研究:兼论粤港澳地区完善创新机制的对策》,人民出版社 2004 年版。

[3]苗东升:《系统科学精要》,中国人民大学出版社 2010 年版。

[4]毛建儒等:《系统哲学的探索与研究》,中国社会科学出版社 2014 年版。

[5]高兴华:《现代自然科学的哲学精神》,四川大学出版社 1987 年版。

[6]张卓民:《自然科学中的哲学问题》,社会科学文献出版社 2012 年版。

[7]魏守军:《现代自然科学的哲学思考》,暨南大学出版社 2001 年版。

[8]陈家环、邵公平:《系统科学与科学决策》,国防工业出版社 1988 年版。

[9]徐伟新:《在历史的转折中》,济南出版社 1996 年版。

[10]曲玉波、朱成全:《马克思主义哲学》,东北财经大学出版社 2002 年版。

[11]郝安乐:《马克思主义哲学》,西南财经大学出版社 1995 年版。

[12]侯衍社:《马克思的社会发展理论及其当代价值》,中国社会科学出版社 2004 年版。

[13]赵甲明、吴倬、刘敬东:《马克思主义基本原理专题研究》,社会科学文献出版社 2009 年版。

[14]陶德麟、石云霞:《马克思主义基本原理概论(第 2 版)》,武汉大学出版社 2013 年版。

[15]石云霞:《中国特色社会主义改革开放的历史经验研究》,华中科技大学出版社 2008 年版。

[16]张应杭:《马克思主义基本原理》,浙江大学出版社 2007 年版。

[17]丰子义:《走向现实的社会历史哲学:马克思社会历史理论的当代价值》,武汉大学出版社 2010 年版。

[18]齐长立、蔡翔:《马克思主义基本原理概论》,经济日报出版社 2014 年版。

[19]程彪:《从"解放世界"到"改革世界"——马克思哲学实现的哲学主题转换》,吉林人民出版社 2006 年版。

[20]裴小革:《财富与发展:资本论》,江苏人民出版社 2005 年版。

[21]杜玉华:《马克思社会结构理论与当代中国社会建设》,学林出版社 2012 年版。

[22]赵家祥:《历史唯物主义教程》,北京大学出版社 1999 年版。

[23]郭正红:《现代精神生产论纲》,中央文献出版社 2004 年版。

[24]赵勇:《社会主义意识形态功能研究》,上海人民出版社 2012 年版。

[25]杨博文:《社会系统工程概论》,石油工业出版社 2008 年版。

[26]郭大俊:《邓小平理论和唯物史观》,南海出版公司 2002 年版。

[27]张良骏:《唯物史观与当代》,国防大学出版社 1993 年版。

[28]高惠珠:《唯物史观新视野与中国梦研究》,上海人民出版社 2015 年版。

[29]叶汝贤、李惠斌:《马克思主义唯物史观的当代阐释》,社会科学文献出版社 2006 年版。

[30]汲广运:《马克思主义群众观研究》,山东人民出版社 2014 年版。

[31]丘梓岐:《新时期共产党人的群众观》,中央党校出版社 2001 年版。

[32]李新家:《经济社会环境协调发展的研究》,广东人民出版社 1997 年版。

[33]张卫国、姜涛:《知识经济与未来发展》,青岛海洋大学出版社 1998 年版。

[34]冯鹏志:《知识经济与社会创新》,党建读物出版社 2000 年版。

[35]李惠国、吴元梁:《高科技时代的社会发展》,中共中央党校出版社 1996 年版。

[36]卢汉龙、杨雄:《社会阶层构成的新变化》,上海社会科学院出版社 2002 年版。

[37]宋林飞、周和平:《新的社会阶层与统一战线》,华文出版社 2006 年版。

[38]关晓丽、关大伟:《中国社会阶层结构演变新视点》,吉林大学出版社 2007 年版。

[39]齐振海:《未竟的浪潮:现代科学技术革命与社会发展》,北京师范大学出版社 1996 年版。

[40]黄跃民:《中国共产党领导方式的改进与创新》,上海人民出版社 2002 年版。

[41]李海:《制度创新与党的执政能力建设》,四川大学出版社 2007 年版。

[42]王忠武:《当代中国社会发展方法论》,山东人民出版社 2001 年版。

[43]宋泽滨:《社会全面进步研究》,人民出版社 2001 年版。

[44]田启波:《马克思主义发展哲学与中国现代化》,中国社会科学出版社 2003 年版。

[45]俞可平:《思想解放与政治进步》,社会科学文献出版社 2008 年版。

[46]孙宏典、李俊:《马克思主义理论与党的执政能力建设研究》,河南人民出版社 2009 年版。

[47]贺善侃:《实践主体论》,学林出版社 2001 年版。

[48]贺善侃:《创新思维概论》,东华大学出版社 2011 年版。

[49]史历:《当代中国共产党人科学发展观研究》,吉林人民出版社 2007 年版。

[50]鲍守豪:《当代社会发展导论》,华东师范大学出版社 1999 年版。

[51]赵家祥:《马克思主义历史哲学》第 2 卷,吉林人民出版社 2006 年版。

[52]云立新:《冲突与和谐——透视转型时期中国的社会冲突问题》,兰州大学出版社 2012 年版。

[53]陈章龙:《论主导价值观》,江苏人民出版社 2006 年版。

[54]王晓林:《社会发展机制优化论:关于现代社会发展机理的一种建构性研究》,中央民族大学出版社 2007 年版。

[55]周安伯:《发展理论与中国现代化》,国家行政学院出版社 1998 年版。

[56]向春玲:《推进国家治理体系现代化》,中共中央党校出版社 2015 年版。

[57]张式谷:《社会协调发展论》,中共中央党校出版社 1999 年版。

[58]洪银兴:《论创新驱动经济发展》,南京大学出版社 2013 年版。

[59]《李庆臻文集》(上卷),山东大学出版社 2015 年版。

[60]吕薇:《区域创新驱动发展战略制度与政策》,中国发展出版社 2014 年版。

[61]王利:《创新驱动增长的理论与实证研究》,中国统计出版社 2015 年版。

[62]李士:《创新理论导论》,中国科学技术大学出版社 2009 年版。

[63]北京创新学会:《北京创新研究所中国创新报告课题组:国家整体创新系统问题研究》,党建读物出版社 2006 年版。

[64]殷石龙:《创新学引论》,湖南人民出版社 2002 年版。

[65]刘然:《创新实践论》,黑龙江人民出版社 2010 年版。

[66]曹山河:《关于创新的哲学研究》,海南出版社 2005 年版。

[67]易杰雄:《创新论》,安徽文艺出版社 2000 年版。

[68]林娅:《自主创新与社会发展》,中国政法出版社 2009 年版。

[69]王伟光:《创新论》,红旗出版社 2003 年版。

[70]董振华:《创新实践论》,人民出版社 2011 年版。

[71]颜晓峰:《知识创新:实践的诠释》,国防大学出版社 2004 年版。

[72]田宪臣:《邓小平创新思想研究》,九州出版社 2006 年版。

[73]陈凡、李兆友:《现代科学技术革命与当代社会》,东北大学出版社 2004 年版。

[74]孙斌、魏守华、王有志:《创新驱动经济发展从企业创新到创新型经济》,经济管理出版社 2013 年版。

[75]陈强、余伟:《创新驱动发展国际比较研究》,同济大学出版社 2015 年版。

[76]任保平、钞小静、魏捷:《中国经济增长质量发展报告(2014 年):创新驱动背

景下的中国经济增长质量》,中国经济出版社 2014 年版。

[77]赵曜、王伟光:《马克思列宁主义基本问题》,中共中央党校出版社 2001 年版

[78]金春明:《毛泽东思想基本问题》,中共中央党校出版社 2001 年版。

[79]张赛飞、邓强、隆宏贤:《科技创新与经济发展实证研究》,中国经济出版社 2012 年版。

[80]雷仲敏:《城市科技创新与经济增长方式转变》,中国言实出版社 2007 年版。

[81]万君康:《创新经济学》,知识产权出版社 2013 年版。

[82]孙斌、魏守华、王有志:《创新驱动经济发展从企业创新到创新型经济》,经济管理出版社 2013 年版。

[83]欧小松、刘洪宇、魏志耕:《创新教育学》,中南工业大学出版社 2000 年版。

[84]谭希培、高帆:《超越现存制度创新论》,湖南大学出版社 2002 年版。

[85]冯志亮、桂玉:《和谐社会建设研究》,河南人民出版社 2007 年版。

[86]葛海彦:《中国共产党执政方式研究》,中央编译出版社 2012 年版。

[87]徐艳玲:《整合发展:当代中国发展新视角》,济南出版社 1998 年版。

[88]丰子义:《走向现实的社会历史哲学:马克思社会历史理论的当代价值》,武汉大学出版社 2010 年版。

[89]覃成林、葛华:《建设创新型国家》,河南人民出版社 2007 年版。

[90]潘采伟、冯鑫:《结构优化与社会和谐问题研究》,宁夏人民出版社 2010 年版

[91]钱颖一:《创新驱动中国》,中国文史出版社 2016 年版。

[92]李安增、孙文亮:《历史与经验:中国共产党与当代中国发展》,中央编译出版社 2009 年版。

[93]王志民、李景瑜、曹永栋:《时代发展与马克思主义理论创新》,对外经济贸易大学出版社 2014 年版。

[94]袁望冬:《科技创新与社会发展》,湖南大学出版社 2007 年版。

[95]黄红发:《社会主义和谐发展动力论》,中国社会科学出版社 2013 年版。

[96]孙谦:《中国现代化发展动力》,安徽大学出版社 2009 年版。

[97]周安伯:《发展理论与中国现代化》,国家行政学院出版社 1998 年版。

[98]郭湛:《面向实践的反思》,武汉大学出版社 2009 年版。

[99]宋立、郭春丽:《中国经济新常态》,中国言实出版社 2015 年版。

[100]陈劲:《协同创新》,浙江大学出版社 2012 年版。

[101]庞元正:《当代中国科学发展观》,中共中央党校出版社 2004 年版。

[102]王海军:《改革开放以来中国共产党理论创新基本经验研究》,中共党史出

版社 2011 年版。

[103]刘东建:《当代中国跨越式发展中的协调问题研究》,中国传媒大学出版社 2008 年版。

[104]魏礼群:《"四个全面",新布局、新境界》,人民出版社 2015 年版。

[105]吴学军:《中国转型期经济制度创新研究》,济南出版社 2009 年版。

[106]曾杰、毛金先:《社会哲学》,人民出版社 1989 年版。

[107]文辉璧、王涛生:《精神生产力经济学导论》,云南人民出版社 1993 年版。

[108]夏赞忠:《精神生产概论》,湖南出版社 1991 年版。

[109]薛勇民:《走向社会历史的深处:唯物史观的当代探析》,人民出版社 2002 年版。

[110]王章留、张元福:《社会学概论》,中州古籍出版社 2007 年版。

[111]朱振林:《论辩证法的实践基础及当代走向》,黑龙江大学出版社 2009 年版。

[112]黄兴生:《和谐社会建设中的政府管理创新》,吉林人民出版社 2008 年版。

[113]杨章钦、林光汉:《政府创新专题研究》,吉林人民出版社 2007 年版。

[114]李惠国、吴元梁:《高科技时代的社会发展》,中共中央党校出版社 1996 年版。

[115]孙钱章:《知识经济概论》,当代世界出版社 2000 年版。

[116]巨乃岐:《技术价值论》,国防大学出版社 2012 年版。

[117]孙宏典、李俊:《马克思主义理论与党的执政能力建设研究》,河南人民出版社 2009 年版。

[118]高德明:《生态文明与可持续发展》,中国致公出版社 2011 年版。

[119]朱登潮、蒋广根:《马克思主义哲学原理》,东北师范大学出版社 2009 年版。

[120]张敏:《论生态文明及其当代价值》,吉林出版集团有限责任公司 2011 年版。

[121]朱振林:《论辩证法的实践基础及当代走向》,黑龙江大学出版社 2009 年版。

三、国外译著类

[1][美]贝塔朗菲:《一般系统论基础、发展和应用》,林康义、魏宏森译,清华大学出版社 1987 年版。

[2][美]拉兹洛:《系统哲学讲演集》,闵家胤等译,中国社会科学出版社 1991 年版。

[3][美]拉兹洛:《用系统论的观点看世界》,闵家胤译,中国社会科学出版社 1985 年版。

[4][美]约瑟夫·熊彼特:《经济发展理论》,何畏等译,商务印书馆1991年版。

[5][英]亚当·斯密:《国民财富的性质和原因的研究》,郭大力等译,商务印书馆2004年版。

[6][美]彼得·德鲁克:《创新与企业家精神》,《世界经济科技》周刊编辑室译,企业管理出版社1989年版。

四、期刊报纸类

[1]霍福广:《马克思主义创新思想发展的历史阶段性和时代特征》,《哲学研究》2007年第4期。

[2]霍福广:《论智能化生产力体系对现代社会关系的影响》,《哲学研究》2006年第6期。

[3]李忠杰:《论社会发展的动力与平衡机制》,《中国社会科学》2007年第1期。

[4]郭湛、王洪波:《改革、发展、稳定、和谐的动力机制》,《天津社会科学》2008年第5期。

[5]杨信礼:《社会发展的动力机制》,《广东社会科学》2002年第6期。

[6]杨信礼:《社会发展动力机制的结构、功能与运行过程》,《中共中央党校学报》2002年第4期。

[7]郑忆石:《马克思社会发展动力论的系统视域》,《广东社会科学》2010年第3期。

[8]张雷:《马克思社会协调思想探析》,《社会主义研究》2010年第6期。

[9]田启波、严一:《系统地分析中国社会主义社会发展动力——学习邓小平的社会主义社会发展动力观》,《北京大学学报(哲学社会科学版)》2001年第3期。

[10]龚培河、万丽华:《社会发展"动力丛林"问题辨析》,《探索》2006年第4期。

[11]龚培河、万丽华:《究竟哪一个是社会历史发展的动力——对马克思主义动力论的逻辑考察》,《学术月刊》2006年第11期。

[12]张文军、节仁:《论社会历史发展的动力系统》,《山东社会科学》2005年第2期。

[13]黄仕军:《创新动力说:马克思主义社会发展动力论的新发展》,《山东科技大学学报(社会科学版)》2003年第1期。

[14]徐伟新:《论社会历史发展动力系统》,《东岳论丛》1986年第2期。

[15]徐伟新:《论研究社会发展动力的系统性原则》,《山东师范大学学报(哲学社会科学版)》1985年第5期。

[16]吴晓春:《试论哈贝马斯对社会进化动力理论的重构》,《西南民族大学学报(人文社会科学版)》2004 年第 9 期。

[17]王丽芹:《社会主义社会发展动力理论比较研究》,《理论导刊》2009 年第 8 期。

[18]张荣华、郭江翠:《社会发展动力思想研究综述》,《山东工商学院学报》2011 年第 1 期。

[19]隽鸿飞:《现实的人:历史发展的动力——对马克思历史动力理论的新阐释》,《学术交流》2005 年第 7 期。

[20]阎树群:《毛泽东社会主义自我完善理论体系初探》,《毛泽东思想研究》2010 年第 6 期。

[21]阎树群:《毛泽东对中国特色社会主义制度自我完善和发展的理论探索》,《马克思主义研究》2014 年第 6 期。

[22]李亮、潘宁:《毛泽东社会主义社会发展动力论及其现实启示》,《湖南科技大学学报(社会科学版)》2008 年第 1 期。

[23]王学君:《社会主义发展动力论的新境界——简论"改革动力论"对"矛盾动力论"的发展》,《广东教育学院学报》1996 年第 4 期。

[24]隋秀英:《近五年来关于社会发展动力问题研究综述》,《中国石油大学学报(社会科学版)》2005 年第 5 期。

[25]孙谦:《创新:21 世纪中国社会发展的直接动力》,《江淮论坛》2004 年第 3 期。

[26]洪银兴:《论创新驱动经济发展战略》,《经济学家》2013 年第 1 期。

[27]洪银兴:《关于创新驱动和协同创新的若干重要概念》,《经济理论与经济管理》2013 年第 5 期。

[28]张来武:《论创新驱动发展》,《中国软科学》2013 年第 1 期。

[29]任保平、郭晗:《经济发展方式转变的创新驱动机制》,《学术研究》2013 年第 2 期。

[30]任保平:《以创新驱动提高中国经济增长的质量和效益》,《黑龙江社会科学》2013 年第 4 期。

[31]陈曦:《创新驱动发展战略的路径选择》,《经济问题》2013 年第 3 期。

[32]胡钰:《增强创新驱动发展新动力》,《中国软科学》2013 年第 11 期。

[33]李东兴:《创新驱动发展战略研究》,《中央社会主义学院学报》2013 年第 2 期。

[34]费利群:《论以创新驱动战略思想为导向的学习型政党和创新型国家建设》,《山东社会科学》2011 年第 5 期。

[35]马克:《创新驱动发展:加快形成新的经济发展方式的必然选择》,《社会科学战线》2013 年第 3 期。

[36]辜胜阻、刘江日:《城镇化要从“要素驱动”走向“创新驱动”》,《人口研究》2012 年第 6 期。

[37]杨多贵、周志田:《创新驱动发展的战略选择、动力支撑与红利挖掘》,《经济研究参考》2014 年第 64 期。

[38]马希:《创新驱动战略蕴含的新发展观——以马克思主义发展伦理为视角》,《创新》2015 年第 2 期。

[39]胡长生:《创新驱动发展战略的历史选择与实现路径》,《中国井冈山干部学院学报》2015 年第 2 期。

[40]尚勇:《让创新成为驱动发展新引擎》,《科协论坛》2015 年第 3 期。

[41]张蕾:《中国创新驱动发展路径探析》,《重庆大学学报(社会科学版)》2013 年第 4 期。

[42]李磊:《习近平新科技革命观论析》,《社会主义研究》2017 年第 2 期。

[43]张晓强:《走中国特色创新驱动道路实现发展方式根本转变》,《求是》2012 年第 13 期。

[44]李喜先:《论国家创新战略》,《创新科技》2010 年第 12 期。

[45]胡惠良:《顺应经济新常态在变革中创新发展》,《改革与开放》2017 年第 9 期。

[46]俞可平:《论政府创新的若干基本问题》,《文史哲》2005 年第 4 期。

[47]俞可平:《建设一个创新型政府》,《人民论坛》2006 年第 16 期。

[48]尚泽:《试论社会协调规律》,《暨南学报(哲学社会科学版)》1983 年第 1 期。

[49]孙寅生:《论社会发展的协同机制》,《求实》2015 年第 1 期。

[50]陈金龙:《深化马克思主义中国化研究的若干思考》,《教学与研究》2006 年第 2 期。

[51]潘宁:《马克思人民主体思想的理论意蕴》,《社会科学家》2014 年第 12 期。

[52]陆昊、石明霞:《试论邓小平社会发展动力思想》,《辽宁教育行政学院学报》2005 年第 5 期。

[53]温荣利:《创新与知识经济》,《集美大学学报(哲学社会科学版)》2003 年第 2 期。

[54]刘曙光:《社会发展过程与自然发展过程》,《北京大学学报(哲学社会科学版)》2001 年第 2 期。

[55]巨乃岐、邢润川:《生产力标准新探》,《哈尔滨学院学报》2004 年第 11 期。

[56]孙寅生:《论社会发展的协同机制》,《求实》2015 年第 1 期。

[57]张蕾:《创新驱动:马克思主义社会发展动力理论的新阶段》,《东北大学学报(社会科学版)》2014 年第 4 期。

[58]肖拥军、刘若霞:《利用"互联网+"促进大众创业万众创新》,《中国经济时报》2015 年 6 月 25 日。

[59]李君如:《全面深化改革的伟大纲领》,《天津日报》2013 年 11 月 25 日。

[60]王珺:《"十三五"创新驱动的趋势特征》,《经济日报》2015 年 4 月 2 日。

[61]胡钰:《如何增强创新驱动发展新动力》,《学习时报》2013 年 10 月 28 日。

五、学位论文类

[1]罗青:《马克思主义创新理论发展研究》,博士毕业论文,华南理工大学思想政治学院,2012 年。

[2]刘红玉:《马克思的创新思想研究》,博士学位论文,湖南大学马克思主义学院,2011 年。

[3]崔泽田:《马克思创新思想及其当代发展研究》,博士学位论文,东北大学文法学院,2012 年。

[4]刘士文:《创新实践社会发展动力论》,博士学位论文,中共中央党校研究生院,2008 年。

[5]王来军:《基于创新驱动的产业集群升级研究》,博士学位论文,中共中央党校研究生院,2014 年。

[6]毛良升:《哲学视域中的创新研究》,博士学位论文,中共中央党校干部教育学院,2012 年。

[7]杨启国:《创新发展论》,博士学位论文,中共中央党校哲学教研部,2010 年。

[8]庄志彬:《基于创新驱动的我国制造业转型发展研究》,博士学位论文,福建师范大学经济学院,2014 年。

[9]吕静:《社会主义发展动力的哲学思考》,博士学位论文,中国社会科学院研究生院马列系,2002 年。

[10]曾红宇:《马克思社会有机体思想研究》,博士学位论文,武汉大学马克思主义学院,2012 年。

[11]黄红发:《社会主义和谐发展动力论》,博士学位论文,华中师范大学政治学研究院,2012 年。

[12]徐伟新:《社会主义社会发展动力论》,博士学位论文,中共中央党校理论部,1988年。

[13]田丽:《马克思恩格斯社会发展动力思想研究》,博士学位论文,中共中央党校马克思主义理论教研部,2015年。

[14]孙谦:《推进中国现代化的动力问题研究》,博士学位论文,复旦大学社会科学基础部,2005年。

[15]周青鹏:《马克思历史动力理论研究》,博士学位论文,华中师范大学政法学院,2011年。

[16]刘皓:《马克思主义科技观研究》,博士学位论文,吉林大学马克思主义学院,2013年。

[17]胡馨月:《论马克思主义整体性的认识和把握》,博士学位论文,中南大学马克思主义学院,2013年。

[18]王鑫:《论邓小平的发展观及其在中国的实践》,博士学位论文,中共中央党校,2000年。

[19]林岩:《马克思精神生产理论研究》,博士学位论文,山东大学马克思主义学院,2015年。

[20]喻辉:《社会发展动力系统研究》,硕士学位论文,华南理工大学思想政治学院,2013年。

[21]杨雄英:《试论社会发展动力系统的运行机制》,硕士学位论文,云南师范大学经济政法学院,2007年。

[22]禚昌浩:《马克思社会发展动力理论及当代启示》,硕士学位论文,新疆师范大学法经学院,2011年。

[23]郭雪:《系统视域下社会发展动力机制问题研究》,硕士学位论文,山西财经大学马克思主义学院,2015年。

[24]魏小红:《马克思主义社会发展动力理论及当代启示》,硕士学位论文,西北师范大学马克思主义学院,2013年。

[25]王赟:《广东工业可持续发展与科技创新研究》,硕士学位论文,广东工业大学管理学院,2007年。

[26]王小红:《中国现代化发展动力研究》,硕士学位论文,中央民族大学马克思主义学院,2011年。

[27]李慧娟:《江泽民创新动力论研究》,硕士学位论文,河北大学马列教研部,2005年。

后　记

拙著是在我的博士学位论文基础上修订而成的，本研究由于涉及学科领域较广，加之本人理论功底尚浅，能力和悟性所限，尽管在撰写过程中付出了很大的努力，但文中疏漏难免，还存在着诸多需要雕琢之处，尤其是在创新驱动大发展的今天，我的研究还不够丰富和扎实，这有待于今后修正和提高，更企盼方家批评指正。

感谢我的导师霍福广教授。霍老师渊博的知识、创新的思维、谦和的学风令我受益良多，他严谨的治学态度、崇高的敬业精神始终如一，尽管我资质平庸但霍老师依然孜孜不倦地悉心教导，导师的培养之恩我将终身铭记，日后定会加倍努力来回报。也要感谢华南理工大学马克思主义学院的其他老师，我受惠于学院诸多老师的谆谆教诲和直面指教，他们的经验传授和指导让我如沐春风，对我的学业有莫大的帮助。

感谢一直陪伴我、在我身后默默关心我的家人。尽管父母是勤劳憨厚的农民，但对读书学习充满敬畏，十余年如一日地起早贪黑为生计辗转忙碌，让我安心求学。当初离家求学时他们还是中年，而今也已头发花白，我十年未能在他们身旁尽孝，他们却是一味迁就我、鼓励我、原谅我，熙熙世间，唯有父母之爱清净如水，萦记吾心。

本书得以顺利出版还得益于广东外语外贸大学马克思主义学院的领导、

同事的支持,他们在工作生活上给予我大量关心、指导和帮助,让我感受到了马克思主义学院这个大家庭的温暖。还要特别感谢人民出版社邓浩迪老师,他在此书出版过程中给予了支持与帮助。

特别需要指出的是,本书的出版得到许多人的支持与帮助,我在写作的过程中拜读了众多专家学者的研究成果,也引用和参考了大量文献、报刊和档案资料,正是这些研究成果既启迪了我的智慧,又开拓了我的视野,在此一并表示诚挚的谢意。

责任编辑：邓浩迪
封面设计：胡欣欣

图书在版编目(CIP)数据

创新驱动与社会发展动力系统研究/金光磊 著. —北京：人民出版社，2023.5
ISBN 978-7-01-025304-6

Ⅰ.①创… Ⅱ.①金… Ⅲ.①科学社会学-研究 Ⅳ.①G301

中国版本图书馆 CIP 数据核字(2022)第 230272 号

创新驱动与社会发展动力系统研究

CHUANGXIN QUDONG YU SHEHUI FAZHAN DONGLI XITONG YANJIU

金光磊 著

人民出版社 出版发行
(100706 北京市东城区隆福寺街 99 号)

中煤(北京)印务有限公司印刷 新华书店经销

2023 年 5 月第 1 版 2023 年 5 月北京第 1 次印刷
开本：710 毫米×1000 毫米 1/16 印张：17
字数：260 千字

ISBN 978-7-01-025304-6 定价：88.00 元

邮购地址 100706 北京市东城区隆福寺街 99 号
人民东方图书销售中心 电话 (010)65250042 65289539